网页制作基础教程
（Dreamweaver CS5）

葛艳玲　主编

电子工业出版社

Publishing House of Electronics Industry

北京·BEIJING

内 容 简 介

本书详尽地介绍了 Dreamweaver CS5 的基本功能，内容分为两部分：网页基本制作部分和动态网站的开发部分。前一部分引导读者逐步学习如何使用文本、图像、表格、DIV 元素、框架、多媒体、行为、表单及 Spry 构件等网页元素，生成图文并茂的网页。后一部分介绍如何充分利用 Dreamweaver CS5 所提供的动态网页开发功能，在不懂编程的情况下来实现简单动态网站的开发。

本书在内容难易程度上采用递进的方式，将达到本书目标的全部内容细分为一系列知识点，通过"由简到繁、由易到难、循序渐进、深入浅出、承前启后"的案例去具体实现，使读者能够真正用 Dreamweaver CS5 去解决实际的网站设计问题。

本书可作为大、中专院校、职业院校以及计算机培训班的教材，也可作为网页设计爱好者的自学读物。

图书在版编目（CIP）数据

网页制作基础教程：Dreamweaver CS5 / 葛艳玲主编. —北京：电子工业出版社，2013.9

ISBN 978-7-121-21373-1

Ⅰ. ①网… Ⅱ. ①葛… Ⅲ. ①网页制作工具 Ⅳ.①TP393.092

中国版本图书馆 CIP 数据核字（2013）第 209134 号

责任编辑：关雅莉

印　　刷：北京七彩京通数码快印有限公司
装　　订：北京七彩京通数码快印有限公司
出版发行：电子工业出版社
　　　　　北京市海淀区万寿路 173 信箱　邮编　100036
开　　本：787×1 092　1/16　印张：21.75　字数：556.8 千字
版　　次：2013 年 9 月第 1 版
印　　次：2024 年 8 月第 17 次印刷
定　　价：38.80 元

前　言

本书着力于以"案例驱动"的形式全面指导读者学习 Dreamweaver CS5 的主要功能与实用技巧，讲解使用 Dreamweaver CS5 进行网页设计制作的基本概念及实践方法。本书每一章都配有集合该章重点内容的典型案例进行讲解，由浅入深，由点及面地阐明 Dreamweaver CS5 的使用方法及网页的制作方法和技巧，并突出读者创新、创意能力的培养。

本书力求体现以下特色：

1．内容合理

本书在章节安排和重要知识点的处理上，充分考虑到教学需求，内容安排松紧适度，重点突出。所有各章节都配有精心设计的实例，在每章的最后都给出了本章重点摘要和实战演练，帮助读者快速理解和掌握本书的各个知识点。

2．结构新颖

将"传统教程"和"实例指导"相结合，实现优势互补。书中各章多从案例入手，当读者对案例所涉及的内容、方法有所了解之后，再从理论上进一步讲清其实质，概括出其规律性的知识，实现从现象到本质、从感性到理性的过渡。

本书从网页制作的基础知识到动态网站程序的开发，循序渐进地对 Dreamweaver CS5 的内容进行了全面介绍，在具体内容描述中突出了重点和难点，并介绍了在实际开发中经常采用的一些技巧，使读者能够迅速提高网页制作水平。本书共分为 16 章，第 1 章简要介绍网页设计的基本知识，第 2 章介绍创建本地站点，第 3 章介绍网页图文编辑，第 4 章介绍建立网页链接，第 5 章介绍表格布局，第 6 章介绍 CSS 样式表，第 7 章介绍 Div+CSS 布局，第 8 章介绍框架布局，第 9 章介绍多媒体元素的插入，第 10 章介绍添加行为，第 11 章介绍利用模板和库创建大量相似网页的方法，第 12 章介绍在页面中添加表单的方法，第 13 章介绍 Spry 构件的使用，第 14 章介绍网站整理维护与上传，第 15 章介绍动态网站开发环境设置，第 16 章介绍动态网站的开发。

本书由葛艳玲主编，吴海霞副主编。参加本书编写工作的还有张子义、江永春、赵俊莉、王萍萍、高冬梅、王勇、宋媛媛等。

由于时间仓促，加上编写人员水平有限，书中可能存在一些不足之处，欢迎各使用单位和个人对本书提出宝贵意见和建议，以便使本书得到更正和补充。

为了方便教师教学，本书还配有教学指南、电子教案及习题答案（电子版）。请有此需要的教师登录华信教育资源网免费注册后再进行下载，有问题时请在网站留言板留言或与电子工业出版社联系（E-mail:hxedu@phei.com.cn）。

本书约定：

1．在本书的叙述中，若省略其度量单位，则默认为像素。
2．文中描述菜单命令时采用"菜单"|"子菜单"形式。

编　者
2013 年 6 月

目录

第1章 网页设计基础

本章重点介绍网页设计者在制作网站之初所应具备的基本知识和设计要领，从而为下一步开发网站做好准备，同时，通过本章的学习使读者熟悉 Dreamweaver CS5 界面及运行环境。

本章重点：
- 网站基本常识
- 建站的基本步骤
- 网页的基本元素构成
- Dreamweaver CS5 工作环境

1.1 网站基础知识

Internet 提供了巨大的信息资源，为人们的生活、工作和学习带来了很大的便利，现在，人们上网时做得最多的就是浏览网页，所以网站和人们的生活紧密相关。

网站（Website）指在因特网上，根据一定的规则使用 HTML 等工具制作的，用于展示特定内容的相关网页的集合。简单地说，网站是一种通信工具，就像布告栏一样，人们可以通过网站来发布自己想要公开的资讯，或者利用网站来提供相关的网络服务。人们可以通过网页浏览器来访问网站，获取自己需要的资讯或者享受网络服务。许多公司都拥有自己的网站，它们利用网站来进行宣传、发布产品资讯、招聘等。随着网页制作技术的普及，人们也开始制作个人主页，用于自我介绍、展现个性。

在因特网的早期，网站还只能保存单纯的文本。经过几年的发展，当万维网出现之后，图像、声音、动画、视频，甚至 3D 技术开始在因特网上流行起来，网站也慢慢地变成图文并茂的形式。利用动态网页技术，用户还可以与其他用户或者网站管理者进行交流。此外，也有一些网站提供电子邮件服务。

衡量一个网站的性能通常从网站空间大小、网站位置、网站连接速度（俗称"网速"）、网站软件配置、网站提供服务等几方面考虑，最直接的衡量标准是这个网站的真实流量。

1.1.1 动态网站与静态网站

网站通常可以分为动态网站和静态网站。Internet 网际网路最早就是以静态网页呈现在大家的面前的，那个时候网站上有许多的.htm 或.html 等静态页面文档，以树状目录结构储存在网页主机中，你的上网过程就是以浏览器来读取这些档案。最早的浏览器只能看文字，后来慢慢发展到可以观看图片、动画、声音、影片等丰富的内容。在网站设计中，纯粹 HTML 格式的网页通常被称为"静态网页"，早期的网站一般都是由静态页面构成的。静态网页的网址通常为 www.exam**e.com/eg/eg.htm 形式，以.htm、.html、.shtml、.xml 等为后缀。在 HTML 格式的网页上，也可以出现各种动态的效果，如.gif 格式的动画、Flash 动画、滚动字母等，这些"动态效果"

只是视觉上的，与下面将要介绍的动态网页的概念是不同。

动态网站并不是指在网页上插入了动画元素的网站，而是指网站内容的更新和维护是通过基于数据库技术的内容管理系统完成的。它将网站建设从静态页面制作延伸为对信息资源的组织和管理。运用动态网页的技术，可将精力专注在内容部分，而不用花时间去管 HTML 档案的关联性等复杂的工作，而且可以将数据库中的内容依不同的方式来呈现。

静态网页和动态网页各有特点，网站采用动态网页还是静态网页主要取决于网站的功能需求和网站内容的多少。如果网站功能比较简单，内容更新量不是很大，采用纯静态网页的方式会更简单，反之一般要采用动态网页技术来实现。

静态网页是网站建设的基础，静态网页和动态网页之间也并不矛盾，为了网站适应搜索引擎检索的需要，即使采用动态网站制作技术，也可以将网页内容转化为静态网页发布。动态网站也可以采用静动结合的原则，适合采用动态网页的地方用动态网页，在同一个网站上，动态网页内容和静态网页内容同时存在也是很常见的。

静态网页，动态网页主要根据网页制作的语言来区分：

静态网页使用语言：HTML（超文本标记语言）。

动态网页使用语言：HTML＋ASP 或 HTML＋PHP 或 HTML＋JSP 等。

1.1.2 网站的种类

网站可分为信息门户类网站、企业型网站、交易类网站、社区网站、办公及政府机构网站、互动游戏网站、有偿资讯类网站、功能性网站、综合类网站等。不同的网站类型一般针对各自的特点有独特的设计。

1．信息门户型网站

门户型网站的信息量很大，一般首页都能够达到 4 屏以上，浏览性的信息占据了页面中心的位置。门户型网站在首页的第一屏上有网站的导航、广告、时事新闻等。目前的各种门户型网站基本上都差不多，像新浪、搜狐、网易等，涉及的领域都比较广。门户型网站最初提供搜索引擎和网络接入服务，后来由于市场竞争日益激烈，门户型网站不得不快速地拓展各种新的业务，希望通过提供众多的业务来吸引和留住因特网用户，因此，目前门户型网站的业务包罗万象。

2．企业型网站

随着因特网的飞速发展，企业上网和开展电子商务是一个不可回避的现实。Internet 作为信息双向交流和通信的工具，已经成为企业青睐的传播媒体。企业型网站属于专业型网站，体现企业介绍、产品介绍这些最基本的内容，企业型网站建设要求展示企业综合实力，体现企业 CIS 和品牌理念。企业型网站非常强调创意，对于美工设计要求较高。这类网站通常给人成熟稳重的感觉，并且在网页两侧有相关的导航和精选，着重体现网站的专业性。

3．交易类网站

这类网站是以实现交易为目的，以订单为中心。交易的对象可以是企业，也可以是消费者。这类网站有三项基本内容：商品如何展示，订单如何生成，订单如何执行。因此，该类网站一般需要有产品管理、订购管理、订单管理、产品推荐、支付管理、收费管理、送发货管理、会员管理等基本系统功能。企业为配合自己的营销计划搭建的电子商务平台，也属于这类网站。

4．社区网站

社区网站指大型的、有很多分类的、有很多注册用户的网站，一般大的门户类网站都有自己的论坛，也属于此类网站。

5．办公及政府机构网站

网站面向社会公众，既可提供办事指南、政策法规、动态信息等，也可提供网上行政业务申报、办理，相关数据查询等。

6．互动游戏网站

这是近年来国内逐渐风靡起来的一种网站。这类网站的投入是根据所承载游戏的复杂程度来定的，其发展趋势是向超巨型网站方向发展，有的已经形成了独立的网络世界，让玩家乐不思蜀，欲罢不能。

7．有偿资讯类网站

这类网站与资讯类网站有点相似，也是以提供资讯为主，不同在于其提供的资讯要求直接性有偿回报。这类网站的业务模型一般要求访问者或按次、或按时间、或按量付费。

8．功能性网站

这是近年来兴起的一种新型网站，Google 即其典型代表。这类网站的主要特征是将一个具有广泛需要的功能扩展开来，开发一套强大的支撑体系，将该功能的实现推向极致。看似简单的页面实现，却往往投入惊人，效益可观。

9．综合类网站

这类网站的共同特点是提供多种典型的服务，例如新浪、搜狐。这类网站可以把它看成一个网站服务的大卖场，不同的服务由不同的服务商提供。其首页在设计时都尽可能把所能提供的服务都包含进来。

网站类型的不同决定了网站要按照不同的风格进行设计。设计出自身的特色来，网站才能长远运营发展。充分了解平时遇到的各种类型的网站，才能在做网站的时候，根据具体需求选择适合的网站类型，制作适合的网站。

1.1.3　Web 服务器

网站的制作一般在本地机器上进行，做好的网站放在 24 小时开机的计算机上才能供人随时浏览，而且这台计算机的性能还要足够的好，同时还要有足够的带宽以满足大量用户的浏览需求，这样的计算机称之为 Web 服务器。

Web 服务器有独立服务器和虚拟主机服务器。

① 独立服务器

对于经济实力雄厚且业务量较大的企业，可以购置自己独立的服务器，但这需要很高的费用及大量的人力、物力投入。

② 虚拟主机服务器

所谓虚拟主机是使用特殊的软硬件技术，将服务器分成若干个空间的方式。一般虚拟主机提供商都能向用户提供 100MB、300MB、500MB，甚至一台服务器的虚拟主机空间，可根据网站的内容设置及其发展前景来选择。对于个人和一些小型企业来说，拥有自己的主机是不太可能的事，但可以采用租用主机空间的办法，为自己创建网上家园。有些网站出于宣传站点的目的，提供免费主页空间服务，如 http://35free.net 网站。用户只需填写申请表单，就可以得到免费的主页空间。

1.2　网站建设基本流程

建立一个网站就像盖一幢大楼，它是一个系统工程，有自己特定的工作流程，只有遵循这个流程，按部就班地一步步来，就能设计出一个令人满意的网站。

1.2.1　确立目标

确定网站目标（也就是网站的主题），是确定创建网站所要包含的主要内容，一个网站必须要有一个明确的主题。通过市场调查确定网站的目标和受众群体，分析和竞争对手的异同，最终找出自己网站的切入点，从而显示出自己的优势，这就是需求分析的核心内容。无论是个人网站、企业网站，还是综合性信息网站，都需要明确地树立自己的主题和方向，都必须找到最感兴趣的内容，做深、做透，办出自己的特色，这样才能给用户留下深刻的印象。网站的主题无定则，只要是感兴趣的，任何内容都可以，但主题要鲜明，在主题范围内内容做到大而全、精而深。

1.2.2　规划网站

一个网站设计得成功与否，很大程度上决定于设计者的规划水平，规划网站就像设计师设计大楼一样，图纸设计好了，才能建成一座漂亮的楼房。网站规划包含的内容很多，如网站的结构、栏目的设置、网站的风格、颜色搭配、版面布局、文字图片的运用等。只有在制作网页之前把这些方面都考虑到了，才能在制作时驾轻就熟，胸有成竹。也只有如此制作出来的网页才能有个性、有特色，具有吸引力。

1．规划站点内容

站点的内容一定要丰富，纵然有漂亮的外表，没有充实的内容，也不能吸引广大浏览者。可以将各种不同的内容划分为几个板块，例如生活、旅游、健康、IT 等，这样既方便网站设计者的设计，又方便用户获取相关信息。除了文本和图像等内容外，如有需要，还可以加入多媒体元素、层动画等内容，使得在丰富网站内容的同时，平添几分乐趣。此外，要注意使用合理的文件名称，尽量避免使用中文名称，因为大多数的软件平台是基于英文的。有的 Web 服务器是区分大小写的，所以，一般都采用小写字母命名站点中的文件。

2．规划站点的导航机制

一个优秀的站点，应该具有明确的导航系统，避免使用用户在页面上迷失方向，找不到自己想要浏览的内容。

在规划站点的导航机制时，应注意以下几个方面。

① 返回首页链接

一般在站点的每个页面上都有首页的链接，方便用户回到开始的地方，寻找新的导航目标。同时，当用户在页面上迷失方向时，可以返回首页，重新开始。

② 导航标题明确

导航标题文字或图像具有明确的导航指示作用，标题性文字一般是页面内容的概括，例如"今日要闻"，用户一看到该标题文字，就可知道链接的内容是当日重要的新闻，如果要查阅当日发生的重要事件，单击该链接即可。

相对于文字导航标题，图像标题更有其独到的一面。例如，做一个首页的链接时，设计者往往添加一个大家所熟悉图标，如小狐狸的图标（搜狐网站的标徽），这样，既可以起到明确的导航作用，同时又比单调的文本要显得丰富。此外，可以在图像上添加替代文本，这些文本可起到辅助的指示作用。

3．明确站点的风格

根据不同风格的用户来设计适合用户的网站，也是至关重要的。风格是非常抽象的概念。站点的风格应该能够自然地流露出站点的主题，因此，应紧紧围绕站点主题和内容设计页面的形象和风格。

　　结合整个站点来看，如果站点的内容范围不太广，则可以考虑将整个站点设计为同一种风格。但如果某个栏目的差异很大，如站点里既有严肃的军事栏目，同时也有轻松活泼的动画栏目，也可以考虑将这二者设计成各有特色的风格，从而使人感觉舒适。但是不管什么风格，都要记住风格是为主题服务的，也就是要做好烘托气氛的工作，而不是单纯地照搬别人的特色。

　　在实际创作过程中，可以使用模板创建风格相同的页面，使用库调用页面内经常出现的元素，这样，既可以提高设计的效率，又使得管理这些文件变得轻松。

1.2.3　搜集资料

　　网站的前期策划完成以后，接下来就是按照确定的主题进行资料和素材的收集、整理。要想让自己的网站有血有肉，能够吸引住用户，就要尽量搜集资料，搜集的资料越多，以后制作网站就越容易。资料既可以从图书、报纸、光盘、多媒体上得来，也可以从因特网上搜集，然后把搜集的资料去粗取精，去伪存真，作为自己制作网页的素材。

1.2.4　组织站点结构

　　站点可以看作是一系列文档的组合，这些文档之间通过各种链接关联起来，可能拥有相似的属性，例如，相关的主体，采用相似的设计，或实现相同的目的等，也可能只是链接，利用浏览器就可以从一个页面跳转到另一个页面，实现对整个网站的浏览。

　　在本地磁盘上创建一个包含站点所有文件的文件夹，然后在该文件夹中创建和编辑文档。当准备好发布站点时，再将这些文件复制到 Web 服务器上。

　　网站的目录指建立网站时创建的目录。如在建立网站时都默认建立了根目录和 images 子目录。目录结构的好坏，对站点的上传维护及将来内容的更新和维护都有着重要的影响。

　　建立网站目录结构时应注意以下几点：

　　① 不要将所有文件都存放在根目录下。

　　② 按栏目内容建立子目录。

　　首先按栏目建立子目录，其他的次要栏目，如友情链接等，需要经常更新，可以建立独立的子目录，而一些相关性强，不需要经常更新的栏目，如关于本站、关于站长、联系我们等，可以合并放在同一目录下。所有程序一般都存放在特定的目录里，便于维护管理。所有需要下载的内容最好也分类存放在相应的目录下。

　　③ 在每个主目录下都建立独立的 images 目录。

　　在默认情况下，站点根目录下都有 images 目录，根目录下的 images 目录只是用来存放首页和次要栏目的图片，至于各个栏目中的图片，应按类存放，方便对本栏目中的文件进行查找、修改、压缩打包等。

　　④ 目录的层次不要太深。

　　为便于维护和管理，目录的层次建议不要超过 4 层。不要使用中文目录名，因为网络无国界，且有些浏览器不支持中文；也不要使用过长的目录名称，因为不便记忆。

1.2.5　选择合适的制作工具

　　尽管选择什么样的工具并不会影响网页设计的好坏，但是一款功能强大、使用简单的软件往往可以起到事半功倍的作用。网页制作时涉及的工具较多，首先是网页制作工具，目前大多数选用的都是所见即所得的编辑工具，如 Dreamweaver 和 Frontpage，除此之外，还有图片编辑工具，如 Photoshop、Photoimpact 等；动画制作工具，如 Flash、Cool 3d、Gif Animator 等；网页特效工具，如有声有色等。网上有许多这方面的软件，根据需要可以灵活选用。

1.2.6　页面制作

材料有了，工具也选好了，下面就需要按照规划一步一步地把自己的想法变成现实了，这是一个复杂而细致的过程，一定要按照先大后小、先简单后复杂来进行制作。所谓先大后小，就是说在制作网页时，先把大的结构设计好，然后再逐步完善小的结构设计。所谓先简单后复杂，就是先设计出简单的内容，然后再设计复杂的内容，以便出现问题时容易修改。在制作网页时要多灵活运用模板，这样可以大大提高制作效率。

1.2.7　上传测试

网页制作完毕，最后要发布到 Web 服务器上，可让全世界浏览。现在上传的工具有很多，有些网页制作工具本身就带有 FTP 功能，利用 FTP 工具，可以方便地把网站发布到服务器上。网站上传以后，需要在浏览器中打开自己的网站，逐页逐个链接地进行测试，发现问题，及时修改，然后再上传测试。全部测试完毕就可以把网址告诉朋友，进行浏览。

1.2.8　推广宣传

网页做好之后，还要不断地进行宣传，这样才能让更多的朋友认识它，提高网站的访问率和知名度。推广的方法有很多，例如到搜索引擎上注册，与别的网站交换链接等。

1.2.9　维护更新

网站内容需经常维护更新，保持内容的新鲜，不要一做好就放在那儿不变了，只有不断地补充新的内容，才能够吸引住浏览者。

1.3　网页基本元素

一个完整的网站由多个不同的页面构成，网页是网站的基本元素。每个网站都有一个入口——主页，通过输入该网站的 URL 即可在浏览器上看到该页面，通过单击主页中的超链接可跳转到网站的其他页面。而在每一个单独的网页中，又包括标题、网站 Logo、导航栏、Banner 广告栏、主体内容等基本元素。将这些元素在网页中进行合理的安排，就是网页的整体布局。

1.3.1　网站 Logo

Logo 的中文含义是标志，如图 1-1 所示。作为独特的传媒符号，Logo 一直是传播特殊信息的视觉文化语言。在网页设计中，Logo 常作为公司或站点的标志出现，起着非常重要的作用，集中体现了这个网站的文化内涵和内容定位。它在网站中的位置比较醒目，目的是要使其突出，容易被人识别与记忆。一个设计精美的 Logo，不仅可以很好地树立公司形象，还可以传达丰富的产品信息。

网站 Logo 的设计要简单醒目，除了表达一定的形象和信息外，还必须兼顾整个页面的美观与协调。

图 1-1　网站 Logo 标志

1.3.2　网站 Banner

Banner 的中文含义是横幅、标语，通常被称为网络广告。Banner 在因特网上有很大的自由创意空间，但是仍然在一定程度上遵循媒体的要求。

通常把 88×31 尺寸的小按钮 Banner 称为 Logo，主要原因是网站间互换广告条使用的大部分是 88×31 尺寸的。目前，越来越多的网站相继推出不同规格的巨幅网络广告，网络广告的规格尺寸成为关注的问题。

1.3.3　导航栏

导航栏是最早出现的网页元素之一。一个网站的导航就好像一本书的目录，先有章，后有节，然后是小节。导航栏既是网站路标，又是分类名称，十分重要。导航栏实质上是一组超链接，通过这组超链接可以浏览到整个网站的其他页面。它应该放置在页面中较为醒目的位置，便于网站浏览者在第一时间看到它并做出判断——确定要进入哪个栏目去搜索他们需要的信息。导航栏的设计风格和位置的确定，依据不同网站的实际情况也有所不同。

导航大致可以分为横排导航、竖排导航、多排导航、图片式导航、框架快捷导航、下拉菜单导航、隐藏式导航和动态 Flash 导航等。

1.3.4　文本

文本作为人类最重要的信息载体的交流工具，是最重要的网页元素之一。与图像、动画等其他网页元素相比，文本不易在第一时间吸引浏览者的注意，但文本能够更加准确详细地表达网页信息内容和含义，是对其他网页元素的补充。随着网页制作工具不断完善、功能不断增强，网页中的文本也可以按照不同的需求设置相应的字体、字号、颜色等属性，也可以添加一些文字特效，以突出显示重要的文本部分，打破文字的固有缺陷。

1.3.5　图像

图像在网页中起着非常重要的作用，适当的图像能够为网页增添生动性和活泼性，不仅能丰富网页内容，提供更多更直接的信息，还能给浏览者视觉上的美感享受。图像几乎不受计算机平台、地域和语种的限制，也使网页更多地显示出制作上的创造力。但如果一个页面中的图像过多，又会主次不分、形式单调，并且图像所占空间大，过多的图像会增加网页的下载时间，导致浏览者不愿等待而关掉网页。作为一个网页设计师，要想使自己的网页受到欢迎，在丰富页面内容的同时，还必须提高页面下载速度。因此，在页面中使用图像时要权衡利弊，慎重考虑。

图像在网页中的作用很多，如制作导航栏、插图、背景图像、按钮等。在一些页面中，图像占据了整个网页的绝大部分，如果布局合理、规范，就可以达到良好的视觉效果。

1.3.6　动画

动画因其特殊的视觉效果被广泛应用于各种网站当中。动画能够形象生动地表现事物的变化发展过程。增加网页的动态效果，可使网站更加生动有趣，因此，动画已经成为现代网站中不可缺少的元素之一。在网页中使用的动画通常有 GIF 动画、Flash 动画，以及 JAVA 小程序等。

1.3.7　表单

超链接实现了网页之间的简单交互，而表单的出现使用户与网站之间的交互达到一个新的高度。表单是网页中的一组数据输入区域，用户通过按钮提交表单后，将输入的数据传送到服务器。网络上留言板、在线论坛、订单等都离不开表单。

表单实质上是一个服务器程序，用户可以在网页上的表单域中输入文本或数据，提交表单，该表单程序在服务器上执行，并将执行结果反馈到相应的页面上，从而实现用户与网站之间的交互。

1.3.8　版权信息

加入伯尼尔公约的国家都必须遵从该公约关于版权声明的规定，简短的一段话透露出网站的专业性并提示浏览者需要注意对该网站的版权进行保护，不得侵犯。

版权声明的标准格式应该是：Copyright [dates] by [author/owner]，©通常可以代替 Copyright，但是不可以用"(c)"。但各个国家又有所不同，下面给出几个参考实例。

©2003-2009 9wcom.com, Inc. All rights reserved.

©2009 bj-website Corporation. All rights reserved.

Copyright © 2009 9wcom.com Incorporated. All rights reserved.

©2003-2009 Eric A. and Kathryn S. Meyer. All Rights Reserved.

1.4　Dreamweaver CS5 工作环境

在使用 Dreamweaver CS5 开发网站之前，首先需要熟悉一下 Dreamweaver CS5 的启动及设计环境。俗话说"工欲善其事，必先利其器"，通过本节的学习可以了解 Dreamweaver CS5 的"庐山真面目"，会使后面的学习变得更加轻松，上手更加迅速。

1.4.1　Dreamweaver CS5 的启动

单击任务栏"开始"按钮，选择"程序"选项，将光标再向右移动，单击 Adobe|Adobe Dreamweaver CS5 图标，如图 1-2 所示，Dreamweaver CS5 就被启动了。

首次启动 Dreamweaver CS5 时，系统会弹出一个"默认编辑器"对话框，让用户从中选择 Dreamweaver CS5 默认支持的文件类型，如图 1-3 所示。

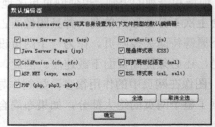

图 1-2　启动 Dreamweaver CS5　　　　　图 1-3　"默认编辑器"对话框

用户可以根据自己的需要选择文件类型。例如，希望把 Dreamweaver 作为 ASP 代码的默认编辑器，就应该选中第 1 个复选框。这里保持默认选项，单击"确定"按钮，此时将打开 Adobe Dreamweaver CS5 程序窗口，如图 1-4 所示。

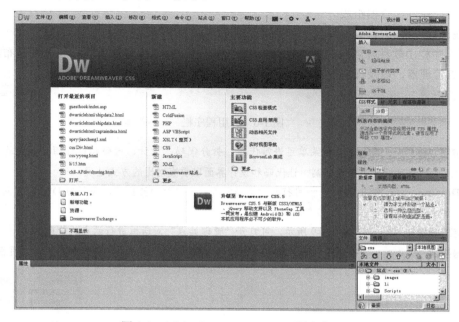

图 1-4　Adobe Dreamweaver CS5　程序窗口

1.4.2　Dreamweaver CS5 的工作环境

启动 Dreamweaver CS5，单击"新建"类型的"HTML"，创建一个网页页面文件，此时 Dreamweaver CS5 工作界面如图 1-5 所示。

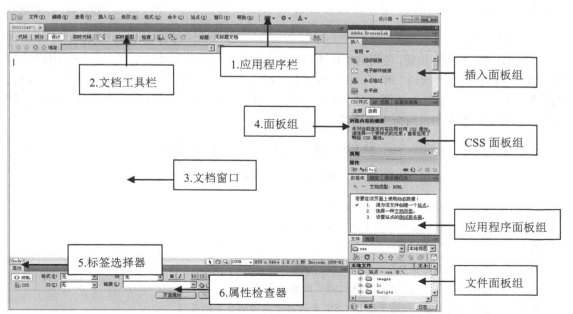

图 1-5　Dreamweaver CS5 工作界面

Dreamweaver CS5 提供了一个将全部元素置于一个窗口中的集成布局。在集成的工作区中，全部窗口和面板都被集成到一个更大的应用程序窗口中。可在一个窗口中显示多个文档，并使用选项卡来标识每个文档。Dreamweaver CS5 窗口由应用程序栏、文档工具栏、文档窗口、面板组、标签选择器、属性检查器组成。

1．应用程序栏

应用程序栏由软件标题栏和菜单栏组成，软件标题栏的 3 个平级下拉按钮分别是布局、DW 扩展和站点管理器，以及最右侧的工作区布局选择按钮，如图 1-6 所示。

图 1-6　应用程序栏

布局按钮 ——通过该下拉菜单可进行代码、拆分代码、设计、代码和设计四种视图的选择，如图 1-7 所示。此处还可设置为垂直分割，让代码和设计界面以垂直对比的方式呈现。

扩展 Dreamweaver 按钮 ——可打开"扩展管理器"进行功能扩展，还可到 DW 官方网站查找相应扩展，如图 1-8 所示。

站点管理器按钮 ——如图 1-9 所示，可打开"管理站点"对话框进行站点的管理。

设计器按钮 ——提供了八种外观模式，如图 1-10 所示，分别用来进行静态、动态页面的开发。

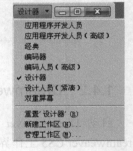

图 1-7　布局按钮　　　图 1-8　扩展 Dreamweaver　　　图 1-9　站点按钮　　　图 1-10　"设计器"下拉选项

2．文档工具栏

文档工具栏中设有按钮，使用这些按钮可以在文档的不同视图间快速切换，这些视图包括"代码"视图、同时显示"代码"和"设计"视图的"拆分"视图、"设计"视图，并提供了"实时代码"和"实时视图"按钮，如图 1-11 所示。文档工具栏中还包含一些与查看文档、在本地和远程站点间传输文档有关的常用命令和选项。

图 1-11　文档工具栏

文档工具栏中主要的工具按钮功能如下。

代码——只在"文档"窗口中显示"代码"视图。

拆分——将"文档"窗口拆分为"代码"视图和"设计"视图。

设计——只在"文档"窗口中显示"设计"视图。

实时代码视图——显示浏览器用于执行该页面的实际代码。

检查浏览器兼容性 ——用于检查 CSS 是否对于各种浏览器均兼容。

实时视图——将设计视图切换到实时视图，显示不可编辑的、交互式的、基于浏览器的文档视图。

检查——打开实时视图和检查模式。

在浏览器中预览/调试 ——可在浏览器中预览或调试文档。从弹出菜单中选择一个浏览器。

可视化助理 ——可以使用各种可视化助理来设计页面。

刷新设计视图 ——在"代码"视图中对文档进行更改后刷新文档的"设计"视图。在执行某些操作（如保存文件或单击该按钮）之后，在"代码"视图中所做的更改才会自动显示在"设计"视图中。

标题——为文档输入一个标题，它将显示在浏览器的标题栏中。

文件管理 ——显示"文件管理"弹出菜单。

3. 文档窗口

文档窗口显示当前文档。可以选择"设计"视图、"代码"视图、"拆分代码"视图、"代码和设计"视图之一进行网页的编辑和开发，还可使用实时视图更逼真地显示文档在浏览器中的表现形式，并能实现交互。"实时视图"不可编辑。

当文档窗口处于最大化状态（默认值）时，文档窗口顶部会显示选项卡，上面显示了所有打开的文档的文件名。如果尚未保存已做的更改，则 Dreamweaver 会在文件名后显示一个星号。若要切换到某个文档，单击其选项卡即可。

Dreamweaver 还会在文档的选项卡下（如果在单独窗口中查看文档，则在文档标题栏下）显示"相关文件"工具栏。

4. 面板与面板组

在 Dreamweaver 窗口中有很多可以展开和折叠的面板。用户可以将面板摆放到任何位置，也可以在不需要时关闭它们。面板组是组合在一个标题下面的相关面板的集合。面板组中选定的面板显示为一个选项卡。每个面板组都可以展开或折叠，并且可以和其他面板组停靠在一起或取消停靠。

Dreamweaver CS5 默认的面板组有插入面板组、CSS 面板组、应用程序面板组、文件面板组。

（1）插入面板组

插入面板组在工作窗口的右上部，如图 1-12 所示，该面板组包括 8 个子面板，通过单击的 黑色下拉箭头，打开子面板列表，如图 1-13 所示。依次为"常用"、"布局"、"表单"、"数据"、"Spry"、"InContext Editing"、"文本"和"收藏夹"，通过单击子面板标签，可以切换到其他子面板。

通过单击"颜色图标"命令可以将各工具的图标设置为彩色，单击"隐藏标签"命令则各工具仅以图标形式显示，如图 1-14 所示。而通过"显示标签"命令可将图标还原为标签显示。

图 1-12 "插入"面板组　　图 1-13 "常用"下拉菜单　　图 1-14 "插入"面板组的图标显示模式

如果"插入"面板组没有显示出来，可以选择主菜单中的"窗口"|"插入"将其打开。

（2）CSS 面板组

CSS 面板组包含"CSS 样式"、"AP 元素"和"标签检查器"3 个浮动面板，如图 1-15 所示，主要提供交互式网页设计和网页格式化的工具。

（3）应用程序面板组

"应用程序"面板组包含"数据库"、"绑定"、"服务器行为"、"组件"四个浮动面板，如图 1-16 所示，主要提供动态网页设计和数据库管理的工作。

（4）文件面板组

文件面板组包含"文件"、"资源"两个浮动面板，如图 1-17 所示，主要管理站点的各种资源。

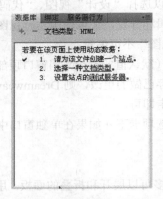

　　图 1-15 "CSS"面板组　　　　图 1-16 "应用程序"面板组　　　　图 1-17 "文件"面板组

这些面板组中的面板将在以后的章节中逐一介绍。

5. 标签选择器

在 Dreamweaver 中，标签选择器位于文档窗口下的状态栏最左边，如图 1-18 所示就是标签选择器，代表网页的主题是从大到小排列的。标签选择器的作用是快速选择网页中的元素，如表格、图片等。通过单击某个标签，可选定编辑区域的相关对象。

图 1-18　标签选择器

6. "属性"检查器

"属性"检查器可以检查和编辑当前选定页面元素（如文本和插入的对象）的最常用属性。属性检查器中的内容根据选定的元素会有所不同。例如，如果选择页面上的一个图像，则"属性"检查器将改为显示该图像的属性，如图 1-19 所示。

图 1-19　"属性"检查器

默认情况下，"属性"检查器位于工作区的底部。需要时，可以将它停靠在工作区的顶部。

1.4.3　调整工作界面

为了方便工作，经常需要调整工作界面使它适应工作的需要，如改变工作视图，隐藏和展开面板，或是在编辑视图中显示标尺和辅助线等。

1．改变工作视图

Dreamweaver 中提供了 3 种视图："设计"视图、"代码"视图及"代码和设计"视图。当需要改变编辑视图时，只需单击对应视图按钮，即转换至目标视图模式下，如图 1-20 所示。

图 1-20　切换到"代码"视图模式

2．显示、隐藏面板

Dreamweaver 窗口包括各种不同功能的面板，显示与隐藏它们的方法是：

① 在"窗口"菜单中，勾选或取消相应面板，从而显示或隐藏该面板，如图 1-21 所示；

② 单击面板的标题或标签，可以展开和隐藏面板，如图 1-22 所示；

③ 单击面板标题栏右侧的按钮，从弹出的快捷菜单中选择"关闭标签组"命令，可以关闭相应面板组，如图 1-23 所示。

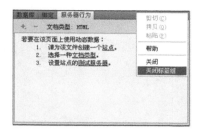

图 1-21　"窗口"菜单　图 1-22　通过单击面板标签显示面板　图 1-23　"关闭标签组"命令

3．标尺、网格与辅助线

在制作网页时，经常需要准确定位网页中元素的位置，可以使用标尺、辅助线及网格帮助定位。

在"查看"菜单中，选择"标尺"|"显示"命令，可在文档编辑窗口显示标尺，如图1-24所示；选择"网格设置"|"显示网格"可以在文档编辑窗口显示网格，如图 1-25 所示，从而方便设计时的定位。

辅助线是从标尺拖动到文档上的线条，它们有助于更加准确地放置和对齐对象，此外，还可以使用辅助线来测量页面元素的大小，或者模拟 Web 浏览器的重叠部分（可见区域），如图 1-26 所示。

图 1-24　显示标尺　　　　　　　　　　　　　　　图 1-25　显示网格

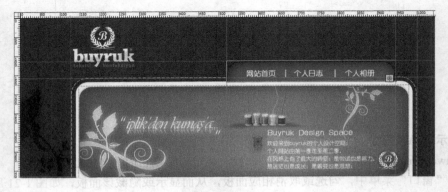

图 1-26　使用辅助线

本章小结

本章主要介绍了网站建设中的一些基础知识，明确了网站开发的流程和如何规划网站，从整体上为初学者描绘了一个网站的基本构成元素。通过本章的学习有助于读者在今后的学习中确定目标，掌握学习这门课程的技巧和方法。

第2章 创建本地站点

一个优秀的网站的开发首先要从站点的整体规划开始，站点是网页文件的存储场所。使用 Dreamweaver CS5 制作网页前，首先要创建一个本地站点，用以存储网站中相关的网页、图像、动画等文件。本章重点介绍在 Dreamweaver CS5 中如何创建站点并管理站点，从而为下一步开发网站做好准备。

本章重点
- 本地站点的创建和管理
- 规划网站、创建站点
- 在站点中创建网页及文件夹的方法

2.1 创建本地站点——我的足球网

2.1.1 案例综述

一般来说，用户所浏览的网页都是存储在 Internet 服务器上的。所谓 Internet 服务器，就是用于提供 Internet 服务的计算机，对于 WWW 浏览服务来说，Internet 服务器主要用于存储用户所浏览的 Web 站点和页面。

通常创建一个网站，总是先在本地计算机上进行开发和调试，待完成后再上传到 Internet 服务器上。因此，在本地计算机上，应该首先创建一个本地站点，用以进行网站的开发和管理。本例将创建一个简单的站点，从中介绍本地站点的创建及站点中的文件管理。

2.1.2 案例分析

在制作网页之前，首先应该在本地计算机的磁盘上以文件夹的形式建立一个本地站点，然后将设计的网页文件及所搜集的一些资料，例如图片、声音、文字等都存放在该文件夹下，以便控制站点结构，全面系统地管理站点中的每个文件。

利用 Dreamweaver CS5 的文件面板就可以完成本地及远程站点的编辑和管理等任务。在本例中要做的主要工作如下：

① 规划站点；
② 创建本地站点；
③ 站点中文件的管理；
④ 制作简单主页。

2.1.3 实现步骤

1. 规划站点

在着手进行网站设计之前，做一些诸如栏目规划、文件管理的准备工作是非常重要的。

① 在 D 盘新建文件夹 myfootball 作为存放整个站点内容的文件夹，它也是网站的根目录。

② 网站名为"我的足球网"，包括 3 个栏目："我与足球"、"足球新闻"、"足球明星"，这 3 个栏目的内容分别存放在网站根目录下的 aboutme，news，photo 文件夹里。

③ 网站所有素材图像存放于根目录下的 images 文件夹中。

④ 案例效果设计如图 2-1 所示。

图 2-1 　"我的足球网"案例效果

2. 创建本地站点

为更好地对网站进行管理，通常都需要在 Dreamweaver CS5 中新建一个站点，这样可以利用 Dreamweaver CS5 强大的站点管理功能来管理自己的网站。

图 2-2 　"管理站点"对话框

🐬 **步骤**

① 打开 Dreamweaver CS5，选择菜单栏中的"站点"｜"管理站点"命令，在随后出现的"管理站点"窗口中，单击"新建"｜"站点"命令，如图 2-2 所示。

② 打开"站点设置对象"对话框，如图 2-3 所示，在"站点名称"文本框中为站点命名，这里输入"myfootball"，单击"本地站点文件夹"右侧的浏览按钮 📁，在弹出的"选择根文件夹"对话框中，为网站指定一个站点根文件夹。单击"保存"按钮。

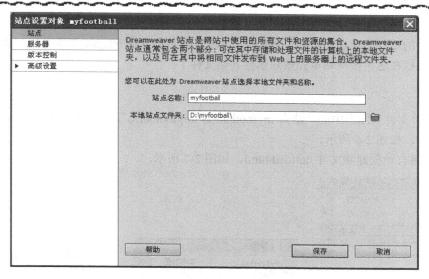

图 2-3　输入站点名称"myfootball"

③ 选择对话框左侧的"高级设置"选项,在其子选项中选中"本地信息",单击"默认图像文件夹"文本框右侧的浏览按钮 ,在站点内指定用于存放图像的文件夹,如图 2-4 所示。

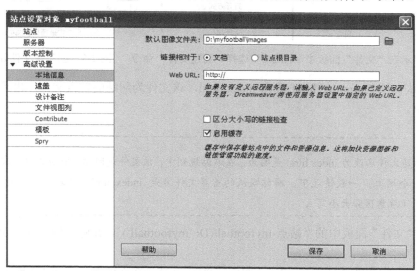

图 2-4　指定用于存放图像的文件夹

提示

设置"默认图像文件夹"的优点在于,当要插入一幅站点外的图像时,系统会提示是否需要复制,如果需要,则系统自动将图像复制到默认图像文件夹内。如果不设此项,则默认图像文件夹为当前站点根目录。

④ 单击"保存"按钮,系统自动返回到"管理站点"窗口,新建站点"myfootball"已出现在列表框中,单击"完成"按钮,最后完成站点的创建。创建完成的站点会自动显示在"文件"面板中,如图 2-5 所示。

3. 在"文件"面板中管理文件

新创建好的站点显示在"文件"面板中，可以看到站点下除 images 文件夹外，并没有任何内容，现在就可以在这里按网站事先规划创建其他文件了。

步骤

① 右击"文件"面板中的"站点-myfootball(D:\myfootball\)"，在弹出的快捷菜单中选择"新建文件"命令，如图 2-6 所示。

② 系统将自动创建新文件 untitled.html，如图 2-7 所示。

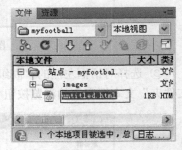

图 2-5　站点显示在"文件"面板中　　图 2-6　选择"新建文件"命令　　图 2-7　创建新文件 untitled.html

③ 将默认文件名 untitled.html 改为 index.html，该文件为网站的首页文件，也是本案例要重点编辑的网页。

提示 -

　　此处将新建文件名改为 index.html 是因为，在本站规划中，该文件是网站的首页文件，即访问网站时最先看到的一个网页。一般情况下，网站默认的首页文件名是 index.html，此外也可以是 index.asp，default.html 等（注意区分大小写）。

④ 右击"文件"面板中的"站点-myfootball(D: \myfootball\)"，在弹出的快捷菜单中选择"新建文件夹"命令。

⑤ 系统自动创建新文件夹 untitled，图标表示这是一个文件夹，如图 2-8 所示。

⑥ 将默认文件夹名 untitled 改为 aboutme。

⑦ 用同样的方法创建另外两个文件夹 photo，news，用 aboutme，photo，news 文件夹存放事先设计的 3 个栏目内容，如图 2-9 所示。

⑧ 在 3 个文件夹 aboutme，photo，news 中分别再建 3 个网页文件 me.html，photo.html，news.html，作为首页文件的 3 个链接指向，如图 2-10 所示。

提示 -

　　在 3 个文件夹 aboutme，photo，news 中分别再建 3 个网页文件 me.html，photo.html，news.html 时，应在相应文件夹上单击鼠标右键，从而保证所建文件分别在 3 个文件夹内。

图2-8　新建文件夹　　　　图2-9　新创建的3个文件夹　　图2-10　分别在各文件夹中创建网页文件

4．编辑首页文件

首页文件，有时也称主页文件，是来访者光临网站最先看到的页面。双击"文件"面板上的 index.html 文件，可以在编辑区域内打开此文件进行编辑。下面重点介绍"我的足球网"首页文件的编辑方法。

步骤

① 首先为要编辑的网页设置页面的统一风格，如背景色、文本样式、链接等，在编辑区域下方的"属性"面板中，单击 页面属性…… 按钮，出现"页面属性"对话框，如图2-11所示。

② 设置左边距、上边距为 0。单击"背景颜色"旁的 按钮，选择绿色作为背景色，单击"确定"按钮完成页面属性设置。

③ 将光标定位于页面中，在"插入"面板的"常用"类别中选择"表格"，在弹出的"表格"对话框中设置"行"为3，"列"为2，"表格宽度"为550，"边框粗细"为0，"单元格边距"为0，"单元格间距"为0，单击"确定"按钮，在页面中插入3行2列表格，如图2-12所示。

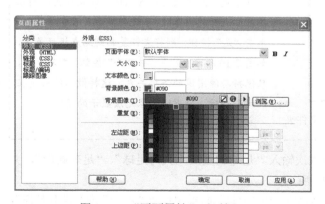

图2-11　"页面属性"对话框

图2-12　插入表格

④ 在"属性"面板中设置表格的"对齐"为"居中对齐"。

⑤ 拖动鼠标选中表格第1行，在其"属性"面板中单击合并选定单元格按钮 ，在合并后的单元格内输入文字"我的足球网"。设置单元格的"水平"为"居中对齐"。选中文字"我的足

球网"，在"属性"面板中设置其"格式"为"标题1"，如图2-13所示。

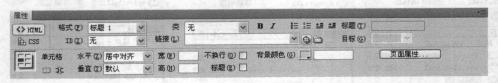

图2-13　设置单元格属性

⑥ 将光标停留在第2行第1列单元格内，在菜单栏选择"插入"│"图像"命令，这时会弹出"图像标签辅助功能属性"对话框，如图2-14所示，在"替换文本"中输入页面不显示图片时的替代文字，单击"确定"按钮，将素材库里的图像ch1\man.jpg插入，如图2-15所示。

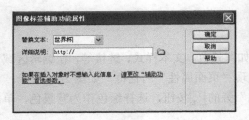

图2-14　"图像标签辅助功能属性"对话框

图2-15　在表格第1列内插入图像

 提示

由于在创建站点时事先设置好的默认图像文件夹D:\myfootball\images\，在插入站点外的图像时，系统会自动将图像文件复制到默认图像文件夹。如果在创建站点时没有设置默认图像文件夹，则在插入站点外的图像时，系统会提示是否需要复制。单击"是"按钮，则将文件复制到站点根目录下，如图2-16所示。如果单击"否"按钮，则不复制，只保持与源图像的链接关系，这样做的结果是在网站移动后，会出现图像无法显示的情况。

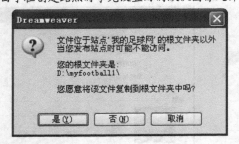

图2-16　选择是否要复制图像文件到站点根文件夹

⑥ 在表格的第2行第2列中，分3行依次输入"足球明星"、"我与足球"、"足球新闻"，并在下一行处插入另一张图像素材，如图2-17所示。

⑦ 拖动光标选中表格的第3行，合并单元格，在"属性"面板中设置"水平"为"居中对齐"，输入"本网站最后更新时间"，紧接着插入"日期"。选择菜单栏上的"插入"│"日期"命令，在出现的"插入日期"对话框中设置显示的日期与时间格式，"储存时自动更新"复选框一定要选中，如图2-18所示，单击"确定"按钮。

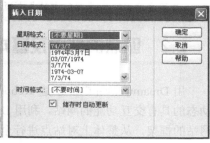

图 2-17　在表格第 2 列插入文字及图像　　　　图 2-18　"插入日期"对话框

⑧ 继续输入版权信息内容，如版权所有、建议使用的分辨率、联系方式等。

⑨ 制作栏目链接。一个最简单的方法是选择文本"足球明星"后，在属性栏中的链接项处单击并拖动图标🌀到右边"文件"面板上的 photo.html 文件处，如图 2-19 所示。

图 2-19　创建链接到目标文件

⑩用同样的方法制作文本"我与足球"与"足球新闻"的链接，其中"我与足球"的链接指向文件是 me.html，"足球新闻"的链接指向文件是 news.html。

⑪在文档编辑区域上方的标题栏，将默认标题"无标题文档"改为"我的足球网"，如图 2-20 所示。

图 2-20　设置标题

⑫按 Ctrl+S 组合键保存文件，按 F12 键打开浏览器预览实际效果。

至此，一个简单的图文并茂的主页就制作完了，至于其他几个链接页面的制作，读者可以自由发挥。

 提示 --

　　为了方便用户浏览网站中的各个页面，别忘了在 3 个分页面中设置返回的超链接。

2.2　站点的创建及基本操作

用 Dreamweaver CS5 创建 Web 站点有多种方式，可以创建一个静态的网站，也可以创建一个动态的具有交互功能的网站。利用 Dreamweaver CS5 用户可以在本地计算机的磁盘上构造出整个网站的框架，从整体上对站点进行全局把握。由于这时候没有与 Internet 连接，因此有充裕的时间完成站点的设计，并进行完善和测试。当站点设计完毕，可以利用上传工具，例如 FTP 软件，将本地站点上传到 Internet 服务器上，形成远端站点。

2.2.1　创建本地站点

在 Dreamweaver 中，使用"文件"面板可查看和管理 Dreamweaver 站点中的文件。单击"文件"面板中左侧的下拉列表，从中选择"管理站点"，或选择主菜单"站点"｜"新建站点"或"管理站点"命令，打开站点管理窗口，如图 2-21 所示。利用"管理站点"对话框可以创建和管理站点。

Dreamweaver 站点是网站中使用的所有文件和资源的集合。单击"管理站点"对话框中的"新建"按钮，在弹出的"站点设置对象"对话框中创建本地站点，如图 2-22 所示。在此对话框中可以为 Dreamweaver 站点选择本地文件夹和名称。

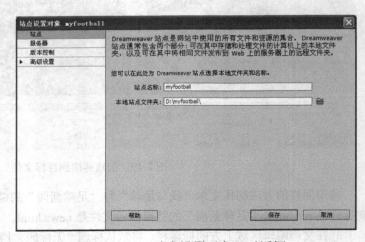

图 2-21　打开"管理站点"面板　　　　　　　图 2-22　"站点设置对象"对话框

在"高级设置"的子菜单中选择"本地信息"，右侧出现相关选项，可以进一步设置本地站点信息，如图 2-23 所示。

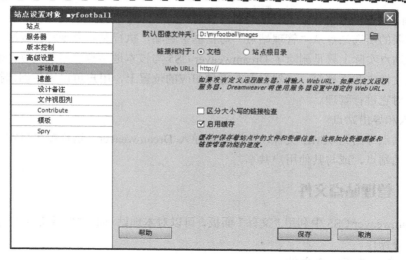

图 2-23　设置本地信息

本地文件夹的属性有如下几项。

站点名称——输入站点的名称（见图 2-22）。

本地站点文件夹——指定放置站点文件的本地文件夹（见图 2-22）。

默认图像文件夹——指定放置站点图像文件的目录。

Web URL:——指定站点的 URL 地址。使用该选项的目的是为了使 Dreamweaver 能够验证站点中使用绝对 URL 或站点根目录相对路径的链接。

启用缓存——选择"启用缓存"复选框，创建本地缓存，有利于提高站点的链接和站点管理任务的速度，而且可以有效地使用"资源"面板管理站点资源。

 提示

如果没有选中"启用缓存"，当修改某个文件（或文件夹）的名称或移动某个文件（或文件夹）时，Dreamweaver 需要读取站点中每个 HTML 文档中的所有代码，才能验证哪些文件使用要修改的文件名或路径。如果站点内的文件很多，检测将要花费很长的时间。如果选中了此项，当用户在站点中创建文件夹时，将会自动在该目录下生成一个名为"_notes"的缓存文件夹，该文件夹默认是隐藏的。每当用户添加一个文件时，Dreamweaver 就会在该缓存文件中添加一个占用空间很小的文件，专门记录该文件中的链接信息。这样当修改某个文件的名称时，软件将不需要读取每个文件中的代码，而只要读取缓存文件中的链接信息即可，可以大大节省更新站点链接的时间。

2.2.2　管理本地站点

选择"站点"｜"管理站点"命令，弹出"管理站点"对话框，该对话框的作用是创建新站点、编辑站点、复制站点、删除站点，以及导入或导出站点。

① 创建新站点

创建新的站点。

② 编辑站点

对已经设置好的站点进行设置修改。

③ 复制站点

在"管理站点"对话框中可以建立一个站点的副本，副本将出现在站点列表窗口中。

④ 删除站点

将不需要的所选站点从"管理站点"对话框中删除，执行删除命令时会提醒用户该操作无法撤销。删除站点实际上只是删除了 Dreamweaver CS5 与该本地站点之间的关联，但是本地站点的内容，包括文件夹和文档等，仍然保存在磁盘相应的位置上，用户可以重新创建指向其位置的新站点，重新对它进行管理。

⑤ 导入和导出站点

可以将站点导出为 XML 文件，然后将其导入 Dreamweaver。这样就可以在各计算机和产品版本之间移动站点，或与其他用户共享。

2.2.3　管理站点文件

在 Dreamweaver CS5 中利用"文件"面板，可以对本地站点的文件或文件夹进行选择、移动、复制、删除等操作。

1．在站点中选择多个文件

在"文件"面板中可以用以下操作方法选择多个文件。

① 单击第 1 个文件，按住 Shift 键，然后单击最后一个要选择的文件，可选择一组连续的文件。

② 按住 Ctrl 键，然后单击要选择的文件，可选择一组不连续的文件。

2．在本地站点中剪切、粘贴、复制、删除、重命名文件或文件夹

在"文件"面板中进行剪切、粘贴、复制、删除、重命名等操作时，先选中要操作的文件或文件夹，右击打开快捷菜单，从中选择相应的命令便可完成相应的文件操作，如图 2-24 所示。

3．创建文件或文件夹

建立了本地站点后，就可以创建自己的网页文件和文件夹来扩充站点了。

📣 **步骤**

① 在"文件"面板中右击，从弹出的快捷菜单中选择"新建文件"命令，如图 2-25 所示。将名称改为相应的网页文件名即可。

② 在"文件"面板中右击，从弹出的快捷菜单中选择"新建文件夹"命令，给新创建的文件夹命名即可，如图 2-25 所示。

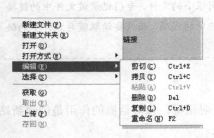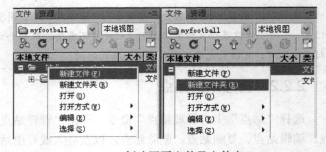

图 2-24　在"文件"面板中文件编辑命令　　　　2-25　创建网页文件及文件夹

 提示

在创建文件或文件夹时，右击的位置即为创建后的位置。例如，右击站点根目录新建文件，则此文件将存在于站点根目录。

可以使用相同的方法创建代表网站结构的其他文件夹，从而可以创建一个清晰的树状目录。

4．文件的移动和复制

 步骤

① 在"文件"面板中的文件列表里，选中需要移动或复制的文件或文件夹。

② 如果要进行移动操作可右击，在弹出的快捷菜单中选择"编辑｜剪切"命令。如果要进行复制操作可右击，在弹出的快捷菜单中选择"编辑｜复制"命令。

③ 选中目标文件夹可右击，在弹出的快捷菜单中选择"编辑｜粘贴"命令。

此外，还可以选中要移动或复制的文件或文件夹，按住鼠标左键，拖动文件或文件夹，然后移到目标文件夹中。

提示 --

在创建文件或文件夹时，右击的位置即为创建后的位置。例如，右击站点根目录新建文件，则此文件将存在于站点根目录。如果移动或复制的是文件，由于文件的位置发生了变化，其中的链接信息可能也会相应地发生变化，Dreamweaver CS5 会弹出"更新文件"对话框，如图 2-26 所示，提示是否要更新被移动或被复制的文件中的链接信息，从列表中选中要更新的文件，单击"更新"按钮，则更新文件中的链接信息，单击"不更新"按钮，则不会对文件中的链接信息进行更新。

图 2-26　"更新文件"对话框

5．删除文件

① 在"文件"面板中的文件列表里，选中需要删除的文件或文件夹。

② 右击，在弹出的快捷菜单中选择"编辑｜删除"命令或按 Delete 键。

③ 系统会弹出"提示"对话框，询问是否要真正删除文件或文件夹，单击"确定"按钮，即可将文件或文件夹从本地站点中删除。

 提示 --

与站点的删除操作不同，这种对文件或文件夹的删除操作，会从本地磁盘上真正地删除文件或文件夹。

2.3 实战演练

1．实战效果

试制作首页，效果图为 2-27 所示。

2．制作要求

① 规划站点，分析该站点的结构；该网站下有"index.html"、"picture.html""story.html"、"movie.html" 4 个网页，其目录结构如图 2-28 所示。

② 创建本地站点及首页，创建一个本地站点"卡通世界"。

③ 用表格布局。

④ 插入相应文字及图像。

图 2-27　实战首页效果图

图 2-28　网站结构

3. 制作提示

① 利用"管理站点"命令建立一个名为"卡通世界"的本地站点。

② 利用"文件"面板在本地站点位置右击，在弹出的快捷菜单中选择"新建文件"命令分别创建"index.html"、"picture.html"（彩图欣赏）、"story.html"（漫画连载）、"movie.html"（动漫教室）4 个网页。

③ 利用表格进行布局，插入一个 5 行 2 列的表格，分别将第 1 行和最后一行合并单元格，放置网页标题图片和版权信息。中间部分分别插入图片和文字，并对"彩图欣赏"、"漫画连载"、"动漫教室"三张图片做超链接，分别连接到"picture.html"、"story.html"和"movie.html"3 个页面上。

本章小结

在本章中详细介绍了本地站点的创建和文件管理的相关内容，同时介绍了网站制作流程、建站技巧，以及在制作网页过程中需要注意的问题。

第3章 网页图文编辑

经过前一章的学习，已经初步了解了 Dreamweaver CS5 建立本地站点的方法。在本章中将介绍网页最基本元素——文本和图像的编辑，以及网页制作的一些基本知识。

本章重点：

■ 文本的插入及属性设置

■ 图像的插入及属性设置

■ 图文混排、图像的编辑

3.1 简单的图文混排——我与足球（me.html）

3.1.1 案例综述

在上一章中，完成了"我的足球网"站点的规划和创建，并制作了网站的首页。初步认识了在 Dreamweaver CS5 中制作网页的基本方法。在本例中将继续制作网站中的另一个页面"我与足球"，通过它可以掌握网页制作的一些基本步骤和相关属性设置，学会在网页中加入最基本的元素——文字和图像。本例的最终效果如图 3-1 所示。

图 3-1　页面效果

3.1.2 案例分析

在制作网页时，大致需要以下几个环节。

① 新建或打开网页。

② 设置页面属性。

③ 设置头部信息。

④ 规划页面布局。

⑤ 添加页面元素。

⑥ 制作超链接。

⑦ 保存网页。

本例将按照这些步骤，介绍制作网页的基本方法。由于本例中主要介绍文字和图像的插入与编辑，因此可称为网页的图文混排。

3.1.3 实现步骤

1．新建或打开网页

在前一章中已创建了网站和相应的页面，因此在继续制作时，只需要打开已存在的页面即可。

步骤

在"文件"面板中选定已创建的站点 myfootball，双击 aboutme 文件夹下的网页文件 me.html，在"编辑"窗口打开此文件。

2．设置页面属性

对于在 Dreamweaver 中创建的每个页面，都可以使用"页面属性"对话框指定布局和格式。页面属性主要包括设置网页中文本的颜色、网页的背景颜色，以及背景图片、网页边距等。

步骤

① 在"属性"面板中单击"页面属性"按钮，或选择"修改"｜"页面属性"命令，打开"页面属性"对话框，如图 3-2 所示。

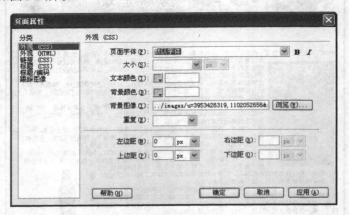

图 3-2　"页面属性"对话框

② 单击"背景图像"文本框后面的"浏览"按钮，选择图像文件 bj.jpg，使该图片以平铺的方式铺满页面，如图 3-3 所示。

图 3-3　设置背景图片

③ 分别设"左边距"和"上边距"值为 0px，使页面边缘没有间隙。

④ 用户还可以设置标题、链接、标题/编码等项的属性。在"分类"列表中选择某一项，对话框右侧即会出现有关该选项的属性。

⑤ 设置完成后，单击"确定"按钮。

3．设置头部信息

在文档编辑窗口有"代码"、"拆分"、"设计" 3 种视图方式，单击"代码"按钮切换到代码视图，可看到当前页面的 HTML 代码，如图 3-4 所示。

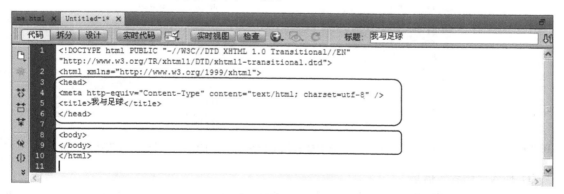

图 3-4　在"代码"视图中的 HTML 代码

网页文件的 HTML 代码由两个主要部分组成，即 head 部分和 body 部分。head 部分是除文档标题外的不可见部分。body 是文档的主要部分，也是包含文本和图像等的可见部分。虽然头部信息的内容不会被显示在网页主体里面，但对于页面来说，有着至关重要的影响。网页加载是从头部开始的。例如，网页的标题是浏览者得到的第一条信息，浏览者可以根据标题来判断是否查看该网页。网页中的脚本一般都放在<head>…</head>之间，以便在网页主体中使用脚本时已经加载完成，否则脚本运行会出错。

文件头部一般包含标题标签、<meta>标签、内联样式表及预定义脚本等。

步骤

（1）设置页面标题

页面标题可使用户在浏览该网页时，从标题栏中看到该页的标题，可使浏览者一睹而知全貌，达到画龙点睛的目的。另外，网页标题也是搜索引擎 robots 搜索时的主要依据。

设置网页标题的方法是直接在文档工具栏的"标题"文本框中（原显示为"无标题文档"），输入该页的标题"我与足球"，如图 3-5 所示。

图 3-5　输入网页标题

（2）设置<meta>标签

<meta>标签主要用于为搜索引擎 robots 定义页面主题信息，它还可以用于定义用户浏览器上的 cookie、鉴别作者、设定页面格式、标注内容提要和关键字，同时，它还可以设置页面，使其根据定义的时间间隔刷新自己。

插入<meta>标签的方法是：选择"插入"面板组中的"常用"选项卡，单击"文件头"下拉按钮，如图 3-6 所示，或选择主菜单"插入"|"HTML"|"文件头标签"命令，选择需插入的相应信息，打开如图 3-7 所示的菜单。

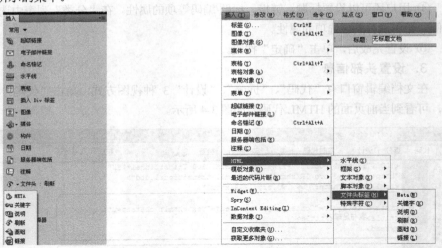

图 3-6　在"插入"面板组的"常用"类型中插入头部信息　　　图 3-7　用菜单方式插入头部信息

① 插入"作者"信息

单击 META 选项，META 标签记录有关当前页面的信息。在"值"中输入 author，在"内容"中输入"葛艳玲"，作者的信息就设置好了，如图 3-8 所示。

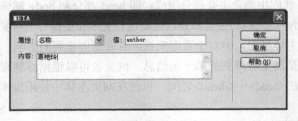

图 3-8　设置作者信息

② 插入"关键字"

设置网页的关键字后，使用搜索引擎可以在网络上快速搜索到该网页。许多搜索引擎会自动阅读<meta>标签中的 Keywords（关键字）内容，并利用该信息在其数据库中建立对该页面的索引。有些搜索引擎在建立关键字时对关键字或字符有字符数量的限制，有些则在关键字超出限定范围时忽略所有关键字。因此，网页的关键字应当尽量精简而准确。

单击"关键字"选项，在标记为"关键字"的文本框中输入关键字，并以逗号隔开，如图 3-9 所示。

③ 插入"说明"

"说明"为网页的说明性文字，如作者、介绍等。它和关键字一样可供搜索引擎寻找网页，只不过它提供了更加详细的网页描述性信息。单击"说明"选项，在标记为"说明"的文本框中输入网页的说明语句，如图 3-10 所示。

图 3-9　设置搜索关键字　　　　　　　　图 3-10　设置"说明"信息

④ 插入"刷新"

网页刷新通常用于两种情况：第一种是在打开某个网页，停留若干秒后，自动跳转到另一个新的页面；第二种是用于需要经常刷新的网页（如留言板中的页面），可以让浏览器每隔一段时间自动刷新自身的网页。

在"文件头"下拉菜单中选择"刷新"命令，此时将会打开"刷新"对话框，如图 3-11 所示。

4．规划页面布局（用表格布局）

为了使页面元素显示在预设的地方，在制作网页时可采用表格来进行布局，如图 3-12 所示。将光标定位于页面中，在"插入"面板的"常用"类别中，单击"表格"图标，插入 4 行 1 列表格，宽为 750px，将边距、间距等均设为 0。在"属性"面板中将"对齐"设置为"居中对齐"。

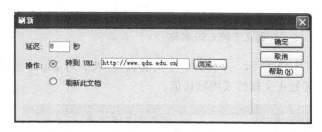

图 3-11　"刷新"对话框　　　　　　　　图 3-12　页面布局示意图

5. 添加页面元素

（1）插入文本

🐬 **步骤**

① 将光标定位于第 3 行单元格内，打开素材文件夹中的 ch2 下的 me.txt 文件，将其中内容全部选中，复制粘贴到该单元格中，如图 3-13 所示。

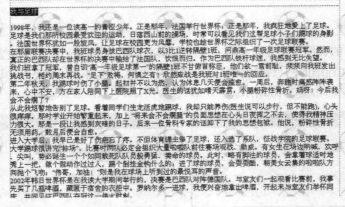

图 3-13　将文本粘贴到单元格中

② 选中文章标题文字"我与足球"，在"属性"面板中单击"CSS"按钮，切换到"CSS 样式"属性栏，单击≣按钮，在弹出的"新建 CSS 规则"对话框中输入新样式的名称"biaoti"，如图 3-14 所示，单击"确定"按钮，将标题文字的对齐方式设置为水平居中。

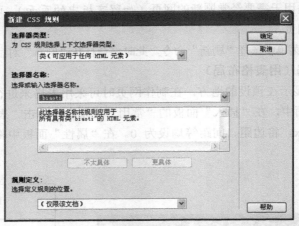

图 3-14　定义标题文字的 CSS 名称

⑤ 再进一步设置其文本格式，如图 3-15 所示。字体为"华文彩云"，大小为 24px，颜色为 #999900，选中粗体**B**、斜体**I**按钮。其他正文属性采用默认值。

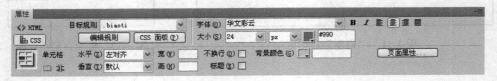

图 3-15　设置标题文字"我与足球"的属性

（2）插入图像

步骤

① 将光标定位在表格第 1 行单元格内，然后在"插入"面板的"常用"类别中，单击"图像"图标，从素材文件夹中选择"hf.jpg"图片，单击"确定"按钮。

这时，Dreamweaver 自动在 HTML 源代码中生成对该图像文件的引用。为了确保此引用的正确性，该图像文件必须位于当前站点中。如果在创建本地站点时设置了默认的图像文件夹，则 Dreamweaver 会自动将文件复制到该文件夹中，而如果未设置默认图像文件夹，Dreamweaver 会询问"是否要将此文件复制到当前站点中"。

② 在弹出的"图像标签辅助功能属性"对话框的"替代"文本框中，在只显示文本的浏览器或已设置为手动下载图像的浏览器中输入代替图像显示的文字，如图 3-16 所示。

③ 单击"确定"按钮，网页横幅图像便被插入到了页面光标所在的位置。用同样方法，在文章中插入另一张插图，如图 3-17 所示。

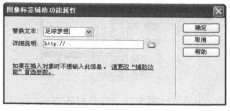

图 3-16 "图像标签辅助功能属性"对话框

图 3-17 插入另一张图像

④ 单击图片后，在属性面板中可以看到该图片的各属性值，如图 3-18 所示。通过"边框"文本框来设置图像边框的宽度，可输入数值 10，单位是像素。Dreamweaver CS5 默认图像边框宽度为 0。

图 3-18 图像属性面板

（3）图文混排

步骤

① 选中前面插入的图像，然后在属性面板中选择"左对齐"，如图 3-19 所示，图像和文字

就呈混合排列了。

　　② 为了使图像和文字之间的间距不至于太过紧密，可以选中图像在属性面板中设置"垂直边距"和"水平边距"均为 10，其中"垂直边距"沿图像的顶部和底部添加边距，"水平边距"沿图像左侧和右侧添加边距，页面效果如图 3-20 所示。

　　（4）图像的编辑

　　插入图像并确定好图像位置后，可以使用 Dreamweaver CS5 的图片编辑工具完成对图像的编辑过程。图片编辑工具如图 3-21 所示。

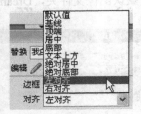

图 3-19　选择对齐方式

图 3-20　设置好边距的页面效果

图 3-21　图片编辑工具

步骤

　　① 选中图像，单击"属性"面板中的"编辑"按钮 ，启动在"外部编辑器"首选参数中指定的图像编辑器并打开选定的图像，对图像进行编辑。若系统安装了 Fireworks（或 Photoshop），单击"编辑"按钮则会自动打开 Fireworks（或 Photoshop）编辑，完成后网页中的图像自动被更新，如图 3-22 所示。

　　② 单击 按钮，"图像预览"对话框，进行图像的优化。在 Dreamweaver CS5 下优化图像是经常要使用到的功能，如图 3-23 所示为图像优化窗口。

图 3-22　图像被更新

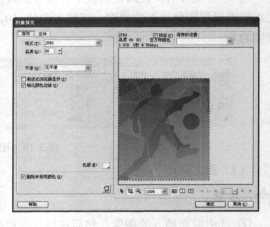

图 3-23　图像优化窗口

③ 裁剪图像。因为图像的面积过大，为了突出图像的主体，这里使用裁切工具 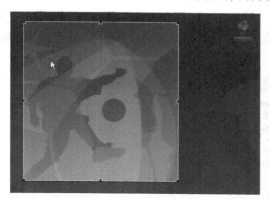进行图像的裁切。通过调整图像四周的调节柄即可裁剪图像的内容，效果如图 3-24 所示。

图 3-24　裁剪图像

④使用重采样工具按钮 缩小图像尺寸。单击该按钮后，如果把图像宽度和高度值变小后，可以重采样图像，使文件本身尺寸变小。如图 3-25 所示为图像重采样前后图像文件的大小对比。

⑤ 对图像进行调整亮度和对比度以及锐化图像的操作。

单击 按钮，打开如图 3-26 所示的"亮度/对比度"对话框，通过拖动滑块或直接输入数值可调整图像的亮度和对比度。

单击 按钮，打开如图 3-27 所示的"锐化"对话框，通过拖动滑块或直接设置数值来调整图像的锐化效果。如图 3-27 所示。

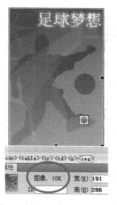

图 3-26　"亮度/对比度"对话框

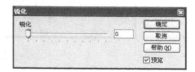

图 3-25　图像重采样前后图像文件的大小

图 3-27　"锐化"对话框

（5）插入"鼠标经过图像"效果

鼠标经过图像是一种在浏览器中查看并使用鼠标指针经过它时发生变化的图像。鼠标经过图像实际由两个图像组成：主图像（当首次载入页时显示的图像）和次图像（当鼠标指针移过主图像时显示的图像）。鼠标经过图像中的两个图像必须大小相同，如果图像大小不相同，Dreamweaver 会自动调整第 2 幅图像的大小，使之与第 1 幅图像大小相匹配。

步骤

① 将光标放到要插入鼠标经过图像的位置。

② 选择"插入"｜"图像对象"｜"鼠标经过图像"命令，或在"插入"面板中打开"常用"选项卡，单击"图像"按钮，从下拉列表中选择"鼠标经过图像"，打开"插入鼠标经过图像"对话框，如图 3-28 所示。

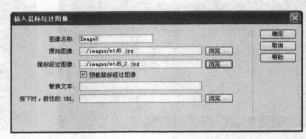

图 3-28　单击"插入"栏中的"图像"按钮打开"插入鼠标经过图像"对话框

③ 在"插入鼠标经过图像"对话框中可以进行如下设置。

◆ 在"图像名称"文本框中输入图像的名称，例如 pic1。

◆ 选择"原始图像"右侧的"浏览"按钮，打开"原始图像"对话框，从中选择一幅图像，如图 3-29 所示。单击"确定"按钮。

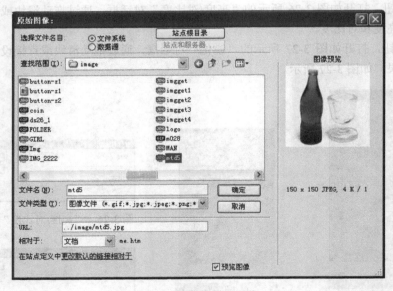

图 3-29　选择原始图像

◆ 选择"鼠标经过图像"右侧的"浏览"按钮，打开"鼠标经过图像"对话框，从中选择鼠标经过时的图像，单击"确定"按钮。

◆ 选中"预载鼠标经过图像"复选框，可将图像预载入浏览器缓冲区中。

◆ 在"替换文本"文本框中输入交互文本，例如"主题图像"。

◆ 在"按下时，前往的 URL"文本框中输入链接地址。

④ 单击"确定"按钮，插入鼠标经过图像，选中该图片，在其属性检查器中将其对齐方式设为"右对齐"。

⑤ 选择"文件"|"在浏览器中预览"|"IExplore"，或按 F12 键，打开浏览器，将鼠标放到图片上，即会显示交互图像，预览效果如图 3-30 所示。

（6）插入日期

在网页上设置站点发布日期，给设计者和浏览者都会带来方便。

步骤

① 将插入点放到表格最下面一行的单元格内，在"属性"面板中将单元格的"水平"设为"居中对齐"。

② 选择"插入"|"日期"命令，或选择"插入"面板"常用"选项卡中的"日期"按钮，此时系统将打开"插入日期"对话框，如图 3-31 所示。

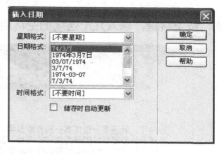

图 3-30　鼠标经过图像时的效果　　　　　　图 3-31　"插入日期"对话框

③ 在"插入日期"对话框中可以进行如下设置。

星期格式——选择星期的格式或不显示星期。

日期格式——选择日期的格式。

时间格式——选择时间的格式，有 12 小时格式和 24 小时格式。

储存时自动更新——如果选中此项，每次存储文档时，都会自动更新插入的日期信息，用来记录文档最后生成的日期和时间，不选中该复选框，插入的日期不再变化。

④ 选择一种日期格式，单击"确定"按钮，即可在指定位置插入时间和日期对象，如图 3-32 所示。

（7）插入特殊字符

某些字符在 HTML 中以名称或数字的形式表示，它们被称为实体。HTML 包含版权符号（&copy）、"与"符号（&amp）、注册商标符号（&reg）等字符的实体名称。

步骤

① 将光标定位在插入日期的后面，按 Shift＋Enter 组合键换行。

② 选择"插入"|"HTML"|"特殊符号"命令，或选择"插入"面板"文本"选项卡中的"字符"按钮右边的级联式菜单，从中选择所需的符号如版权符号©，如图 3-33 所示。如果需要更多的特殊字符，可单击菜单中的"其他字符"选项，从"插入其他字符"对话框中选择所需字符。

6．制作超链接（导航栏）

在用户浏览网站时，各页面间链接的好坏起着至关重要的作用。在浏览完当前页后，应该使用户方便地返回主页或跳转到其他页，具体步骤如下。

　　图 3-32　插入的日期　　　　　　　　　　图 3-33　插入特殊字符

步骤

① 将光标放到网页横幅图像的下一行，在 HTML 属性面板中将单元格的水平选项设为居中。

② 分别输入"主页"、"足球明星"、"足球新闻"等导航文字，将中文输入法切换到全角方式，按空格键，输入几个连续的空格用来间隔文字，如图 3-34 所示。

图 3-34　输入导航文字

③ 选中"主页"文本，在"属性"面板的"链接"文本框中设置要跳转的页面 index.html，同样，设置"明星照片"的链接为"…\Photo\photo.html"，"足球新闻"的链接为"…\news\news.html"。

7. 保存网页

在修改了页面或制作完成后，都应及时保存，选择"文件" | "保存"命令，由于本网页是前面建好后又打开的，所以不会弹出"保存为"对话框，而直接存盘了。

到此整个页面的制作就完成了，按 F12 键即可预览。

3.2　网页文本的输入和属性设置

当在 Internet 上冲浪的时候，网页中显示最多的就是文字。对文本进行良好的控制和布局，灵活运用各种格式设置文本的方法，是决定网页是否美观和富有创意的关键。

3.2.1　插入文本

向 Dreamweaver 页面中添加文本，可以直接在"文档"窗口中输入文本，也可以剪切并粘贴文本，还可以从其他文档导入文本。

将文本粘贴到 Dreamweaver 页面中时，可以使用"粘贴"（或按组合键 Ctrl+V）或"选择性粘贴"（或按组合键 Ctrl+Shift+V）命令。"选择性粘贴"命令允许以不同的方式指定所粘贴文本的格式。例如，要将文本从带格式的 Microsoft Word 文档粘贴到 Dreamweaver 文档中时，想要去掉所有格式设置，以便能够向所粘贴的文本应用自己的 CSS 样式表，可以在 Word 中选择文本，将它复制到剪贴板，然后使用"选择性粘贴"命令，在弹出的"选择性粘贴"对话框中，选择"仅文本"

选项，如图 3-35 所示。

3.2.2　插入特殊符号

1．换行

按 Enter 键或 Enter+Shift 组合键可实现
换行。按 Enter 键（硬回车），会自动生成
一个段落，在 Dreamweaver 中段落间自动
有一空行，使换行后行间距加大，而按
Shift+Enter 组合键，可换行而不分段（软回
车），从而使换行后行间距不变。

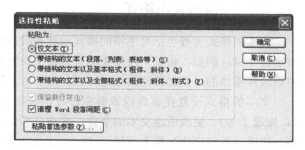

图 3-35　"选择性粘贴"对话框

2．输入空格

默认情况下，在 Dreamweaver 中不能连续输入多个空格，只能输入一个。如果用户想要输
入多个空格，有以下 3 种方法。

① 将输入法提示框上的"半角"改为"全角"后按空格键。

② 插入不换行空格：选择"插入"|"HTML"|"特殊字符"|"不换行空格"（按组合键
Ctrl+Shift+空格键）命令。

③ 设置首选参数：选择"编辑"|"首选参数"，在"常规"类别中确保选中"允许多个连
续的空格"选项。

3．插入特殊字符

插入特殊字符可用以下方法。

① 选择菜单栏"插入"|"HTML"|"特殊字符"命令，从子菜单中选择要插入的特殊字符
名称，如图 3-36 所示。

② 在"插入"面板的"文本"类别中，单击"字符"按钮，从弹出的子菜单中选择一种字
符，如图 3-37 所示。

③ 如果在子菜单中没有找到需要插入的特殊字符，可以单击"其他字符"图标，打开"插
入其他字符"对话框，这里提供了更多的可选择的特殊字符。

图 3-36　从菜单插入特殊字符

图 3-37　从"插入"面板中插入特殊字符

3.2.3　设置文本格式

文本的格式设置包括对字符的格式设置和段落的格式设置两个方面。对字符的格式设置只针对字符本身，例如，将某个段落中的某些文字设置为斜体格式等；而对段落的格式设置操作是针对该段落整体的，例如段落的缩进方式、对齐方式等。

文本的格式设置在属性检查器中进行，包括文本块设置默认格式或设置样式（段落、标题1、标题2等）、更改所选文本的字体、大小、颜色和对齐方式，或者应用文本样式（如粗体、斜体、代码（等宽字体）和下画线）。Dreamweaver 将 CSS 属性检查器和 HTML 属性检查器集成为一个属性检查器。HTML 属性检查器用系统提供的 HTML 标记来设置文本格式；CSS 属性检查器则是通过定义样式，对网页文档内容进行精确格式设置，它可以使用许多 HTML 样式不能使用的属性。

1．在属性检查器中设置 HTML 格式

选定要设置格式的文本，在属性检查器中单击 <> HTML 按钮，如图 3-38 所示，在 HTML 属性检查器中，可使用设置 Dreamweaver 所提供的默认格式或设置样式。

图 3-38　文本 HTML 属性检查器

格式——设置所选文本的段落样式。值为"段落"、"标题1"、"标题2"……"标题6"。

ID——为所选内容分配一个 ID。ID 弹出菜单将列出文档的所有未使用的已声明 ID。

类——显示当前应用于所选文本的类样式。如果没有对所选内容应用过任何样式，则弹出菜单显示"无 CSS 样式"，如图 3-39 所示。

使用"类"菜单可执行以下操作：

◇　选择要应用于所选内容的样式。

◇　选择"无"删除当前所选样式。

◇　选择"重命名"以重命名该样式。

◇　选择"附加样式表"以打开一个允许向页面附加外部样式表的对话框，如图 3-40 所示。

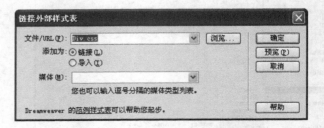

图 3-39　"类"菜单　　　　　　　　图 3-40　"链接外部样式表"对话框

粗体 B——根据"首选参数"对话框的"常规"类别中设置的样式首选参数，将\<b>或\<strong>应用于所选文本。

斜体 I——根据"首选参数"对话框的"常规"类别中设置的样式首选参数，将\<i>或\<em>应用于所选文本。

项目列表 ——创建所选文本的项目列表。如果未选择文本，则启动一个新的项目列表。

编号列表 ——创建所选文本的编号列表。如果未选择文本，则启动一个新的编号列表。

缩进和凸出 ——通过应用或删除 blockquote 标签，缩进或凸出所选文本或删除所选文本的缩进或凸出。在列表中，缩进创建一个嵌套列表，而删除缩进则取消嵌套列表。

链接——创建所选文本的超文本链接。单击文件夹图标浏览站点中的文件；输入 URL；将“指向文件”图标拖到“文件”面板中的文件，或将文件从“文件”面板拖到框中。

标题——为超级链接指定文本工具提示。

目标——指定将链接文档加载到哪个框架或窗口。

 _blank——将链接文件加载到一个新的、未命名的浏览器窗口。

 _parent——将链接文件加载到该链接所在框架的父框架集或父窗口中。如果包含链接的框架不是嵌套的，则链接文件加载到整个浏览器窗口中。

 _self——将链接文件加载到该链接所在的同一框架或窗口中。此目标是默认的，因此通常不需要指定它。

 _top——将链接文件加载到整个浏览器窗口，从而删除所有框架。

2．在属性检查器中编辑 CSS 规则

单击属性检查器中的 按钮，切换到 CSS 属性检查器，如图 3-41 所示。通过使用 CSS 属性检查器中的各个选项对 CSS 规则进行编辑。

图 3-41　CSS 属性检查器

目标规则——在 CSS 属性检查器中正在编辑的规则，单击“目标规则”下拉按钮，在“目标规则”弹出菜单中选择所要应用的规则，如图 3-42 所示。

编辑规则——打开目标规则的“CSS 规则定义”对话框，如图 3-43 所示。

图 3-42　目标规则下拉菜单

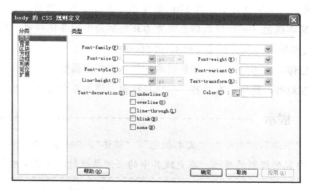

图 3-43　“CSS 规则定义”对话框

将插入点放在要编辑的规则设置格式的文本块的内部。该规则将显示在“目标规则”弹出菜单中。也可以使用“目标规则”弹出菜单创建新的 CSS 规则、新的内联样式或将现有类应用于所选文本。如果从“目标规则”弹出菜单中选择“新建 CSS 规则”命令并单击“编辑规则”按钮，

Dreamweaver 则会打开"新建 CSS 规则"对话框，如图 3-44 所示。新建 CSS 规则，需在"新建 CSS 规则"对话框中输入新规则的名称及定义规则的位置。更多相关内容，将在第 6 章中详细介绍。

CSS 面板——打开"CSS 样式"面板并在当前视图中显示目标规则的属性。

字体——更改目标规则的字体。

如果"字体"列表中没有需要的字体，则单击其下的"编辑字体列表"命令，如图 3-45 所示。打开"编辑字体列表"对话框，如图 3-46 所示。在"可用字体"框中选择需要的字体，单击 按钮，将其导入"选择的字体"框中，单击"确定"按钮，此时"字体"列表中即添加了新字体。

图 3-44　"新建 CSS 规则"对话框

图 3-45　选择"编辑字体列表"命令　　　　图 3-46　"编辑字体列表"对话框

一般来说，应该尽量应用宋体和黑体，而不使用其他特殊的字体，因为在浏览网页的计算机中如果没有安装这些特殊字体，则无法正常显示。而宋体和黑体是大多数计算机都默认安装的字体。

大小——设置目标规则的字体大小。在下拉列表中可选择要设置的字号大小，还可选择 xx-small 或 x-small，使字号在当前字号下双倍或单倍缩小，xx-large 或 x-large 使字号在当前字号下双倍或单倍放大。一般网页中文字字号大小应为 12px 或 9 点，太大显得不精致，太小则看不清。

文本颜色——将所选颜色设置为目标规则中的字体颜色。单击颜色框选择 Web 安全色，或在相邻的文本字段中输入十六进制值（例如 #FF0000）。

粗体、斜体——向目标规则添加粗体或斜体属性。

左对齐、居中、右对齐——向目标规则添加各个对齐属性。

 提示 -

　　"字体"、"大小"、"文本颜色"、"粗体"、"斜体"和"对齐"属性始终应用于"文档"窗口中当前所选内容的规则的属性。在更改其中的任何属性时，将会影响目标规则。

应用 HTML 格式时，Dreamweaver 会将属性添加到页面正文的 HTML 代码中。应用 CSS 格式时，Dreamweaver 会将属性写入文档头部信息或单独的样式表中。CSS 样式还可以同时对多篇文档进行格式设置处理，可将创建好的样式保存在外部样式表中，若修改样式表，便可对相关网页做出相应的更新，从而实现对文本格式设置的自动化管理。关于 CSS 规则的定义将在第 6 章具体讲解。

可以在同一页面中组合使用 CSS 和 HTML 格式。格式以层次化方式进行应用：HTML 格式将覆盖外部 CSS 样式表所应用的格式，而嵌入在文档中的 CSS 将覆盖外部 CSS 样式。

3.3　网页图片的插入及其属性设置

图像是使网页充满吸引力的非文本元素，它不但能美化页面，而且能更直观地表达网页的主题和要传递的信息。

3.3.1　网页图像格式

图片的格式有多种，但不是所有格式的图像都可以放在网页上的。目前，网络上支持的图像格式有 3 种：GIF, JPEG 和 PNG。所以如果要将其他格式的图像放到网页上，首先需要转换成这 3 种格式之一。

1．GIF 格式

GIF 是图像交换格式的简称，它采用图像无损压缩方式，可以较好地解决跨平台的兼容性问题。它只支持 256 种颜色，对色彩要求不高的地方可采用这种图像格式。GIF 格式的文件体积较小，因此在网页上被大量使用。

2．JPEG 格式

JPEG 是联合图像专家组的简称，主要用于处理分辨率较高，色彩丰富的图片，它可以提供上百万种颜色，由于采用了特殊的压缩算法，在图像失真很小的情况下可以对图像进行高效的压缩，从而在网络中减少下载图像的时间。

3．PNG 格式

PNG 是便携网络图像的简称，Fireworks CS5 生成的文件就是 PNG 格式文件，它保留所有原始层、矢量、颜色和效果信息，并且在任何时候，所有元素都是完全可编辑的。这种图像格式在网络上已得到广泛的应用。

如果设计者在网页中插入了图像，当 Web 页面被浏览时，系统会调用位于站点中的图像文件。为了保证图像调用正确，该图像文件应先复制到当前站点中，这样就可以避免图像浏览时出错。

3.3.2　插入图像

要在 Dreamweaver CS5 的文档窗口中插入图像，可以按照如下步骤进行。

步骤

① 将光标放到要插入图像的位置。

② 选择"插入"|"图像"命令，或单击"插入"面板上的"图像"按钮 ，如图 3-47 所示。

③ 从下拉列表中选择"图像"命令，弹出"选择图像源文件"对话框，如图 3-48 所示，选择需要的图片文件，在该对话框的 URL 文本框中，会显示当前选中文件的 URL 地址。

④ 在"相对于"下拉列表框中，可以选择文件 URL 地址的类型，选择文档则使用相对地址；选择站点根目录则使用基于根目录的地址。

⑤ 选中"预览图像"复选框，则可以在该对话框上预览图像。

图 3-47　插入图像　　　　　　图 3-48　"选择图像源文件"对话框

⑥ 选中图像文件后，单击"确定"按钮，弹出"图像标签辅助功能属性"对话框，在该对话框中，可以在"替换文本"下拉列表框中输入简短的替换文本内容。单击"确定"按钮，即可将图像插入到文档中。

提示

　　在许多情况下，在网页中插入图像时，并不需要为图像添加相应的"替换文本"等图像标签辅助功能属性，通过设置首选参数，在网页中插入图像时可以不弹出"图像标签辅助功能属性"对话框。选择"编辑"|"首选参数"命令，弹出"首选参数"对话框，如图 3-49 所示，在"分类"列表中选择"辅助功能"选项，在对话框右侧去除"图像"复选框的选中，即可完成该设置。

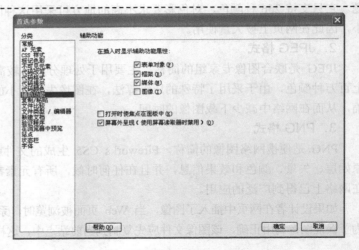

图 3-49　"首选参数"对话框

在网页中插入图像文件还可以采用以下方法。

❖　将"插入"面板中"常用"选项卡的圖按钮拖曳到图像插入处，在打开的"选择图像源文件"对话框中选择图像文件的路径和文件名，便可插入图像。

❖　直接从 Windows 操作系统窗口或 Dreamweaver CS5 的文件面板中将图像文件拖入当前编辑的网页文档中。

提示

　　在未准备好图片时，可用图像占位符代替图像，在插入图像占位符时，需设置宽和高。

3.3.3　设置图像的属性

　　选定图像后窗口正下方会出现图像"属性检查器"，也常称为"属性"面板，如图 3-50 所示。

图 3-50　图像"属性"面板

在图像"属性"面板中可以进行如下设置。

图像——设置图像的名称。主要是为了在脚本语言中便于引用图像而设置。

宽、高——设置图像的宽度和高度。如果在 Dreamweaver 中改变了图像默认的大小，则在"属性"面板上的"宽"和"高"文本框的后面会出现一个弧形箭头，单击该箭头可以将图像恢复到原始大小。

源文件——输入图片的路径和文件名称。也可以单击文本框右边的图标 ，以浏览的方式显示图形文件的路径和名称。

链接——设置图像超链接的 URL 地址，此时该图像被设置为一个超链接的源端点。

替换——输入图像的说明文字。当浏览网页时，在图像位置上将先显示"替换"文本框中的文字。这样在图像没显示出来之前，浏览者就能知道图像所要显示的内容。

类——从已定义的样式中选择为图片定义的样式。

编辑——此选项中集合了一些常用的图片编辑工具，如图 3-51 所示。通过这些工具可以编辑和优化图像、裁剪图像、重设图像、设置图像的亮度和对比度，以及锐化图像。各按钮的使用在前面的实例中有详细的介绍。

图 3-51　图片编辑工具

垂直边距、水平边距——设置图片四周空出的尺寸。

目标——指定图像链接的目标文件的显示方式。如果图像无链接，此项设置无效。

原始——指定要插入之图片的原始文件（.psd 或 .png 文件）。

边框——输入图形的边框宽度。

对齐——设置在一行中图形和文本的对齐方式，在其下拉列表中有如下选项。

　默认值——采用浏览器默认的图像对齐方式，通常为基线对齐。

　基线——将文本基准线与图像底部对齐。

　顶端——将文本基准线与图像的顶部对齐。

　居中——将文本基准线与图像的中央对齐。

　底部——将文本基准线与图像底端对齐。

　文本上方——将文本最高字符的顶线与图像顶部对齐。

　绝对中间——将图像中央与文本的正中间对齐。

　绝对底部——将文本的绝对底端与图像底部完全对齐。

　左对齐——将图像居左对齐，文本在图像右边对齐。

　右对齐——将图像居右对齐，文本在图像左边对齐。

地图——为所创建的热区命名。选择创建热区的按钮 可建立图像的不同形状的链接区域。

3.4　实战演练

1．实例效果

创建本地站点"徐志摩诗集欣赏"，制作该网站下网页"再别康桥"和"我不知道风"，效果图如图 3-52 和图 3-53 所示。

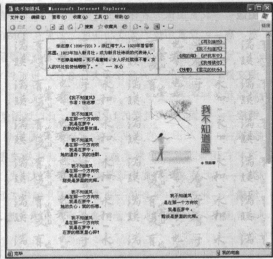

图 3-52　网页"再别康桥"实例效果　　　　图 3-53　网页"我不知道风"实例效果

2．制作要求

① 创建本地站点及相关文件及文件夹。

② 利用表格定位，合理安排图像与文字的位置。

③ 利用图像编辑软件，完成对图片的艺术处理。

④ 右边的图片具有鼠标经过后翻转成另外一幅图像的效果。

3．制作提示

① 自上而下，插入 3 个表格，输入文本，设置文本大小、字体、对齐方式等，形成合理布局。

② 借助 Photoshop 等图像编辑软件，完成对图片的艺术处理。

③ 插入图像，利用属性面板设置对齐方式。

④ 利用"鼠标经过图像"命令，使右边的图片具有鼠标经过后翻转成另外一幅图像的效果。

本章小结

在本章中重点介绍了网页对象文本和图像的插入以及属性的设置，详细介绍了图文混排以及鼠标经过图像、导航条、水平线、日期等元素的插入方法。

第 4 章　建立网页链接

在大海上航行，必须要依靠相应的导航设备才能从起点顺利到达终点，而上网冲浪也是一样，超级链接就是这样一个导航器，它能够使人们在网络中进行各种"跳转"，到达想要去的地方。Dreamweaver CS5 提供多种创建超链接的方法，可创建到文档、图像、多媒体文件或可下载软件的链接，可以创建到文档内任意位置的任何文本或图像的链接等。

本章重点：
- 内部链接、外部链接、锚点链接、E-mail 链接的创建方法
- 断开链接的修复

4.1　编织网站链接——足球新闻（news.html）

4.1.1　案例综述

本例以编织网站中的各种超链接为主要目的，介绍创建各种超链接的方法和技巧，使读者能够精心编织网站的链接，为访问者能够尽情地遨游在网站的各个页面中创造必要的条件。

4.1.2　案例分析

在用户浏览网页时，当光标在一些文字或图片上停留时，光标会变成"小手"的形状，同时在浏览器的状态栏里会显示出链接地址，这说明这些文字或图像被创建了超链接。单击文本或图像时，用户就可以跳转到链接所指定的页面上去。

本例将以前面章节开发的站点 Myfootball 中的足球新闻 news.html 为基础，创建到网站内页面的超链接——内部链接，到网站外页面的超链接——外部链接，电子邮件形式的超链接——E-mail 链接，到网页某一特定位置的超链接——锚点链接，以及其他一些超链接。

4.1.3　实现步骤

1．准备网页内容

因为页面布局要用到的表格在后面的章节才能讲到，在这里先避开这部分内容，直接将已做好的网页复制到 Myfootball 站点中作为足球新闻页 news.html。

步骤

① 启动 Dreamweaver CS5，打开"文件"面板，选中站点 myfootball。

② 将素材文件夹 ch4 下的 images 文件夹及 news.html 文档复制到站点的 news 文件夹下，取代原来已创建的 news.html 文档。

2．创建超链接

（1）创建内部链接

内部链接指网站内部页面之间创建的相互链接关系。

🐬 **步骤**

① 选中如图 4-1 所示 news.html 页面中的文字"首页"之后，直接在"属性"面板中单击"链接"文本框右侧的文件夹图标📁，通过浏览选择一个文件。这里选择 index.html，如图 4-2 所示。

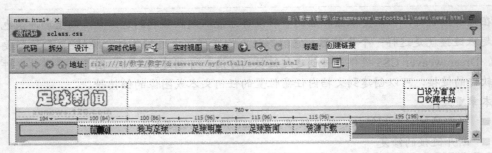

图 4-1　选中要创建超链接的文本

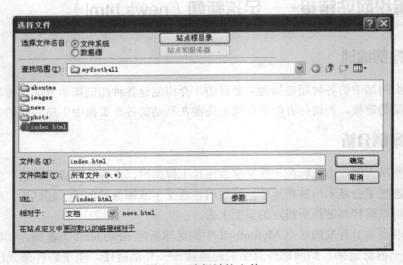

图 4-2　选择链接文件

 提示 ┄┄┄┄┄┄┄┄┄┄┄┄┄┄┄┄┄┄┄┄┄┄┄┄┄┄┄┄┄┄┄┄┄┄┄┄┄┄┄

　　这里也可以使用拖动鼠标指向文件的方法。在如图 4-3 所示对话框中拖动"链接"文本框右侧的"指向文件"按钮⊕到"文件"面板上的相应网页文件，则链接到这个网页，拖动鼠标时会出现一根带箭头的线，指示要拖动的位置。指向文件后只需释放鼠标，即会自动生成链接。

② 从"目标"下拉框中，选择文档打开的位置。若要使所链接的文档出现在当前窗口或框架以外的其他位置，可从"属性"面板的"目标"下拉框中选择一个选项，这里选择_blank。

③ 用同样方法，可创建"我与足球"、"明星照片"的链接，分别为".. \aboutme\me.html"和".. \photo\photo.html"文件。

图 4-3　拖动指向链接页面

（2）创建外部链接

在本页中只有新闻的条目，而新闻的详细内容则将链接到一些综合体育网站的相关网页，因此，需要创建链接网站外部的超链接。创建外部链接的方法比较单一，不论是文本还是图像，都可以创建链接到绝对地址的外部链接。

步骤

① 将光标定位在网页中心的某个新闻条目上（呈蓝色的文字），查看其"属性"面板中"链接"文本框中的外部链接地址，发现与内部链接不同的是，外部链接地址是以 http://开头的，称之为绝对地址。

② 选中页面最下方"世界杯新闻"块的条目，直接在"属性"面板的"链接"文本框中输入外部的链接地址，如 http://www.f**re.net，如图 4-4 所示。还可以通过选择"插入"菜单的"超级链接"命令（或在"插入"面板中单击 超级链接 按钮），在"超级链接"对话框中设置各种链接，如图 4-5 所示。

图 4-4　输入外部链接地址

图 4-5　用"插入"面板创建超链接

③ 从"属性"面板的"目标"下拉菜单中设置这个链接的目标窗口为_blank。

（3）创建 E-mail 链接

为了方便用户与网站联系，在网页，特别是首页中一般都要创建 E-mail 链接。当浏览者单击电子邮件链接时，即可打开浏览器默认的电子邮件处理程序，而收件人的邮件地址已被电子邮件链接中指定的地址自动替代，浏览者就可以开始写信了。

步骤

① 选择网页中文本"联系我们"，右击，在弹出的快捷菜单中选择"剪切"命令，将文本放到剪贴板中。

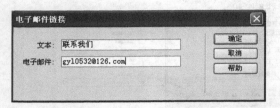

图 4-6　"电子邮件链接"对话框

② 选择"插入"面板组中的"常用"｜"电子邮件链接"按钮 □，打开如图 4-6 所示的对话框。在"文本"框中输入或粘贴链接文本"联系我们"，在 E-mail 中输入电子邮件地址。

③ 单击"确定"按钮，完成 E-mail 链接的创建。

提示

也可选中相应文本或图像后，在"属性"面板的"链接"文本框中直接输入"mailto: 电子邮件的地址"。例如 mailto: gyl0532@126.com，如图 4-7 所示，即可直接创建 E-mail 链接。

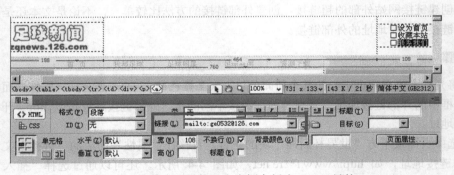

图 4-7　直接在"链接"文本框中创建 E-mail 链接

（4）创建锚点链接

为了方便浏览者查看内容较长的页面，在这里可以创建到页面中某位置的超链接——锚点链接，从而使用户在单击了这种超链接后，就可以跳转到这一页的某一指定位置。

创建锚点链接的过程分为两步：第一步创建命名锚记，第二步创建链接锚记。

第一步：创建命名锚记，也就是在文档中设置位置标记，并给该位置一个名称，以便引用。

步骤

① 将光标定位在标题"足球综合新闻"处，选择"插入"面板组中的"常用"｜"命名锚记"按钮 ，如图 4-8 所示。

② 在弹出的"命名锚记"对话框中输入该锚记的名称 zh（注意：区分大小写），如图 4-9 所示，然后单击"确定"按钮，名为 zh 的锚点即被插入到文档中的相应位置。

图 4-8　将光标定位后单击"命名锚记"按钮　　　图 4-9　"命名锚记"对话框

③ 依次创建页中标题的命名锚记如下。

链 接 按 钮	锚　记	链 接 按 钮	锚　记
英超新闻	yc	意甲新闻	yj
德甲新闻	dj	西甲新闻	xj
法甲新闻	fj	冠军杯新闻	gjb
联盟杯新闻	lmb	世界杯新闻	sjb

④ 创建了命名锚记后，在页面上相应位置就做上了标记，如图 4-10 所示。

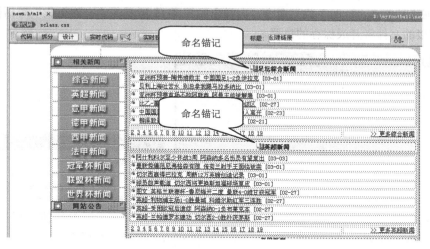

图 4-10　命名锚记标记

第二步：链接锚点，即将相应文字或图片的超链接指向当前页面中的锚记上。

步骤

① 选择要创建链接的文本或图像，这里在页面的左侧放置了 9 个相应条目的链接按钮图片，选中"综合新闻"图片。

② 在"属性"面板的"链接"文本框中，输入 # 号和锚记名称，即#zh，表示链接到当前文档的锚记位置，如图 4-11 所示。也可以在"浏览"对话框中，选中要链接的文件后加#和锚记名称，链接到某一文档的某一位置。

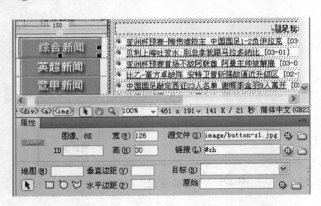

图 4-11 创建"综合新闻"按钮的锚点链接

③ 再依次选中"英超新闻"、"意甲新闻"、"德甲新闻"、"西甲新闻"、"法甲新闻"、"冠军杯新闻"、"联盟杯新闻"、"世界杯新闻"按钮，分别链接到前面已创建好的命名锚记上。

（5）创建下载链接

链接到下载文件的方法与链接到网页的方法完全一样。当被链接的文件是浏览器无法识别的文件时，会弹出"文件下载"对话框，单击"保存"按钮，即可下载该文件。例如.exe文件或.zip文件。

步骤

① 将供下载的资源放在一个文件夹中，并压缩为.rar文件或.zip文件，如a1.rar，将制作好的文件复制到创建好的网站中。例如将压缩后的a1.zip文件复制到站点文件夹news内。

② 选中页面上方导航栏中的链接文本"资源下载"，在"属性"面板中设定链接的文件为刚才复制到站点中的a1.zip文件，如图4-12所示。

③ 在浏览时单击"资源下载"命令，会弹出如图4-13所示的"文件下载"对话框，在此可以选择将链接的文件打开或保存的位置。

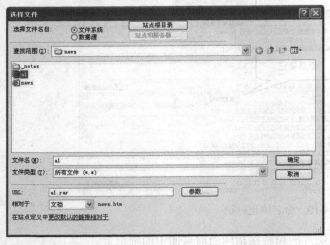

图 4-12 设定链接的文件为刚才复制到站点中的a1.zip文件

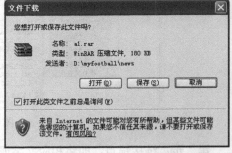

图 4-13 "文件下载"对话框

（6）创建空链接

在news.html页面上方横向的导航栏中，有到自身页面"足球新闻"的链接，将其制作成空链接，可以使其既具有链接的外观，却又不会跳转到其他任何位置上去。链接的方法为选中要制作空链接的文本"足球新闻"，在"属性"面板的"链接"文本框中输入"#"号或输入"JavaScript:;"即可，如图4-14所示。

3. 创建"跳转菜单"

在页面左侧下方的友情链接中，插入一个跳转菜单，即文档中的下拉式菜单，在其中列出了链接地址，单击其选项可以跳转到相应的页面，如图 4-15 所示。

图 4-14 创建空链接　　　　　　　　　　　图 4-15 跳转菜单

步骤

① 选择"插入"面板组的"表单"类别中的"跳转菜单"按钮，如图 4-16 所示。

② 在弹出的如图 4-17 所示的"插入跳转菜单"对话框中，设置"文本"为要在菜单列表中出现的文本，在"选择时，转到 URL"文本框中，通过浏览找到要打开的文件，或在文本框中输入文件的路径。单击"添加项"按钮 ⊞ 添加一个菜单项，如此设置多个菜单项。这时如果选定一个菜单项，然后单击"移除项"按钮 ⊟ 可将其删除。

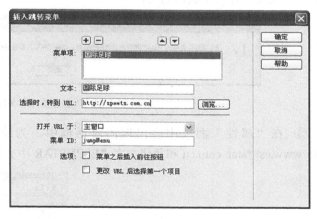

图 4-16 插入跳转菜单　　　　　　　　图 4-17 "插入跳转菜单"对话框

③ 如果在"插入跳转菜单"对话框中选中"选项"下的"菜单之后插入前往按钮"复选框，可添加一个"前往"按钮。

④ 单击"确定"按钮后，一个标准的跳转菜单就实现了。

⑤ 设置完成后，如果希望编辑跳转菜单的选项，可以选中跳转菜单后，单击其"属性"面板中的"列表值"按钮，如图 4-18 和图 4-19 所示，进行修改。

图 4-18 "跳转菜单"属性检查器

4．创建"图像地图"

可以对整个图像创建超链接，也可以对它的某一个局部创建超链接（称为热区），即创建"图像地图"。

图 4-19　修改列表值

🐬 **步骤**

① 在页面中选择友情链接下方的图像，在"属性"面板中选择使用热区工具□○▽（矩形、椭圆、多边形）在图像上划分热区，如图 4-20 所示。

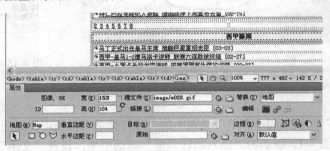

图 4-20　图像"属性"面板

② 选择椭圆工具，并将鼠标指针拖至图像上，松开鼠标时弹出信息提示框，如图 4-21 所示，单击确定创建一个圆形热区。

图 4-21　"信息提示"对话框

③ 在"属性"面板中会出现的对话框中，为绘制的热点区域设置不同的链接地址 http://www.es**star.com.cn 和替代文字"ESPNSTAR 中文网"，如图 4-22 所示。

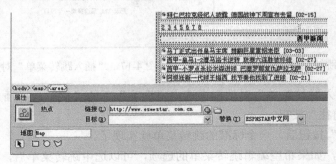

图 4-22　设置热区的链接地址和替代文字

④ 选择矩形工具，可创建一个矩形热区。选择多边形工具，在各个顶点上单击，然后单击选择工具▶封闭此形状，可创建不规则形状的热区。

⑤ 按 F12 键预览网页，当鼠标指向热区时，鼠标变为"小手"形状，单击后可以访问不同的链接地址。

5．保存文件

至此，本案例已基本制作完成了，现在需将网页保存，由于本页面是从站点页面中打开的，因此，此时保存只需单击"文件"菜单下的"保存"命令即可。

4.2　超链接概述

4.2.1　超链接的类型

若用户在浏览网页时，单击带有链接的文字或图片，就会跳转到链接所指明的文件或网站。带有链接的文字或图片被称为"链接源端点"，跳转的地方被称为"链接目标端点"，根据两者的不同，超级链接主要分为以下几种。

①　内部链接

这种链接的目标端点是本站中的其他文档。利用这种链接，可以跳转到本站点其他的页面上。

②　外部链接

这种链接的目标端点是本站点之外的站点或文档。利用这种链接，可以跳转到其他的网站上。

③　E-mail 链接

单击这种链接，可以启动电子邮件程序书写邮件，并发送到指定的地址。

④　锚点链接

这种链接的目标端点是文档中的命名锚记，利用这种链接，可以跳转到当前文档中的某一指定位置，也可以跳转到其他文档中的某一指定位置。

⑤　下载链接

软件下载也是通过超链接实现的，只不过超链接指向的对象，不是一般的 HTML 网页文档，而是.exe 类型的可执行文件或.zip，.rar 类型的压缩文件。当单击"下载"链接时，会出现文件下载对话框，询问是打开，还是保存。

⑥　空链接

空链接就是创建一个链接，但没有链接的指向。空链接主要用于页面上的对象或文本附加行为，以便当鼠标指针滑过该链接时，出现一些交换图像或显示层的效果。

4.2.2　链接路径

对路径能否正确理解是确保设置链接正确的先决条件。不能正确理解路径，可能会出现所设置的链接在本地正确执行，但是在别的计算机或上传到因特网时却不能使用，或网页中的部分图片不能正确显示等情况，这些问题大多是由于在链接的过程中使用了错误的路径所造成的。

要正确创建链接，必须了解链接与被链接文档之间的路径。每个网页都有一个唯一的地址，称为统一资源定位符（URL）。然而，当创建内部链接时，一般不会指定被链接文档的完整 URL，而是指定一个相对于当前文档或站点根文件夹的相对路径。

一般来说，链接的路径有以下三种表达方式。

①绝对路径

如果在链接中使用完整的 URL 地址，这种链接路径可称为绝对路径。绝对路径的特点是，路径与链接的源端点无关。只要网站的地址不变，无论文档在站点中如何移动，都可以正常实现跳转而不会发生错误，但是这种方式的链接不利于测试和站点的移植。

②相对路径

相对路径可以表述源端点与目标端点之间的相互位置，它与源端点的位置密切相关。链接中源端点和目标端点位于一个目录下，则在链接路径中只需要指明目标端点的文档名称即可。如果在链接中源端点和目标端点不位于同一个目录下，则只需要将目录的相对关系表达出来即可。

利用相对目录的好处在于，如果站点的结构和文档的位置不变，那么链接就不会出错。可以将整个网站移植到另一个地址的网站中，而不需要修改文档中的链接路径。但是如果修改了站点的结构，或是移动了文档，则文档中的链接关系就会失效。

③基于目录的路径

基于目录的路径可以看成是绝对路径和相对路径之间的一种折中。在这种路径表达方式中，所有的路径都是从站点的根目录开始的，它与源端点的位置无关。通常用一个斜线（/）表示根目录。与绝对路径相比，基于根目录的路径只是省去了绝对路径中带有协议的地址部分。它既具有绝对路径的源端点位置无关性，同时又克服了绝对路径的缺点。

使用 Dreamweaver CS5 可以轻松地选择链接路径的类型来建立链接。

4.2.3　创建超链接

链接的对象可以是多样的，如图片文件、电子表格，或某个网站。如果链接的对象是浏览器不能识别的文档，例如一个带有扩展名的压缩文件，或带有扩展名的报告文件，则浏览器通常会打开"下载文件"的对话框，提示"是否要下载该文件"。按链接的目标分，超链接可分为内部链接、外部链接、E-mail 链接、锚点链接、下载链接等。创建超链接一般有两个步骤：一是确定链接目标文件，二是确定显示的位置。

1．确定链接的目标文件

步骤

① 在文档窗口中选中要创建链接的文本或图片

在"属性"面板"链接"文本框中输入链接的路径，或单击图标▭，在弹出的"选择文件"对话框中，选定要链接的文档及采用哪种方式表达路径。如图 4-23 所示对话框的下半部分用来对链接文档的路径表达方式进行设定。

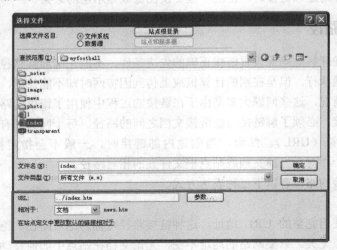

图 4-23　选择文件并设定链接文档的路径表达方式

② 也可在单击"更改默认的链接相对于"后，打开如图 4-24 所示对话框，在其中对整个站点设置默认的链接路径。

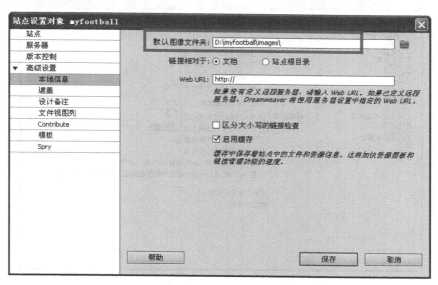

图 4-24 对整个站点设置默认的链接路径

2. 确定链接文件显示位置

在确定了链接的目标文件后，还需对链接后的页面显示的位置进行设定，在属性检查器的"目标"下拉选项中，可以选择"_blank"、"_parent"、"_self"和"_top"选项，其含义如下。

_blank——在一个未命名的新浏览器窗口中载入所链接的文档。

_parent——如果是嵌套的框架，链接会在父框架中打开，如果不是嵌套的框架，则等同于_top，在整个浏览器窗口中显示。

_self——浏览器的默认值，会在当前网页所在的窗口或框架中打开链接的网页。

_top——会在完整的浏览器窗口中打开网页。

具体的各种超链接的创建，在前面的实例中都有详细的介绍，不再赘述。

4.3 管理超链接

超链接创建好后，Dreamweaver CS5 提供了强大的管理功能，这里重点介绍自动更新管理功能，检查与修复断开的、外部的和孤立的链接。

4.3.1 自动更新链接

新建一个站点后，有时经常需要调整文件的位置，文件的位置变了，其相关的超链接如果不发生相应变化，就会出现"断链"的情况。如果手工来修改，在文件众多的情况下，工作量相当大，且易出错。如果是利用 Dreamweaver 的链接管理自动更新功能，则可轻松完成。

要实现 Dreamweaver 链接的自动管理，首先要进行相关参数的设置。选择"编辑"|"首选参数"命令，打开"首选参数"对话框，如图 4-25 所示。在"移动文件时更新链接"选项的下拉列表中进行选择。如果选择"总是"选项，则每当移动或重命名选定文档时，Dreamweaver 将自动更新该文档的所有链接。如果选择"提示"选项，Dreamweaver 将显示一个提示对话框，列

出更改影响到的所有文件，以进行进一步选择，系统默认的选项是"提示"。

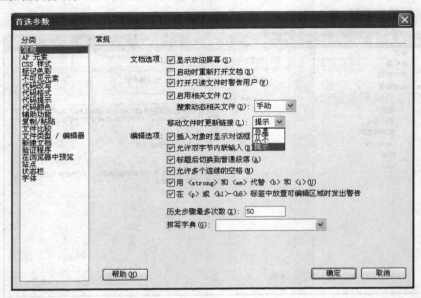

图 4-25 "首选参数"对话框

启动 Dreamweaver 之后，第一次更改或删除指向本地文件夹中文件的链接时，Dreamweaver 会提示载入缓存。如果单击"是"按钮，则载入缓存，并且 Dreamweaver 会更新指向刚刚更改的文件的所有链接；如果单击"否"按钮，则将所作更改记入缓存，但并不载入该缓存，而且 Dreamweaver 也不更新链接。Dreamweaver 创建缓存文件，主要用以存储有关本地文件夹中所有链接的信息，从而加快更新过程。

4.3.2 更改链接

除每次移动或重命名文件时让 Dreamweaver 自动更新链接外，还可以手动更改所有链接（包括电子邮件链接、FTP 链接、空链接和脚本链接），使它们指向其他位置。

1. 移动文档时更新链接

如果对站点中的文档要在不同文件夹之间移动，或者不同文件夹之间的复制后又更改文件名的操作，Dreamweaver CS5 会弹出"更新文件"对话框，其中列出了需要更新的链接文件，如图 4-26 所示。

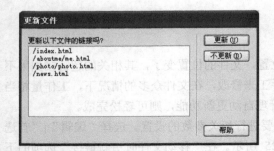

图 4-26 列出了需要更新的链接文件

单击"更新"按钮，则会修改文本框中文件的链接；单击"不更新"按钮，则不会修改文本框中文件的链接。

2. 改变链接

在 Dreamweaver CS5 右侧面板组中打开"文件"面板，如图 4-27 所示。

（1）直接修改超链接

在"文件"面板中双击链接出错的文档，然后在 Dreamweaver CS5 编辑窗口中直接修改即可完成。

（2）使用菜单命令更改超链接

① 在"文件"面板中选择一个文件，单击"站点"菜单，选择"改变站点范围的链接"项，弹出"更改整个站点链接"对话框，如图 4-28 所示。

图 4-27　"文件"面板　　　　图 4-28　"更改整个站点链接"对话框

② 在"更改所有的链接"文本框中，如果没有选择的文档，则需要单击右边的"文件夹"按钮，选择需要更改的链接文档。在"变成新链接"文本框中，直接输入同站点的根目录路径相对应的其他文档，也可以单击右边的"文件夹"按钮选择需要的文档。

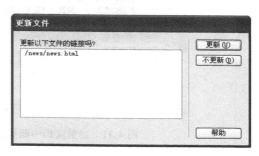

③ 单击"确定"按钮，弹出"更新文件"对话框，如图 4-29 所示。

④ 单击"更新"按钮，更改文件的链接，单击"不更新"按钮，则不更改文件的链接。

图 4-29　"更新文件"对话框

 提示 -

　　Dreamweaver 更新链接到选定文件的所有文档，使这些文档指向新文件，并沿用文档已经使用的路径格式（例如，旧路径为文档相对路径，则新路径也为文档相对路径）。不论链接类型是文档相对链接还是根目录相对链接，Dreamweaver 都会自动更新该链接。

4.3.3　删除链接

在 Dreamweaver CS5 中删除或者取消一个超级链接时，首先在文档窗口中选择需要删除的超链接，然后按照下面的三种方法之一操作即可。

（1）使用菜单命令删除超链接

单击"修改"菜单，选择"移除链接"命令，或者按 Ctrl+Shift+L 组合键即可删除或者取消一个超链接。

（2）使用快捷菜单删除超链接

右击，在弹出的快捷菜单上选择"删除标签"命令即可删除超链接，如图 4-30 所示。

图 4-30　使用快捷菜单删除超链接

（3）使用属性面板删除超链接

单击属性面板中的"链接"下拉列表框，使之呈现为选中状态，按 Delete 键删除原来的链接地址即可。

4.3.4　检查链接

"检查链接"功能用于搜索断开的链接和孤立文件（文件仍然位于站点中，但站点中没有任何其他文件链接到该文件），可以搜索打开的文件、本地站点的某一部分或者整个本地站点。

1．检查当前文档中的链接

步骤

① 将此文件保存在本地站点中的某个位置。

② 在主菜单中选择"文件"｜"检查页"｜"链接"命令。打开"结果"面板组的"链接检查器"面板。"断掉的链接"报告出现在"链接检查器"面板中，如图 4-31 所示。

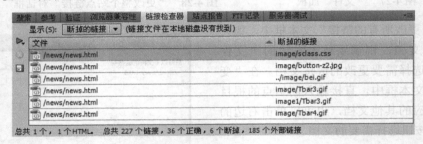

图 4-31　当前文档中断掉的链接在"链接检查器"上列出

③ 在"链接检查器"面板中，从"显示"弹出菜单中选择"外部链接"以查看其他报告。"外部链接"报告出现在"链接检查器"面板中。若要保存此报告，请单击"链接检查器"面板中的"保存报告"按钮。报告为临时文件，若不保存，将会丢失。

2．检查整个站点中的链接

步骤

① 在"文件"面板中，从"当前站点"弹出菜单中选择一个站点。

② 在主菜单中选择"站点"｜"检查站点范围的链接"命令。

③ "断掉的链接"报告出现在"链接检查器"面板中（在"结果"面板组中）。

④ 在"链接检查器"面板中，从"显示"弹出菜单中选择"外部链接"或"孤立的文件"，可查看其他报告，如图 4-32 所示。

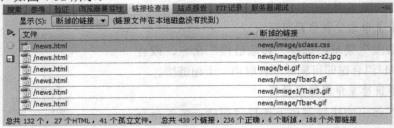

图 4-32　整个站点中断掉的链接列表

提示

① 如果选择的报告类型为"孤立的文件"，可以直接从"链接检查器"面板中删除孤立文件，方法是从该列表中选中一个文件后按 Delete 键。

② 若要保存报告，请单击"链接检查器"面板中的"保存报告"按钮。

4.3.5　修复断开的链接

在运行链接报告之后，可直接在"链接检查器"面板中修复断开的链接和图像引用，也可以从此列表中打开文件，然后在属性检查器中修复链接。

1.　在链接检查器面板中修复链接

步骤

① 运行链接检查报告。

② 在"链接检查器"面板（在"结果"面板组中）中的"断掉的链接"列（而不是"文件"列）中选择断开的链接，如图 4-33 所示。

图 4-33　选择断掉的链接

③ 单击断掉的链接旁边的文件夹图标 ，以浏览到正确文件，或者输入正确的路径和文件名，如图 4-34 所示。

④ 如果还有对同一文件的其他断开引用，会提示修复其他文件中的这些引用。单击"是"按钮，Dreamweaver 将更新列表中引用此文件的所有文档。如果单击"否"按钮，Dreamweaver 将只更新当前引用。

2.　在属性检查器中修复链接

步骤

① 运行链接检查报告。

② 在"链接检查器"面板（在"结果"面板组中），双击"文件"列中的某个条目。

③ 打开该文档，选择断开的图像或链接，并在属性检查器中高亮显示路径和文件名。

④ 属性检查器中设置新路径和文件名，单击文件夹图标，浏览到正确的文件，或者在突出显示的文本上直接输入。

图 4-34　选择正确的路径和文件名

⑤ 保存此文件。

链接修复后，该链接的条目在"链接检查器"列表中不再显示。如果在"链接检查器"中输入新的路径或文件名后（或者在属性检查器中保存更改后），某一条目依然显示在列表中，则说明 Dreamweaver 找不到新文件，仍然认为该链接是断掉的。

4.4 　实战演练

本章中学习了内部链接、外部链接、锚点链接，以及空链接等的应用，为了巩固所学的内容，在此提供一个使用多种链接方法的实例。

1．实战效果

制作"每周星运"的网站链接，实例效果如图 4-35 所示。

图 4-35　实例效果

2．制作要求

① 在页面下方的"小屋"图片上，创建返回首页的超链接。

② 创建"与我联系"的 E-mail 超链接。

③ 创建"关于我"的空链接。

④ 创建页面上方图片中圆形图标的热区链接（图像地图）。

3．制作提示

① 若要返回首页，可通过网页中的 Home 图片返回。选中 Home 图片，如图 4-36 所示。选择"属性"面板"链接"右边的"浏览文件按钮" 🗁，从弹出的"选择文件"对话框中选择一个链接对象，此例为 Index 网页，单击"确定"按钮。

② 选择网页上的"与我联系"，创建 E-mail 链接。选择"插入"｜"常规"｜"电子邮件链接"按钮 ▣ ，输入文本名称，如图 4-37 所示。

③ 创建"关于我"的空链接。选中"关于我"，在"属性"面板的"链接"文本框中输入"#"即可。

④ 选中页面上方的图片。单击"属性"面板中的"椭圆"热区按钮，将光标移到图片上并按下鼠标拖动，绘制一个黑色边界线的浅蓝色圆形区域，如图 4-38 所示。设置链接文件 3-03.htm，单击"属性"面板中的"替代"文本框，输入热区的说明"白羊座"，在浏览器中指向热区时会

显示此处输入的文字。

图 4-36　为图片创建返回首页的超链接

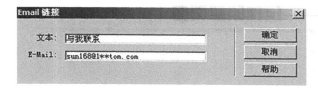

图 4-37　创建 E-mail 链接

图 4-38　创建图像地图

⑤ 网页中其他的链接可根据情况重复执行前面的操作步骤。

本章小结

本章详细介绍了超链接的概念以及在网页中建立各种超链接的方法，并介绍了如何进行超链接的管理。

第5章 表格布局

表格不但在组织页面数据时非常有用，而且在网页元素布局上也起着非常重要的作用，利用表格可以控制文本和图形等对象在页面上的位置。

本章重点：

- 网页布局基本常识
- 表格布局的方法及步骤
- 表格的基本操作
- 表格及单元格的属性设置
- 表格的调整方法

5.1 应用表格布局页面——足球明星页面（photo.htm）

5.1.1 案例综述

表格用于在 HTML 页上显示表格式数据，以及对文本和图形进行布局的强有力工具。在前面章节中所创建的网站 Myfootball 中设计有一个"足球明星"页（photo.htm），用以放置明星照片。该页就利用了表格布局，通过对该页的制作可使读者初步认识表格的基本操作方法及其作用。"足球明星"页面的效果如图 5-1 所示。

图 5-1 "足球明星"页面效果

5.1.2 案例分析

利用 Dreamweaver 的表格边框在其值为 0 时不显示的特性，可将页面中的各个元素放置在表格的单元格中，从而达到使之定位的作用，这就是网页制作中常用的表格布局。"足球明星"页面（Photo.htm）采用的就是表格布局，如图 5-2 所示，该页面由 t1（页眉区、导航栏）、t2（主要内容区）和 t5（版权信息区）三个部分组成，各部分均以等宽表格布局，而主要内容区则由"昔日辉煌"和"当世枭雄"两个版块组成。这两个版块的布局十分相像，所以布局好一个版块后，另一个版块可以通过复制完成。在本例中，通过对表格的创建、表格及单元格的属性设置等内容的学习，可以对表格有一个直观的了解。通过对表格进一步的修改和美化的操作，可以进一步掌握表格的插入，添加或删除行、列，拆分合并单元格等基本操作。

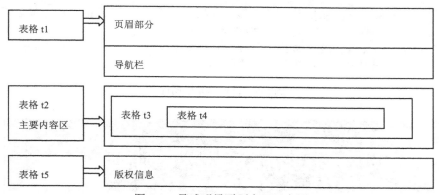

图 5-2   足球明星页面布局示意图

5.1.3 实现步骤

1. 制作相册页面

步骤

（1）页面属性设置。

在 Dreamweaver CS5 的文件面板中，双击打开 Myfootball 站点的"足球明星"页 photo.htm，单击属性检查器中的"页面属性"按钮，在弹出的"页面属性"对话框中，设置左边距为 0，下边距为 0，设置标题为"表格示例"，单击"确定"按钮完成设置。

（2）页眉制作。

① 选择"插入"｜"表格"命令，或在"插入"面板的"常用"类别中，单击 <img> 表格 按钮，在弹出的表格对话框中，设置 2 行 1 列，宽度为 960px，边框粗细、单元格边距、单元格间距均为 0，如图 5-3 所示。单击"确定"按钮插入表格 t1。

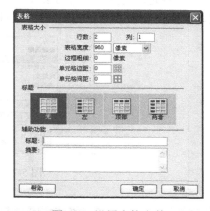

图 5-3   设置表格参数

② 在表格属性检查器中，输入表格名称为"t1"，将"对齐"设置为"居中对齐"，使所制作的页面确保在浏览器的中间位置显示，如图 5-4 所示。

图 5-4   设置表格居中

③ 在表格第 1 行的单元格内插入图片 banner.jpg，作为网页横幅。

④ 在第 2 行的单元格内输入导航文字"我与足球"、"足球新闻"，中间用空格间隔开，选定导航文字，分别制作导航文字的超链接。在单元格属性中设置"水平"为居中对齐，如图 5-5 所示。页眉部分的制作效果如图 5-6 所示。

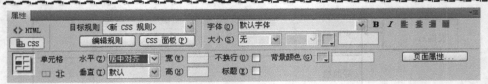

图 5-5　设置单元格属性

图 5-6　页眉部分的制作效果

（3）主要信息显示区域表格设计

① 将光标置于表格 t1 后面，再次插入 2 行 1 列表格 t2，宽度仍为 960px，其他均为 0。单击"确定"按钮插入表格，设置对齐为居中对齐。

② 将光标定位在表格的第 1 行的单元格内，设置高为 30px。在属性检查器中单击 CSS 按钮，切换到 CSS 属性检查器，在"目标规则"下拉菜单中选择"新 CSS 规则"，如图 5-7 所示。

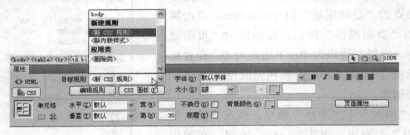

图 5-7　在 CSS 属性检查器中新建规则

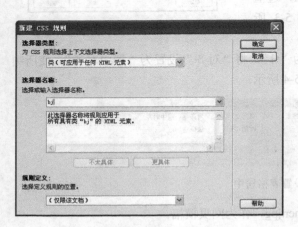

图 5-8　"新建 CSS 规则"对话框

③ 单击"编辑规则"按钮，在弹出的"新建 CSS 规则"对话框中，输入新规则名称 bj，如图 5-8 所示。

④ 单击"确定"按钮，进入到新规则编辑对话框。将分类切换到"背景"类别，设置背景图片为 a1_55.jpg，如图 5-9 所示。

⑤ 单击"确定"按钮后，该单元格应用 bj 样式，在此单元格的适当位置输入文字"昔日辉煌"，将文字选中，在属性检查器中单击 HTML 按钮 <>HTML，切换到 HTML 属性检查器，在"格式"下拉选项中选择"标题 4"，设置完成后其效果如图 5-10 所示。

⑥ 在表格第 2 行的单元格中，插入 3 行 5 列的嵌套表格 t3，用来放置明星照片，宽度仍为 960px，其他均为 0。单击"确定"按钮后，插入表格如图 5-11 所示。

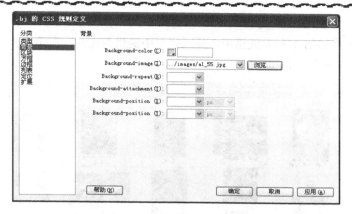

图 5-9　设置背景图片

图 5-10　标题制作效果

图 5-11　创建的网站相册表格

⑦　为了让照片居中显示，拖动鼠标选中新插入表格的所有单元格，在属性检查器中设置"水平"为居中对齐，设置单元格宽度为 190px。

⑧　在第 1 行第 1 列单元格中再插入 2 行 1 列表格 t4，宽度为 80%，其他均为 0。选中表格 t4 的所有单元格，设置其"水平"为居中对齐，将光标定位在第 2 单元格，设置其格式为"标题 5"。

⑨　在标签选择器上单击左边离得最近的<table>，将设置好的表格 t4 选中，按 Ctrl+C 组合键复制，再在其他各单元格中按 Ctrl+V 组合键粘贴。效果如图 5-12 所示。

图 5-12　粘贴表格 t4 到各单元格

⑩　选中表格 t2，按 Ctrl+C 组合键复制，将光标定位在 t2 表格后面，按 Ctrl+V 组合键粘贴，如想多制作几个栏目，可多次粘贴。将栏目标题文字改为"当世枭雄"，如图 5-13 所示。

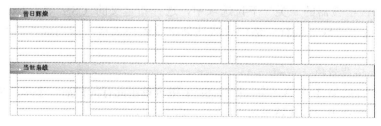

图 5-13　表格布局

（4）插入图片并添加说明文字

在每个 t4 表格的第 1 行单元格中，插入素材中提供的图片。在第 2 行单元格中输入相应的文字说明，如图 5-14 所示。

图 5-14　在表格中添加内容

图 5-15　版权信息内容

（5）制作版权信息

将光标置于最外层表格的后面，再插入 1 行 1 列的表格 t5，宽度仍为 960px，其他均为 0，将对齐设置为居中对齐，在此单元格中输入相关的版权信息，如图 5-15 所示。设置单元格背景为淡蓝色#C2D5FC。

（6）保存并预览

单击"文件"｜"保存"命令，将网页存盘，按 F12 键预览。

2．相册表格的美化

表格外观样式可以通过对表格、单元格、行、列的属性进行设置，在设置前需首先选中相应对象。

　步骤

（1）设置边框线

① 单击栏目外层表格 t2，在"标签选择器"中选中<table>标签，选中表格，在其 CSS 属性检查器中，新建 CSS 规则 bx，在打开的".bx 的 CSS 规则定义"对话框的边框分类中，选定线型为实线，粗细为 1px，颜色为淡蓝色#C2D5FC，如图 5-16 所示。单击"确定"按钮完成设置。

② 在表格属性检查器的"类"下拉选项中，选择新定义的 CSS 规则.bx，应用此样式。使所选表格呈淡蓝色边线；同样，选中"当代枭雄"版块表格，应用此样式给表格加边线。如图 5-17 所示。

（2）设置单元格背景色

① 单击第 1 行的第 1 个单元格，按住 Shift 键再单击此行的最后一个单元格，将该行单元格全选中，在属性面板中设置其背景色为淡蓝色#ECF5FF。

② 每隔一行做相同的背景设置，最后保存网页文件，按 F12 键预览。

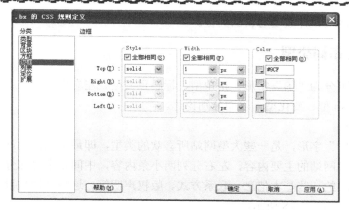

图 5-16　设置边框样式

图 5-17　设置表格外框边线

5.2　页面布局理论

5.2.1　网页布局原则

网页布局设计是有原则的，无论使用何种手法对画面中的元素进行组合，都一定要遵循三大原则：连贯、统一、分割。

连贯——指要注意页面的相互关系。网页设计中应利用各组成部分在内容上的内在联系和表现形式上的相互呼应，并注意整个网页设计风格的一致性，实现视觉上和心理上的连贯，使整个网页设计的各个部分极为融洽，犹如一气呵成。

统一——指网页设计作品的整体性、一致性。设计作品的整体效果是至关重要的，在设计中切勿将各组成部分孤立分散，那样会使画面呈现出一种枝蔓纷杂的凌乱效果。

分割——指将页面分成若干小块，小块之间有视觉上的不同，这样可以使观者一目了然。在信息量很多时为使观者能够看清楚，就要注意到将画面进行有效的分割。分割不仅是表现形式的需要，如果换个角度讲，分割也可以被视为对于页面内容的一种分类归纳。

遵循网页设计三个大的原则，形成页面的视觉效果能否与人的视觉感受形成一种沟通，产生心灵的共鸣，这是网页设计成功与否的关键。

5.2.2　网页布局类型

网页布局大致可分为"国"字形、拐角型、标题正文型、左右框架型、上下框架型、综合框架型、封面型、Flash 型、变化型，下面分别论述。

1．"国"字形

也可以称为"同"字形，是一些大型网站所喜欢的类型，即最上面是网站的标题及横幅广告条，紧接着下面就是网站的主要内容，左右分列两小条内容，中间是主要部分，与左右一起罗列到底，最下面是网站的一些基本信息、联系方式、版权声明等。这种结构是目前在网上见到的最多的一种结构类型，如图 5-18 所示。

2．拐角型

这种结构与"国"字形结构只是形式上的区别，实际上是很相近的，上面是标题及广告横幅，接下来的左侧是一窄列链接等，右列是很宽的正文，下面是一些网站的辅助信息。在这种类型中，最常见的类型是最上面是标题及广告，左侧是导航链接。如图 5-19 所示。

图 5-18　"国"字形布局　　　　　　　　　图 5-19　拐角型布局

3．标题正文型

这种类型最上面是标题或类似的一些内容，下面是正文，例如一些文章页面或注册页面等就是这种类，如图 5-20 所示。

4．左右框架型

一般左边是导航链接，有时最上面会有一个小的标题或标志，右边是正文。一般见到的大部分的大型论坛都是这种结构，有一些企业网站也喜欢采用这种类型。这种类型结构非常清晰，一目了然，如图 5-21 所示。

5．上下框架型

与左右框架型类似，区别仅仅在于框架结构是上下分隔。

6．综合框架型

它是左、右框架型与上、下框架型两种结构的结合，是相对复杂的一种框架结构，较为常见的是类似于拐角型的结构。

7．封面型

这种类型基本上出现在一些网站的首页，特点是：一些精美的平面设计结合一些小的动画，

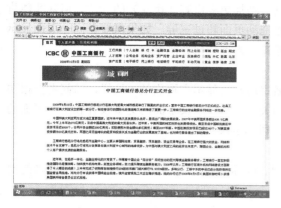

图 5-20 标题正文型布局

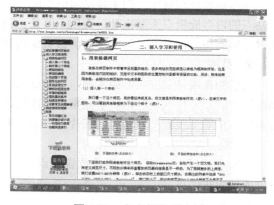

图 5-21 左右框架型布局

再加上几个简单的链接，或仅有一个"进入"的链接，甚至直接在首页的图片上做链接而没有任何提示。这种类型大部分出现在企业网站和个人主页。如果处理得好，会给人带来赏心悦目的感觉，如图 5-22 所示。

8．POP 布局

POP 源自广告术语，指页面布局像一张宣传海报，以一张精美图片作为页面的设计中心。优点是设计精美、吸引用户，缺点是速度稍慢、信息量偏小，如图 5-23 所示。

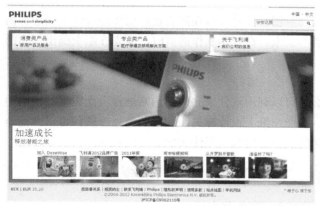

图 5-22 封面型页面

图 5-23 POP 布局

9．变化型

即上面几种类型的结合与变化。例如，本站在视觉上是很接近拐角型的，但所实现的功能实质是综合框架型。

5.2.3 页面构成分析

1．页面尺寸

由于页面尺寸和显示器大小及分辨率有关系，网页的局限性就在于无法突破显示器的范围，而且因为浏览器也将占去不少空间，留下的页面范围则是有限的。一般分辨率在 800×600 的情况下，页面的显示尺寸为 780×428 个像素；分辨率在 1024×768 的情况下，页面的显示尺寸为 1007×600 像素。

在网页设计过程中，向下拖动页面是唯一给网页增加更多内容（尺寸）的方法。但除非能肯定站点的内容能吸引大家拖动，否则不要让访问者拖动页面超过三屏。如果需要在同一页面显示超过三屏的内容，那么最好能在前面做页面内部连接，方便访问者浏览。

2．页眉

页眉的作用是定义页面的主题，一个站点的名字通常会显示在页眉处，这样，访问者能很快知道这个站点是什么内容。页眉是整个页面设计的关键，它将涉及下面的更多设计和整个页面的协调性。页眉常放置站点名字的图片（Logo）和公司标志及旗帜广告（Banner）等。

3．页脚

页脚和页眉相呼应。页眉是放置站点主题的地方，而页脚是放置制作者或者公司信息的地方，或称版权信息。

4．导航栏

导航栏能使访问者能够轻松地浏览网站中的栏目。通过单击导航栏中的各项链接，可以到达不同的页面，这是网页元素非常重要的部分，所以导航栏一定要清晰、醒目。一般来讲，导航栏尽量要在第一屏显示出来。基于这点考虑，横向放置的导航栏要优于纵向放置的导航栏。

5.2.4　页面布局的方法

网页布局的方法有两种：第一种为纸上布局；第二种为软件布局。

1．纸上布局法

许多网页制作者不喜欢先画出页面布局的草图，而是直接在网页设计器里边设计布局边加内容。这种不打草稿的方法不能设计出优秀的网页来。在开始制作网页时，应先在纸上画出页面的布局草图来。

2．软件布局法

如果不喜欢在纸上画出布局意图，那么还可以利用软件来完成。通常进行页面设计时使用的图像处理软件如 Photoshop、Fireworks 等。不像在纸上设计布局，利用图像处理软件可以方便地使用颜色，使用图形，并且可以利用层的功能设计出用纸张无法实现的布局意念。

5.2.5　页面布局技术

目前常见的页面布局技术有表格布局、Div 布局和框架布局。

1．表格布局

表格布局的优势在于它能对不同对象加以处理，而又不用担心不同对象之间的影响。而且表格在定位图片和文本上比起 CSS 更加方便。表格布局唯一的缺点是：当表格使用过多时，页面的下载速度会受到影响。

2005 年～2007 年是表格布局的天下，搜索引擎比较喜欢表格布局，因为在那期间表格布局是相当经典，也是最新的布局技术。但是设计师们越来越发现表格布局带来的是页面的冗余，而且如果表格嵌套过深，页面反应起来就更加缓慢。

2．Div 布局

Div 是一种网页内容的容器，包含文本、图像或其他任何可以在 HTML 文档正文中放入的内容。它包括 Div 标签和 AP Div 标签，可以定位在页面上的任意位置，可实现对 Div 中文档内容的精确定位，还可以在一个 Div 中插入另一个 Div，实现 Div 的嵌套，从而使页面元素重叠。应用 Div 进行布局是一个简单而又易行的方法，也是近年网页页面布局的流行方法。

随着 CSS+Div 的出现，加上不被搜索引擎喜欢，表格布局被设计师们抛弃了，现在在网站后台管理系统中也比较少见表格布局身影。

随着 Web 2.0 标准化设计理念的普及，国内很多大型门户网站已经纷纷采用 Div+CSS 技术，该技术是目前正在流行的网页布局方式。Div+CSS 主要利用 Div 和 CSS 样式对网页元素进行布局和定位。

这种布局技术具有以下优点：

① 结构清晰，容易被搜索引擎收录；

② 与表格相比能够在减少代码的同时实现表格布局的许多功能，从而提高网页的加载速度；

③ 能够在任何地方、任何设备上表现已经构建好的网页布局；

④ 可以实现表现与内容数据分离；

⑤ 能很好地控制页面布局效果；

⑥ 拥有强大的字体控制和编排能力。

这种技术有一个致命的缺点：跨浏览器兼容性较差！主流的 IE 浏览器能实现的布局效果，换成其他浏览器后，网站很有可能面目全非，这就需要技术员相当的技术能力和 CSS 技术的不断发展与更新。

3．框架布局

框架布局就是把多个页面有机地整合在一起，把不同对象放置到不同页面加以处理。在 2005 年之前，框架结构应用较多，但随着搜索引擎的发展，框架结构不容易被搜索引擎收录，这就是框架结构在历史的舞台上渐渐失去色彩的一个原因。

5.3 表格的基本操作

Dreamweaver CS5 能很方便地插入表格、在表格中输入数据，对表格进行修改，改变其外观和结构，还可以增加、删除、拆分、合并表格的单元格、行和列，可以修改单元格、行、列及表格的属性，实现表格的嵌套，表与层互相转换等操作。

5.3.1 插入表格

将光标移至需要插入表格的位置，可选择"插入"｜"表格"命令，或单击"插入"栏"常用"类型中的"插入表格"按钮圃，也可用 Ctrl+Alt+T 组合键，此时网页编辑窗口会弹出"表格"对话框，如图 5-24 所示。

在此对话框中，可设置表格的属性，然后单击"确定"按钮确认属性设置后，便可在页面指定位置上插入表格。"表格"对话框中各选项示意图如图 5-25 所示，其具体意义如下。

行数 列——设置表格的行数和列数。

表格宽度——设置表格的宽度，并在右侧的下拉列表框中选择表格宽度的单位，选项分别为像素和百分比，其中百分比指表格与浏览器窗口的百分比。

边框粗细——设置表格外框线的宽度，如果没有明确指定边框粗细的值，则大多数浏览器按边框粗细为 1 来显示表格。若要确保浏览器不显示表格边框，应将边框粗细设置为 0。

单元格边距——设置单元格的内容和单元格边框之间空白处的宽度，如果没有明确指定边距的值，则大多数浏览器按边距为 1 显示表格。

单元格间距——设置表格中各单元格之间的宽度，如果没有明确指定间距的值，则大多数

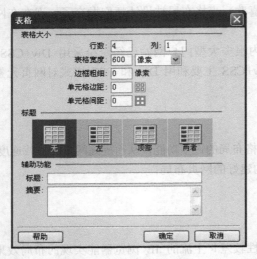

图 5-24　"表格"对话框

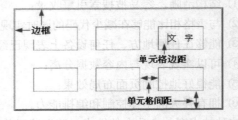

图 5-25　表格各选项示意图

浏览器按边距为 2 显示表格。要确保浏览器不显示表格中的边距和间距，应将"单元格边距"和"单元格间距"设置为 0。

标题——此选项包括 4 个部分。"无"表示在表格中不使用页眉；"左"表示可以将表的第一列作为标题列，以便为表中的每一行输入一个标题；"顶部"表示可以将表的第 1 行作为标题行，以便为表中的每一列输入一个标题；"两者"表示能够在表中输入列标题和行标题。

辅助功能——给表格加上注释。

标题——确定一个标题。

摘要——描述表格的说明。该说明不会显示在用户的浏览器中。

5.3.2　选定表格和单元格

由于表格包括行、列、单元格 3 个组成部分，所以选定表格的操作除包括如何选定整个表格的操作外，还包括如何选定表格的行、列、单元格等内容。

1. 选定整个表格

有很多种方法可以实现选定表格的操作，大致可分为以下 3 种。

① 通过标签选择器选择。单击编辑窗口左下角的<table>标签来选定表格。

提示

当嵌套的表格不止一个时，很难用鼠标直观地指明需要编辑的表格或单元格，从而很难通过"表格"属性检查器对表格或单元格的属性进行设置。其实可以通过 Dreamweaver 的标签选择器来解决这一难题。如图 5-26 所示，第一个<table>表明是最外围的表格，第二个<table>表明是表格内嵌套的第二层表格，用鼠标指向不同的<table>时，其相应的"表格"属性检查器就会出现。至于其他单元格与行的选定，与此类似，<tr>表示光标所在的行，<td>表示光标所在的单元格。 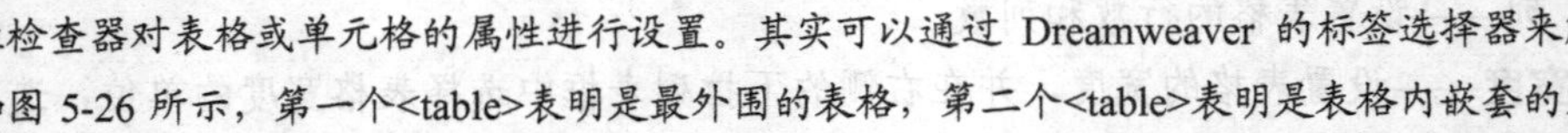

`<body><table><tr><td><table><tr><td><table><tr><td><table><tr><td>`

图 5-26　Dreamweaver 标签选择器

② 将插入点置于表格中，选择"修改"｜"表格"｜"选择表格"命令。

③ 用鼠标单击表格边缘。

2. 选定行或列

将光标放在目标行的左边缘或目标列的上边缘，等出现黑色箭头后，单击即可选定整行或整列，如图 5-27 所示。

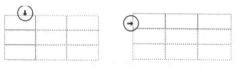

图 5-27　选定整行或整列

3. 选定单元格

选定单元格的方法如下。

① 将光标移到欲选定的单元格中，单击"编辑"窗口左下角的<td>标签。

② 按住鼠标左键并拖动它来选定。

③ 按 Shift 键并单击单元格，或拖动鼠标，选定多个相连的单元格。

④ 按 Ctrl 键并单击单元格，或拖动鼠标，选定多个不相连的单元格。

5.3.3　设置表格和单元格的属性

选择表格或单元格后，打开其属性检查器，可以设置表格或单元格的属性。

1. 设置表格属性

选定表格后，在属性检查器中可以查看或改变表格的属性，如图 5-28 所示。

图 5-28　表格属性检查器

在表格属性检查器中可设置表格的下列属性。

表格 Id——输入表格的名称。

行、列、宽、填充、间距、边框——设置方法与"插入表格"对话框的参数设置方法相同。

对齐——设置表格的对齐方式。

类——下拉列表中可以选择应用于该表格的 CSS 样式。

——可清除表格中行列原来所设的行高和列宽。

——可在百分比和像素之间切换。

2. 设置单元格属性

选定单元格后，在属性检查器中可以查看或改变单元格的属性，如图 5-29 所示。

图 5-29　单元格属性检查器

在单元格属性检查器中可以设置单元格的下列属性。

水平——设置单元格中内容的水平对齐方式是"左对齐"、"右对齐"还是"居中对齐"。

垂直——设置单元格中内容的垂直对齐方式是"顶端对齐"、"底部对齐"、"基线对齐"还是"居中对齐"。

　　宽、高——设置单元格的宽度和高度。可以以像素或百分比来表示。

　　不换行——防止文本自动换行，单元格会自动延展以容纳数据。

　　背景颜色——设置单元格的背景颜色。

　　合并单元格按钮⬛——可合并选定的单元格。

　　拆分单元格按钮⬛——可拆分选定的单元格。

5.3.4　调整表格结构

　　在网页设计的过程中，常常会根据需要对表格中的行、列进行增加和删除的操作，这类操作可以通过表格属性检查器"插入记录"菜单或"修改"菜单来完成。

　　1．插入行和列

　　插入行或列可使用下列方法之一。

　　① 选中要插入行或列的单元格，选择"插入"｜"表格对象"｜"在上面插入行"（或"在下面插入行"、"在左面插入列"或"在右边插入列"）命令，或在选中的单元格上单击鼠标右键，在弹出的快捷菜单中选择"表格"｜"插入行"（或插入列、插入行或列）命令，即可完成行或列的插入。

　　② 选中要插入行或列的单元格，选择"修改"｜"表格"｜"插入行（或插入列）"命令，便可在该单元格上边增加一行或在该单元格左边增加一列。

　　③ 选中整个表格，在表格属性检查器的"行"和"列"文本框中调整其中的数值来增加表格的行数和列数。

　　2．删除行和列

　　① 选中该表格后，在其属性检查器中修改行和列的值。

　　② 将光标定位在表格的某个单元格中，选择"修改"｜"表格"｜"删除行（或删除列）"命令，也可删除该行或列。

　　③ 将光标插入表格的某个单元格中，单击鼠标右键，在弹出的快捷菜单中选择"表格"｜"删除行（或删除列）"命令，也可完成删除该行或列的操作。

　　3．单元格的合并和拆分

　　在编辑表格的操作过程中，常常会根据需要对表格中的某些单元格进行拆分和合并的操作。在表格的属性检查器全部展开时，可看到合并和拆分按钮。

　　（1）单元格的合并

　　① 选中要合并的几个单元格，这些单元格的四周被出现的粗框线框住。

　　② 单击单元格属性检查器左下方的合并按钮⬛，完成单元格的合并操作。如图5-30所示。

　　（2）单元格的拆分

　　① 将光标定位在要拆分的单元格中。

　　② 单击单元格属性检查器左下方的拆分按钮⬛，此时屏幕弹出"拆分单元格"对话框，如图5-31所示。

　　③ 在"拆分单元格"对话框中设定拆分方式。若要上下拆分单元格，则选择"行"选项；若要左右拆分单元格，则选择"列"选项。

　　④ 在"行数"或"列数"文本框中输入拆分单元格的数量。

　　⑤ 单击"确定"按钮，完成单元格的拆分操作。

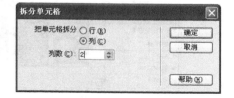

图 5-30 合并单元格　　　　　图 5-31 "拆分单元格"对话框

若单元格拆分前有内容，单元格拆分后内容要做相应的调整。

4．单元格的复制、粘贴、移动和清除

设计网页时，文本、图片等对象可以被复制、粘贴、移动或清除，表格中的单元格同样也支持这些操作，可以一次复制、粘贴、移动和清除一个或多个单元格。

（1）单元格移动、复制

① 在网页编辑窗口中选中要复制的对象，按 Ctrl+C 组合键，或选择"编辑"｜"复制"命令，将对象复制到剪贴板中。

② 在网页编辑窗口中选中要移动的对象，按 Ctrl+X 组合键，或选择"编辑"｜"剪切"命令，将对象移动到剪贴板中。

③ 单击目标单元格，按 Ctrl+V 组合键，或选择"编辑"｜"粘贴"命令，将对象粘贴到目标单元格中。

④ 在编辑窗口中选中要复制的对象，按住 Ctrl 键后，可将复制的对象拖入目标单元格，便完成了对象的复制操作。直接拖曳选中的对象到目标单元格中，就可完成对象的移动操作。

（2）单元格内容清除

单元格内容清除的操作方法为，选中目标单元格中要清除的对象，按 Delete 键，或选择"编辑"｜"清除"命令，便可清除单元格中的内容，但该单元格的格式仍旧被保留，没有被清除。

5．表格的嵌套

表格的嵌套在网页制作中会经常使用到，尤其是在新浪、搜狐、网易等门户网站中，为了使大量的信息整齐地展现在浏览者面前，表格的嵌套就使用得更为频繁。如图 5-32 所示为编辑状态下页面密密麻麻地布满了表格线。

在 Dreamweaver CS5 中，对于表格的嵌套没有特别的限制，表格完全可以像文本、图像一样直接插入到其他表格的单元格中，然后通过对单元格的拆分和合并等编辑操作，实现更复杂表格的嵌套。

将光标插入当前表格的某个单元格中，然后选择"插入"｜"表格"命令，或单击"插入"栏"常用"类型中的"插入表格"按钮，在"插入表格"对话框中设置新表格的属性，便可以在当前单元格内再插入一个表格，这就是表格的嵌套操作。此时表格边框线的宽度应该设为 0，否则会影响页面的美观。

在网页表格中理论上可以有多层嵌套，但是表格多层嵌套后会直接影响浏览速度，故表格嵌套层数不宜过多。

图 5-32　表格嵌套网页

5.3.5　扩展视图

"扩展视图"模式使得表格编辑更为方便。"扩展视图"的主要作用是临时向文档中所有表

图 5-33　"插入"面板组的"布局"类型

格添加单元格的边距和间距，并增加表格的边框，这样可以使编辑操作更加简单。利用这种模式，可以选择表格中的项目或精确地定位光标。

在"插入"面板组的"布局"类型中，可看到"标准"、"扩展"视图按钮，如图 5-33 所示。

网页切换到"扩展视图"后看到的效果如图 5-34 所示，在这种视图下，表格所有的边框线都以较粗的线条显示，表格中的元素都适当居中，这非常有利于文本光标的定位操作。

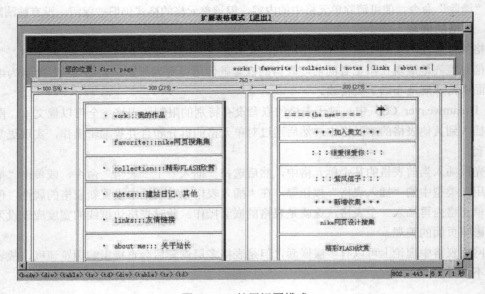

图 5-34　扩展视图模式

5.4 实战演练——制作表格页面

1. 实例效果

制作网页"我的第一页",效果如图 5-35 所示。

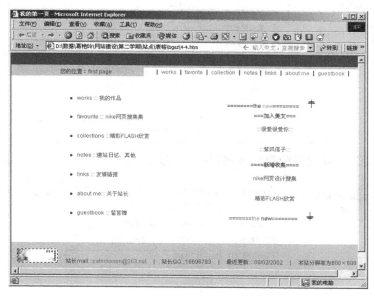

图 5-35 实战演练效果显示

2. 制作要求

① 用表格布局。

② 插入网页元素。

③ 初识 CSS 样式。

3. 制作提示(注:以下数值如不特别说明,均以像素为单位)

(1)页面标题

应用表格布局。

(2)页面属性

左边距设置为 0,上边距设置为 0,背景设置为#CCCCCC,文字色设置为#366666,链接色设置为#099999,已访问链接色设置为#66CCCC,活动链接色设置为#00FFFF,如图 5-36 所示。

(3)对齐

水平居中。

(4)表格布局

插入 4×1 表格,宽为 778,边框粗细、单元格边距、单元格间距均为 0。

① 第 1 行 t-1,背景#666,高 25。

② 第 2 行 t-2(导航栏),高 25,对齐设置为居中对齐,垂直设置为底部对齐。在 t-2 插入 1×3,宽 740,边框粗细、边距、间距均为 0,高度为 20 的表格。

◇ 第 1 列 t-21,宽 18,起间隔作用。

◇ 第 2 列 t-22,宽 249,对齐方式设置为水平居中。

◇ 第 3 列 t-23,背景设置为#FFF。输入导航栏文字内容,并设置超链接,此处各链接暂设置为"#"。导航栏的设计效果如图 5-37 所示。

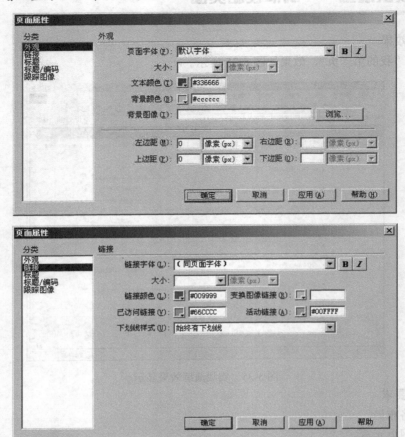

图 5-36　页面属性设置

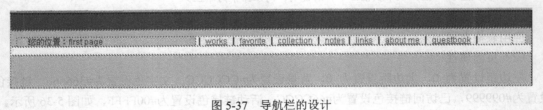

图 5-37　导航栏的设计

③ 第 3 行 t-3，背景设为白色#FFFFFF，高为 342，对齐方式设置为水平居中。在 t-3 插入 1×5 的表格，宽 760，高 100%。各列宽度从左至右依次为 100，300，40，300，20。

   ❖ 第 1 列 t-31，只起间隔作用。

   ❖ 第 2 列 t-32，插入 7×1 表格，宽为 250，输入相应文字内容，并设置超链接，此处可设置为链接"#"，调整各单元格高度。

   ❖ 第 3 列 t-33，只起间隔作用。

   ❖ 第 4 列 t-34，插入 8×1 表格，各列高度分别为 30，20，40，50，20，40，50，输入相应文字内容，并设置超链接，此处可设置为链接"#"。

   ❖ 第 5 列 t-35，只起间隔作用，如图 5-38 所示。

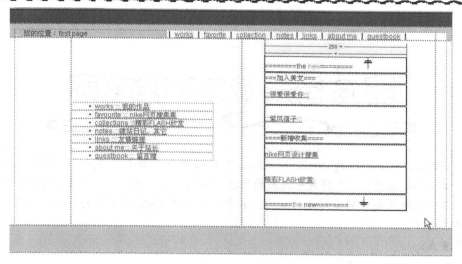

图 5-38　中间信息区的设计

④ 第 4 行 t-4，高为 50，垂直设置为底部对齐，插入图片及版权信息。如图 5-39 所示。

图 5-39　版权区的设计

（5）用 CSS 样式美化网页

切换到编辑窗口的代码模式，在页面头文件部分，即<head></hesd>之间加入如下代码。

```
<STYLE type=text/css>
.9font {
    FONT-FAMILY: "Arial", "Helvetica", "sans-serif"; FONT-SIZE: 12px;
FONT-STYLE: normal}
A:hover {
    COLOR: #6699cc; TEXT-DECORATION: underline}
A {
    TEXT-DECORATION: none}
</STYLE>
```

上述代码，定义了一个普通文本的样式，名为 9font。还重新定义了链接的两个状态。这时可看到网页中文本及超链接文字的变化。

按 F12 键预览网页。

本章小结

本章介绍了网页布局的基本知识，并对表格的基本操作及属性设置进行了较全面的讲解。

第6章 CSS样式表

CSS 全称为 Cascading Style Sheets，中文翻译为"层叠样式表"，简称 CSS 样式表。通俗讲 CSS 是通过控制网页中内容的颜色、字体、文字号大小、宽度、边框、背景、浮动等样式来实现各式各样网页样式的统称。本章全面介绍 CSS 样式表的含义、作用，以及其创建和使用方法。

本章重点：
- 创建、编辑 CSS 样式
- 创建、编辑、选用 CSS 外部样式表

6.1 使用 CSS 样式格式化页面

6.1.1 案例综述

为了使网页具有统一的风格，通常在网页中使用 CSS 样式，并且一般都将 CSS 样式的设置放在网页制作的第一步，当然也可以边制作网页边进行设置，然后将 CSS 样式应用到网页中即可。下面的案例将在已完成页面布局的网页上添加 CSS 样式，进一步美化、格式化页面，从而达到统一风格、快速格式化网页的目的。通过本例，可使大家掌握使用 CSS 样式格式化页面的方法。案例的效果如图 6-1 所示。

图 6-1 实例效果

6.1.2　案例分析

使用 CSS 可以控制许多文本属性，包括特定字体和字号大小，粗体、斜体、下划线和文本阴影，文本颜色和背景颜色，链接颜色和链接下划线等。通过使用 CSS 控制字体，还可以确保在多个浏览器中以更一致的方式处理页面布局和外观。

除设置文本格式外，还可以使用 CSS 控制 Web 页面中块级别元素的格式和定位。可以对块级元素执行以下操作：设置边距和边框，放置在特定位置，添加背景颜色，在周围设置浮动文本等。对块级元素进行操作的方法实际上就是使用 CSS 进行页面布局设置的方法。

在本例中，将通过设置页面的 CSS 样式去优化页面，以帮助大家理解 CSS 样式在页面格式化当中的作用，掌握 CSS 样式创建、调用的方法和步骤。

6.1.3　实现步骤

1. 打开 HTML 网页

步骤

① 将素材文件夹下的 ch6 文件夹复制到 D:\下，启动 Dreamweaver CS5，在其"文件"面板中将 D:\ch6 设置为本地站点根目录，D:\ch6\images\为默认图像文件夹。

② 在"文件"面板中双击 index.html 文件，将其打开，如图 6-2 所示。

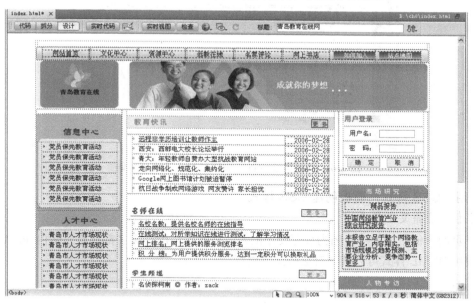

图 6-2　尚未添加 CSS 样式的页面

2. 设置页面属性——添加嵌入头部的 CSS 样式

步骤

① 在编辑窗口的"属性"栏中单击"页面属性"按钮，打开"页面属性"对话框。

② 在"页面属性"对话框中，选择"分类"列表框中"外观"选项，设置字号大小为 12px，文本颜色为黑色＃000，单击背景图像右侧的"浏览"按钮，在打开的 images 文件夹中选择图像文件 bg.gif，将左、右、上、下边距均设置为 0px，如图 6-3 所示。

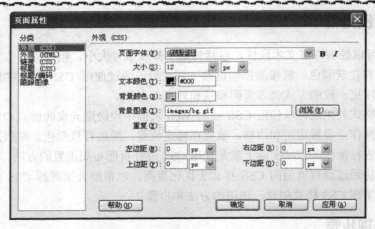

图 6-3　设置"页面属性"的参数

③ 在"分类"列表框中选择"标题/编码"选项，在相应的面板"标题"文本框中输入"青岛教育在线"，编码为"简体中文（GB2312）"。

④ 设置完成后，单击"确定"按钮。

⑤ 切换到代码视图，查看头部信息中的样式代码，如图 6-4 所示。

```
4   <head>
5   <meta http-equiv="Content-Type" content="text/html; charset=gb2312">
6   <title>青岛教育在线网</title>
7   <style type="text/css">
8   <!--
9   body,td,th {
10      font-size: 12px;
11      color: #000;
12  }
13  body {
14      background-image: url(images/bg.gif);
15      margin-left: 0px;
16      margin-top: 0px;
17      margin-right: 0px;
18      margin-bottom: 0px;
19  }
20  -->
21  </style>
```

图 6-4　页面属性设置在头部信息中的样式代码

3. 用"CSS 样式"面板创建 CSS 样式

（1）创建表格文字样式 td

对于页面中的正文文字，因为页面使用的是表格布局，所有文字都在单元格内 td 标签中，因此，使用 HTML 样式可以统一对这些文字进行样式美化。

步骤

① 选择菜单"窗口" | "CSS 样式"命令，打开"CSS 样式"面板，如图 6-5 所示。

② 单击"CSS 样式"面板下方的新建 CSS 规则按钮，打开"新建 CSS 规则"对话框，如图 6-6 所示。

③ 选择"选择器类型"下拉列表中的"标签（重新定义 HTML 元素）"选项，在下方的"选择器名称"下拉列表中选择 td 选项，在"规则定义"下拉列表中选择"新建样式表文件"选项。

④ 单击"确定"按钮，在打开的"将样式表文件另存为"对话框，如图 6-7 所示，选择 CSS 样式保存的文件夹，并在"文件名"文本框中输入 style。

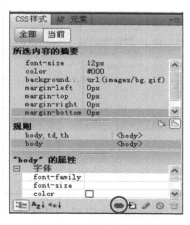

图 6-5　"CSS 样式"面板

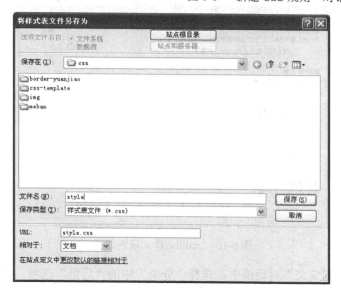

图 6-6　"新建 CSS 规则"对话框

图 6-7　"将样式表文件另存为"对话框

⑤ 单击"保存"按钮，在"CSS 样式"面板中可以看到新添加了 style.css 文件，如图 6-8 所示。

⑥ 在出现的"td 的 CSS 规则定义（在 style.css 中）"对话框中，设置字号大小为 12px，颜色为黑色＃000000，如图 6-9 所示。

（2）创建表格边框样式.redline

由于网页采用表格进行布局，在此设置表格的边框样式，用于美化页面。

　步骤

① 单击"CSS 样式"面板下方的新建 CSS 规则按钮，在弹出的"新建 CSS 规则"对话框中，设置选择器类型为"类"，名称为.redline（注意：类名称前的"."不能省略），但要注意的是，在"规则定义"下拉列表中要选择 style.css 文件，将所定义的 CSS 样式都写入一个样式表文件中，如图 6-10 所示。

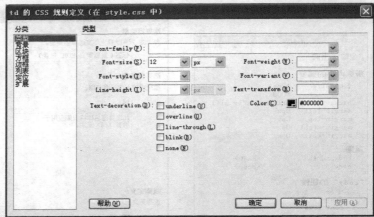

图 6-8　添加了 style.css 文件　　　　图 6-9　"td 的 CSS 规则定义（在 style.css 中）"对话框

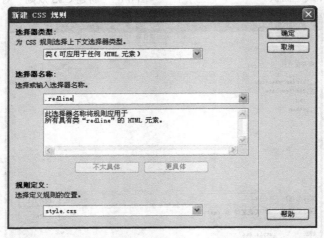

图 6-10　.redline 样式规则面板

② 在"CSS 规则定义"对话框中，选择"分类"中的"边框"选项，设置样式、宽度和颜色，如图 6-11 所示。

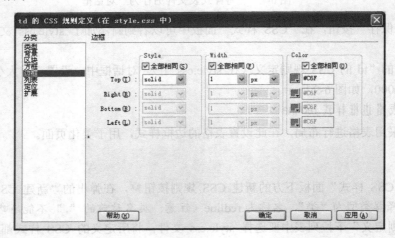

图 6-11　"td 的 CSS 规则定义（在 style.css 中）"设置边框

（3）创建用于版权信息文字的样式.white

制作中如果想使版权信息部分的文字有别于正文，在此定义一个类样式，类样式是唯一可以应用于文档中任何文本的 CSS 样式类型。

步骤

① 单击"CSS 样式"面板下方的新建 CSS 规则按钮，选择器类型为"类"，名称为.white，在"定义在"中选择"仅对该文档"文件，在当前文档中嵌入样式。

② 在"CSS 规则定义"对话框中，选择分类中的"类型"选项，设置颜色为白色（#FFF）。

（4）创建用于超链接的高级样式 a:Link，a:visited，a:hover

将页面中的超链接设置为：默认的链接是黑色、宋体、12px，没有下划线，光标经过时链接变为蓝色、宋体、12px，出现下划线，而访问过后的链接又恢复为黑色、宋体、12px，没有下划线。

步骤

① 单击"CSS 样式"面板下方的"新建 CSS 规则"按钮，打开"新建 CSS 规则"对话框，在"定义在"下拉列表中选择 style.css 文件，"选择器类型"为"复合内容（基于选择的内容）"，在"选择器名称"下拉列表中选择 a:link（超链接的正常显示状态，没有任何动作），"规则定义"下拉列表中选择样式表文件为"style.css"，如图 6-12 所示，单击"确定"按钮。

② 在"CSS 规则定义"对话框中，"分类"中选择"类型"选项，设置 Text-decoration（D）:（修饰）为 ☑none（N） （无），颜色为黑色 #000，如图 6-13 所示。

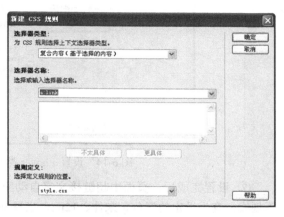

图 6-12　设置"新建 CSS 规则"对话框中的参数

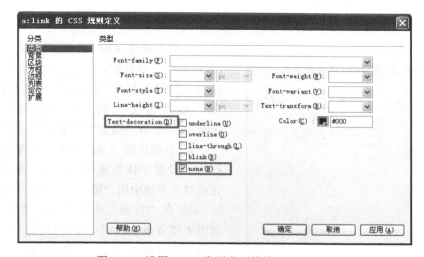

图 6-13　设置 a:link 类型中"修饰"为"无"

③ 再次单击"CSS 样式"面板下方的新建 CSS 规则按钮 ，打开"新建 CSS 规则"对话框，"选择器类型"为"复合内容（基于选择的内容）"，在"选择器名称"下拉列表中选择"a:visited（超链接已访问的状态）"，单击"确定"按钮。

④ 在"CSS 规则定义"窗口分类中选择"类型"，设置"修饰"为"无"，颜色为黑色#000。

⑤ 再次单击"CSS 样式"面板下方的新建 CSS 规则按钮 ，打开"新建 CSS 规则"对话框，在"选择器类型"下拉列表中选择"复合内容（基于选择的内容）"选项，在"选择器名称"下拉列表中选择"a:hover（鼠标停留在超链接上时的状态）"，单击"确定"按钮。

⑥ 在"CSS 规则定义"窗口分类中选择"类型"，设置设置 Text-decoration(D)：（修饰）为 ☑underline(U)（下划线），颜色为蓝色#03C，如图 6-14 所示。

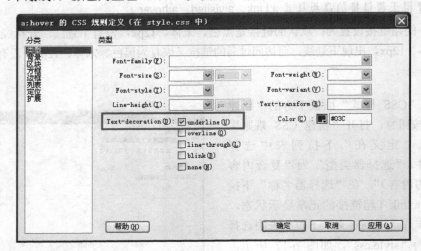

图 6-14　设置 a:hover 类型中"修饰"为"下划线"

⑦ 设置完成后，页面中超链接文字自动应用此样式，可看到链接由原来默认的蓝色并带有下划线，变为设定的黑色、宋体、12px，当鼠标指到超链接文字上时，文字变成蓝色。

（5）创建用于表单元素美化的样式 .input

接下来对页面的表单元素进行美化，这里采用自定义类来美化表单的文本框。

🐬 **步骤**

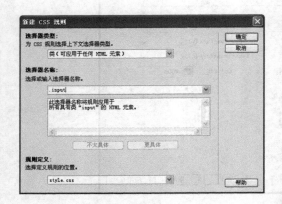

图 6-15　新建.input 规则

①单击新建 CSS 规则按钮 ，打开"新建 CSS 规则"对话框，"选择器类型"为"类（可应用于任何 HTML 元素）"，定义名称为.input，在"规则定义"对话框中选择样式表文件 style.css，单击"确定"按钮。如图 6-15 所示。

② 在弹出的".input 的 CSS 规则定义"对话框中，设置字体为宋体、12px，颜色为#036，完成对文本框中用户输入文字的样式设置。

③ 在"背景"中设置此样式的背景色与其周围表格背景色相同（#F1F1F1），在"边框"中设置边框的宽度、样式和颜色，如图 6-16 所示。设置完成后单击"确定"按钮。

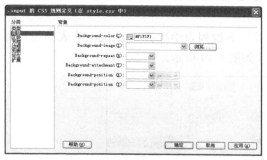

图 6-16 设置背景及边框

（6）创建扩展样式

下面为页面中的光标变换样式。在默认的情况下，鼠标光标为十字线，在指向链接上方的时候，光标变为 help 的光标。

步骤

① 进入 CSS 样式面板，选择 body 样式，单击下方的编辑按钮，在弹出的"CSS 规则定义"对话框左侧"分类"中选择"扩展"，然后更改光标的样式为"crosshair"。如图 6-17 所示。

图 6-17 定义扩展样式

② 修改鼠标在链接时的光标样式，选择"CSS 样式"面板中的 a:hover 样式，单击下方的编辑按钮，进入编辑窗口，在"扩展"的光标中选择"help"。

4．在页面中应用 CSS 样式

在前面创建的样式中，重定义的 HTML 标签样式和复合样式。由于它们与 HTML 标签相关联，因此它们的样式属性自动应用于文档中受定义样式影响的任何标签。所以，页面属性和用于超链接的 CSS 样式设置完成后，即可看到所设置的效果，而只有类样式需在"属性"面板的"样式"或"类"选项中选择应用。

步骤

① 选中版权信息中的文字，在"属性"面板"HTML"分类中，在"类"下拉列表中选择已定义的.white，（或在"属性"面板"CSS"分类中，在"目标规则"下拉列表中选择.white），如图 6-18 所示。

② 应用了 CSS 样式后，其标签栏中相对应的标签变为

图 6-18 应用.white 样式后的效果

<Div.white>。

③ 选中最外层的表格，在"属性"面板"类"下拉列表中选择 redline，给表格添加外框线。再选中页面下半部的表格，再次应用此样式，如图 6-19 所示。

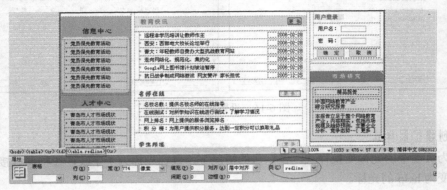

图 6-19　应用边框样式

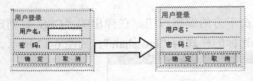

图 6-20　应用表单样式后的效果

④ 选中页面中的表单元素"用户名"和"密码"后面的文本框，在其"属性"面板的"类"下拉列表框中选择为其定义的.input 样式，将此样式应用到页面中，应用后的表单元素如图 6-20 所示。

5. 链接样式表，统一网站风格

步骤

① 打开 ch6 下的另一网页文件 yyong.htm，在"CSS 样式"面板中，单击附加样式表按钮，打开"链接外部样式表"对话框，在"文件/URL"中输入前面创建的样式表文件，或单击"浏览"按钮，选择 style.css 文件，如图 6-21 所示。

② 单击"确定"按钮，在"CSS 样式"面板中即可看到链接的样式表文件及其中的 CSS 样式。

③ 再按前面的方法，分别应用相关的"类"样式即可。

④ 添加新的.bt 样式到 style.css 样式表文件，在出现的"CSS 规则定义"对话框中，设置字号大小为 24px，颜色为＃06F。选中页面中的标题，应用该样式。

⑤ 添加新的.bk 样式到 style.css 样式表文件，设置方框类别的填充值均为 8px，如图 6-22 所示。

图 6-21　"链接外部样式表"对话框

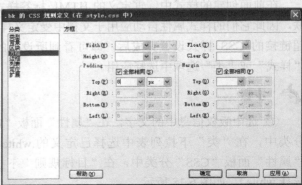

图 6-22　设置.bk 样式

⑥ 选中页面中的插图，在其"属性"面板中的"类"下拉列表框中选择.bk，使该样式应用于此图片。再将文件保存，按 F12 键进行预览，如图 6-23 所示。

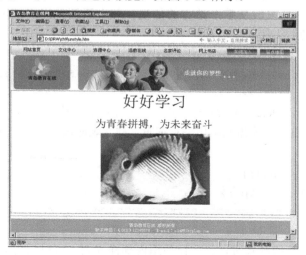

图 6-23　链接样式表及应用后的预览效果

6.2　CSS 样式概述

层叠样式表（CSS）是一系列格式设置规则，它们控制 Web 页内容的外观。样式可定义 HTML 元素如何被显示，类似 font 标签在 HTML 中所起到的作用。样式通常被保存在 HTML 文档之外的文件中。外部样式表可以通过编辑一个简单的 CSS 文档来改变网站内所有页面的外观和布局，以实现页面的内容与表现形式的分离，从而使维护站点的外观更加容易，HTML 文档代码也更加简练，缩短浏览器的加载时间。

Dreamweaver CS5 提供了强大的 CSS 编辑和管理功能，可以使用"CSS 样式"面板创建和编辑 CSS 规则和属性。

6.2.1　使用 CSS 的优势

使用 CSS 定义样式的好处是，利用它不仅可以控制传统的格式属性，如字体、大小、对齐，还可以设置诸如位置、特殊效果、鼠标滑过之类的 HTML 属性。使用用 CSS 具有以下优势：

① 内容与表现分离。有了 CSS，网页的内容与表现就可以分开了。

② 表现的统一。可以使网页的表现非常统一，并且容易修改。

③ CSS 可以支持多种设备，例如手机、PDA、打印机、电视机、游戏机等。

④ 使用 CSS 可以减少网页的代码量，增加网页的浏览速度，减少硬盘容量。

6.2.2　CSS 的存在方式

样式表允许以多种方式规定样式信息。样式可以规定在单个的 HTML 元素中，或在 HTML 页的头元素中，或在一个外部的 CSS 文件中，甚至可以在同一个 HTML 文档内部引用多个外部样式表。

1．外部样式表

当样式需要应用于很多页面时，外部样式表将是理想的选择。在使用外部样式表的情况下，可以通过改变样式表文件来改变整个站点的外观。每个页面使用<link>标签链接到样式表。<link> 标签在（文档的）头部。

```
<head>
<link rel="stylesheet" type="text/css" href="mystyle.css" />
</head>
```

浏览器会从文件 mystyle.css 中读到样式声明，并根据它来格式文档。

外部样式表可以在任何文本编辑器中进行编辑。样式表应该以.css 扩展名进行保存。下面是一个样式表文件的例子。

```
hr {color: sienna;}
p {margin-left: 20px;}
body {background-image: url("images/back40.gif");}
```

2．内部样式表

当单个文档需要特殊的样式时，就应该使用内部样式表。可以使用<style>标签在文档头部<head>…</head>之间定义内部样式表，就像这样：

```
<head>
<style type="text/css">
    hr {color: sienna;}
    p {margin-left: 20px;}
    body {background-image: url("images/back40.gif");}
</style>
</head>
```

这种方式的主要作用是，在统一风格的前提下，可针对具体页面进行具体调整。这两种方式并不相互排斥，而是相互结合。例如，在 CSS 文件中定义了<P>标签的字号大小 font-size（字号）为 10px，在内部文档中可定义<P>标签字体颜色 font-color（字的颜色）为 red，而在另一个 HTML 文件中定义颜色为 green。

3．内联样式

由于要将表现和内容混杂在一起，内联样式会损失掉样式表的许多优势，请慎用这种方法。例如，当样式仅需要在一个元素上应用一次时，可使用内联样式，方法是在相关的标签内使用样式（style）属性。style 属性可以包含任何 CSS 属性，如展示如何改变段落的颜色和左外边距。

```
<p style="color: sienna; margin-left: 20px">
This is a paragraph
</p>
```

4．多重样式

当同一个 HTML 元素被不止一个样式定义时，会使用哪个样式呢？一般而言，所有的样式会根据下面的规则层叠于一个新的虚拟样式表中。

① 浏览器默认设置。

② 外部样式表。

③ 内部样式表（位于<head>标签内部）。

④ 内联样式（在 HTML 元素内部）。

其中"内联样式"（在 HTML 元素内部）拥有最高的优先权，这意味着它将优先于以下的样式声明：<head>标签中的样式声明，外部样式表中的样式声明，或者浏览器中的样式声明（默认值）。

如果某些属性在不同的样式表中被同样的选择器定义，那么属性值将从更具体的样式表中被继承过来。

例如，外部样式表拥有针对 h3 选择器的三个属性。

```
h3 {
    color: red;
    text-align: left;
    font-size: 8pt;
}
```

而内部样式表拥有针对 h3 选择器的两个属性。

```
h3 {
    text-align: right;
    font-size: 20pt;
}
```

假如拥有内部样式表的这个页面同时与外部样式表链接，那么 h3 得到的样式是

```
color: red;
text-align: right;
font-size: 20pt;
```

即颜色属性将被继承于外部样式表，而文字排列（text-alignment）和字号大小（font-size）会被内部样式表中的规则取代。

6.3　CSS 样式的创建与应用

6.3.1　CSS 样式面板

"CSS 样式"面板可用于跟踪影响当前所选页面元素的 CSS 规则和属性，或影响整个文档的规则和属性，还可以在不打开外部样式表的情况下修改 CSS 属性。CSS 样式面板可以使用户从复杂的多种 CSS 样式中解脱出来，从而轻松地完成一个网页的内容格式化。

1. 打开"CSS 样式"面板

打开"CSS 样式"面板，可以用以下方法。

① 选择主菜单"窗口"|"CSS 样式"命令。

② 按 Shift+F11 组合键。

③ 单击"属性"面板的"CSS"分类中的"CSS 面板"按钮 `CSS 面板(P)`。

2. "CSS 样式"面板的结构

"CSS 样式"面板如图 6-24 所示，分为上、下两部分，上半部显示规则列表，下半部显示所选定规则的属性。规则又有"全部"和"当前"两种查看方式，单击 CSS 面板中的"当前"按钮，可以显示当前所选中内容的 CSS 摘要，而与所选内容无关的属性会以删除线的形式出现，这个功能对快速确认应用于当前选定元素的 CSS 属性十分有帮助，在列表中可以方便地查

看哪种样式中的哪种属性被应用到当前选中的元素。

3．管理样式

在"CSS 样式"的最下面是用于查看和管理属性及规则的按钮，如图 6-25 所示。查看属性视图按钮允许在"属性"窗格中改变视图的格式。

"CSS 样式"面板按钮的功能如下。

类别按钮 ——将 Dreamweaver 支持的 CSS 属性划分为 8 个类别：字体、背景、区块、边框、方框、列表、定位和扩展。每个类别的属性都包含在一个列表中，可以单击类别名称旁边的加号（+）按钮展开或折叠它，"设置属性"（蓝色）将出现在列表顶部。

列表按钮 ——按字母顺序显示 Dreamweaver 所支持的所有 CSS 属性。"设置属性"（蓝色）将出现在列表顶部。

设置属性按钮 ——仅显示那些已设置的属性。"设置属性"视图为默认视图。

附加样式表按钮 ——单击可打开"链接外部样式表"对话框，选择要链接到或导入到当前文档中的外部样式表，如图 6-26 所示。

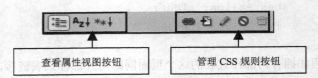

查看属性视图按钮　　　　　管理 CSS 规则按钮

图 6-25　查看和管理按钮

图 6-24　"CSS 样式"面板　　　　　　图 6-26　"链接外部样式表"对话框

链接 ——选择该项，则只传递外部 CSS 样式的信息而不将其导入文档中，在页面代码中生成 <Link> 标签。

导入 ——选择该项，则将外部 CSS 样式的信息导入当前文档中，在页面代码中生成 <@Import> 标签。

媒体 ——在"媒体"弹出式菜单中，指定样式表的目标媒介。

新建 CSS 规则按钮 ——单击后可弹出"新建 CSS 规则"对话框，使用"新建 CSS 规则"对话框可以选择要创建的样式类型、名称及确定样式的存在形式。

编辑样式按钮 ——会打开"CSS 规则定义"对话框，在该对话框中编辑当前文档或外部样式表中的样式。

禁用/启用 CSS 属性 ——会禁用或者启用所选对象选定的某一种属性。

删除 CSS 规则按钮 ——删除"CSS 样式"面板中的所选规则或属性，并从应用该规则的所有元素中删除格式（不过，它不删除对该样式的引用）。

6.3.2　创建 CSS 样式

创建新的 CSS 样式的操作方法如下：

将插入点放在文档中，然后执行以下操作之一打开"新建 CSS 规则"对话框，如图 6-27 所示。

① 选择"格式"|"CSS 样式"|"新建"命令。

② 在"CSS 样式"面板中，单击面板右下侧的"新建 CSS 规则"按钮。

③ 在"文档"窗口中选择文本，从 CSS 属性检查器的"目标规则"弹出菜单中选择"新建 CSS 规则"，然后单击"编辑规则"按钮，或者从属性检查器中选择一个选项（例如单击"粗体"按钮）以启动一个新规则。

在"新建 CSS 规则"对话框中，对"选择器类型"、"选择器名称"和"规则定义"三部分内容进行定义。

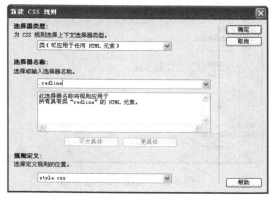

图 6-27　"新建 CSS 规则"对话框

1. 指定要创建的 CSS 规则的"选择器类型"

类（可应用于任何 HTML 元素）——创建一个可作为 class 属性应用于任何 HTML 元素的自定义样式。

ID（仅应用于一个 HTML 元素）——定义包含特定 ID 属性的标签的格式。

标签（重新定义 HTML 元素）——重新定义特定 HTML 标签的默认格式。

复合内容（基于选择的内容）——定义同时影响两个或多个标签、类或 ID 的复合规则。例如，如果输入 Div p，则 Div 标签内的所有 p 元素都将受此规则影响。呈现的状态的默认颜色是深红。

提示 -

ID 只能在页面中对应一个元素，就像身份证号码，每个人的都不一样；class 为类，可以对应多个元素，例如，一年级三班的学生，它所对应的可能是 10 个或者 20 个学生。ID 的优先级高于类（class），例如，今天三班的学生上体育课，小明留下来打扫卫生。那么三班的学生上体育课这是一个类，而小明打扫卫生这是个 ID，虽然小明也是三班的学生，但 ID 高于类（class），所以小明执行打扫卫生的任务。

2. 选择或输入"选择器名称"

类——类名称必须以句号（英文）开头，并且可以包含任何字母和数字组合（例如，.myhead1）。如果没有输入开头的句号，Dreamweaver 将自动输入。

ID——ID 必须以#号开头，并且可以包含任何字母和数字组合（例如，#myID1）。如果没有输入开头的#号，Dreamweaver 将自动输入。

标签——在"选择器名称"文本框中输入 HTML 标签或从弹出菜单中选择一个标签。

复合内容——输入父、子元素名称，中间用空格间隔。如#xsnazzy h2，如图 6-28 所示。还可在"选择器名称"下拉列表中可选择 a:link、a:active、a:hover、a:visited 进行超链接的格式设定，如图 6-29 所示。

　　　　　　a:active——定义页面中的文本链接被激活，即在目标地址文件还没有打开时文本呈现的状态。默认颜色是红色。

　　　　　　a:link——当光标不在链接文本上时链接的状态。默认是蓝色文本，带下划线。

　　　　　　a:hover——光标移动到链接文本上时链接的状态。默认是光标呈现手形。

　　　　　　a:visited——链接目标文件打开后，再一次回到原来的页面时，刚刚单击的链接呈现的状态。默认颜色是深红色。

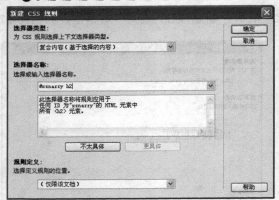

图 6-28　使用 CSS 选择器

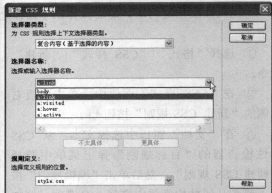

图 6-29　设置超链接 4 种状态样式

3．规则定义

选择要定义规则的位置。

① 若要创建外部样式表，请选择"新建样式表文件"选项。

② 若要在当前文档中嵌入样式，请选择"仅对该文档"。

6.3.3　定义 CSS 样式

设置 CSS 属性是对创建的 CSS 样式进行再次加工，不管是初次创建 CSS 样式，还是对其再次进行编辑，均需打开"CSS 规则定义"对话框进行规则定义，如文本字体、背景图像和颜色、间距和布局属性，以及列表元素外观等。

1．打开"CSS 规则定义"对话框

打开"CSS 规则定义"对话框的方法有以下 3 种：

① 在"新建 CSS 规则"对话框中，选择并输入相应内容后，单击"确定"按钮，打开"CSS 规则定义"对话框；

② 在 CSS 面板中选定已创建的 CSS 规则，双击或单击面板右下角的"编辑"按钮，打开"CSS 规则定义"对话框；

③ 在"属性"面板的"CSS"分类中，在"目标规则"中选择要编辑的样式，单击编辑样式按钮 编辑规则 ，打开"CSS 规则定义"对话框。

2．定义规则

在"CSS 规则定义"对话框中，可对 CSS 样式的八个分类，即类型、背景、区块、方框、边框、列表、定位、扩展进行定义，从而可以更加灵活地控制网页中文字的字体、颜色、大小、间距、风格及位置；可以灵活地设置一段文本的行高、缩进，并可以为其加入三维效果的边框；可以方便地为网页中的任何元素设置不同的背景颜色和背景图像；可以精确地控制网页中的各元素的位置；可以为网页中的元素设置各种过滤器，从而产生如阴影、模糊、透明等效果；可以与脚本语言相结合，从而产生各种动态效果。

（1）编辑 CSS 样式之"类型"属性

选择"CSS 规则定义"对话框中"类型"的类别，可以定义 CSS 样式的基本字体和进行类型设置，如图 6-30 所示。

在"类型"分类属性中可进行如下设置。

Font-family——为样式设置字体（或字体系列）。浏览器使用系统上安装的字体系列中的第一种字体显示文本。

Font-size——定义文本大小。可以通过选择数字和度量单位选择特定的大小，也可以选择相对大小。以像素为单位可以有效地防止浏览器破坏文本。

Font-style——将"正常"、"斜体"或"偏斜体"指定为字体样式。默认设置是"正常"。

Line-height——设置文本所在行的高度，该设置传统上称为前导。选择

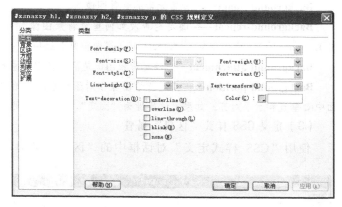

图 6-30　"类型"属性定义窗口

"正常"自动计算行高，或输入一个确切的值并选择一种度量单位。

Text-decoration——向文本中添加下划线、上画线或删除线，或使文本闪烁。正常文本的默认设置是"无"。链接的默认设置是"下划线"。将链接设置设为"无"时，可以通过定义一个特殊的类删除链接中的下划线。

Font-weight——对字体应用特定或相对的粗体量。"正常"等于 400，"粗体"等于 700。

Font-variant——设置文本的小型大写字母变量。

Text-transform——将选定内容中的每个单词的首字母大写或将文本设置为全部大写或小写。

Color——设置文本的颜色。

（2）编辑 CSS 样式之"背景"属性

使用"CSS 样式定义"对话框中的"背景"类型，可以定义 CSS 样式的背景属性。网页中的任何元素都可应用背景属性，如图 6-31 所示。

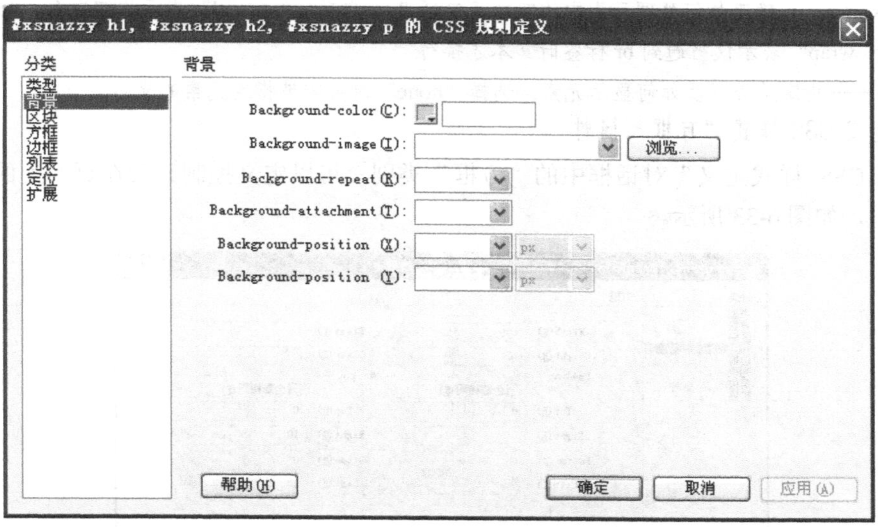

图 6-31　"背景"属性定义窗口

在"背景"分类属性中可进行如下设置。

Background-color——设置元素的背景颜色。

Background-image——设置元素的背景图像。

Background-repeat——确定是否及如何重复背景图像。可选择"no-repeat"（不重复）、"repeat"（重复）、"repeat-x"（横向重复）、"repeat-y"（纵向重复）选项。

Background-attachment——确定背景图像是固定在它的原始位置还是随内容一起滚动。

Background-position——指定背景图像相对于元素的初始水平和垂直位置。可以用于将背景图像与页面中心垂直和水平对齐。如果附件属性为"固定"，那么位置则是相对于"文档"窗口而不是元素。

（3）定义 CSS 样式"区块"属性

使用"CSS 样式定义"对话框中的"区块"类别，可以定义标签和属性的间距和对齐方式，如图 6-32 所示。

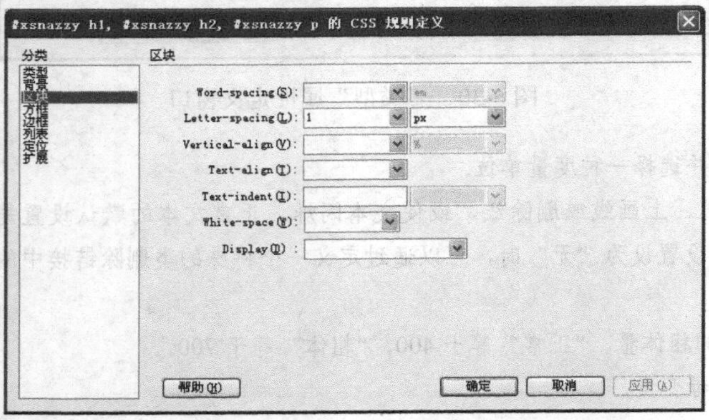

在"区块"分类属性中可进行如下设置。

Word-spacing——设置单词的间距。

Letter-spacing——增加或减小字母或字符的间距，指定一个负值可减小字符间距。字母间距设置覆盖对齐的文本设置。

Vertical-align——指定元素的垂直对齐方式。仅当应用于<img>标签时，Dreamweaver 才在"文档"窗口中显示该属性。

图 6-32　"区块"属性定义窗口

Text-align——设置元素中的文本对齐方式。

Text-indent——指定第 1 行文本缩进的程度。可以使用负值创建凸出效果，但显示效果取决于浏览器。仅当标签应用于块级元素时，Dreamweaver 才在"文档"窗口中显示该属性。

White-space——确定如何处理元素中的空白，包括 3 个选项，"normal"表示收缩空白、"pre"表示保留空白和"nowrap"表示仅当遇到 br 标签时文本才换行。

Display——指定是否以及如何显示元素。选择"none"时关闭被指定元素的显示。

（4）定义 CSS 样式"方框"属性

使用"CSS 样式定义"对话框中的"方框"类别，可以定义控制元素在页面上的放置方式标签和属性，如图 6-33 所示。

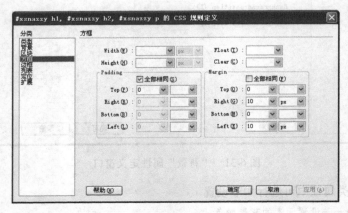

图 6-33　"方框"属性定义窗口

在"方框"属性定义窗口中可以进行如下设置。

Width、Height——设置元素的宽度和高度。

Float——设置其他元素（如文本、AP 元素、表格等）在哪边围绕元素浮动。其他元素按通常的方式环绕在浮动元素的周围。

Clear——定义不允许出现 AP 元素的边。如果清除边上出现的 AP 元素，则带清除设置的元素移到该 AP 元素的下方。

Padding——指定元素内容与元素边框（如果没有边框，则为边距）之间的间距。取消选择"全部相同"复选框可设置元素各边的填充。选择"全部相同"，将相同的填充值设置于元素的"上"、"下"、"左"、"右"侧。

Margin——指定一个元素的边框（如果没有边框，则为填充）与另一个元素之间的间距。当应用于块级元素（如段落、标题、列表等）时，Dreamweaver 才在"文档"窗口中显示该属性。取消选择"全部相同"可设置元素各边的边距，选择"全部相同"，将相同的边距值设置于元素的"Top"、"Right"、"Botton"、"Left"侧的边距。

（5）定义 CSS 样式"边框"属性

使用"CSS 样式定义"对话框中的"边框"类别，可以定义元素周围的边框的设置（如宽度、颜色和样式），如图 6-34 所示。

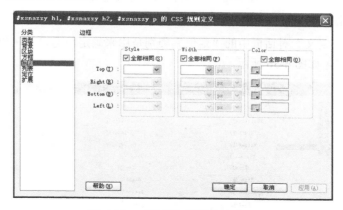

图 6-34 "边框"属性定义窗口

在"边框"属性定义窗口中可进行如下设置。

Style——设置边框的样式外观。样式的显示方式取决于浏览器，Dreamweaver 在"文档"窗口中将所有样式呈现为实线。取消选择"全部相同"可设置元素各边的边框样式。选择"全部相同"，将相同的边框样式属性值设置于元素的"Top"、"Right"、"Botton"、"Left"侧。

Width——设置元素边框的粗细，两种浏览器都支持"宽度"属性。取消选择"全部相同"可设置元素各边的边框宽度。选择"全部相同"，则将相同的边框宽度属性值设置于元素的"Top"、"Right"、"Botton"、"Left"侧。

Color——设置边框的颜色。可以分别设置每个边的颜色，但显示取决于浏览器。取消选择"全部相同"可设置元素各边的边框颜色。选择"全部相同"，则将相同的边框颜色属性值设置于元素的"Top"、"Right"、"Botton"、"Left"侧。

（6）定义 CSS 样式"列表"属性

使用"CSS 样式定义"对话框中的"列表"类别，可以为列表标签定义列表设置，如项目符号大小和类型，如图 6-35 所示。

在"列表"分类属性中可进行如下设置。

List-style-type——设置项目符号或编号的外观。

List-style-image——可以为项目符号指定自定义图像。单击"浏览"按钮，通过浏览选择图像或输入图像的路径。

List-style-Position——设置列表项文本是否换行和缩进（外部），以及文本是否换行到左边距上（内部）。

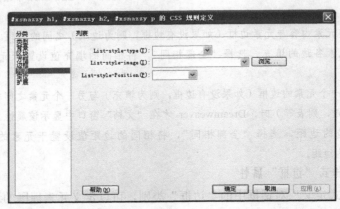

图 6-35　"列表"属性定义窗口

（7）定义 CSS 样式"定位"属性

使用"CSS 样式定义"对话框中的"定位"类别是用来确定与选定的 CSS 样式相关的内容在页面上的定位方式，如图 6-36 所示。

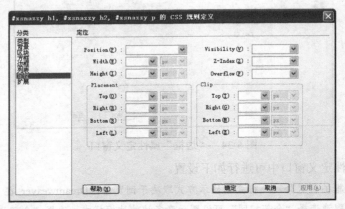

图 6-36　"定位"属性定义窗口

在"定位"分类属性中可进行如下设置。

Position（定位）——确定浏览器应如何来定位选定的元素，有以下几种方式。

  absolute（绝对）——使用"定位"框中输入的、相对于最近的绝对或相对定位上级元素的坐标（如果不存在绝对或相对定位的上级元素，则为相对于页面左上角的坐标）来放置内容。

  fixed（相对）——使用"定位"框中输入的、相对于区块在文档文本流中的位置的坐标来放置内容区块。例如，若为元素指定一个相对位置，并且其上坐标和左坐标均为 20px，则将元素从其在文本流中的正常位置向右和向下移动 20px。也可以在使用（或不使用）上、下、左、右坐标的情况下对元素进行相对定位，以便为绝对定位的子元素创建一个上下文。

relative（固定）——使用"定位"框中输入的坐标（相对于浏览器的左上角）来放置内容。当用户滚动页面时，内容将在此位置保持固定。

static（静态）——将内容放在其在文本流中的位置。这是所有可定位的 HTML 元素的默认位置。

Visibility（可见性）——确定内容的初始显示条件。如果不指定可见性属性，则默认情况下内容将继承父级标签的值。body 标签的默认可见性是可见的。选择以下可见性选项之一。

inherit（继承）——（默认）继承内容的父级可见性属性。

visible（可见）——将显示内容，而与父级的值无关。

hidden（隐藏）——将隐藏内容，而与父级的值无关。

Z-Index（Z 轴）——确定内容的堆叠顺序。Z 轴值较高的元素显示在 Z 轴值较低的元素（或根本没有 Z 轴值的元素）的上方。值可以为正，也可以为负。（如果已经对内容进行了绝对定位，则可以轻松使用"AP 元素"面板来更改堆叠顺序。

Overflow（溢出）——确定当容器（如 Div 或 P）的内容超出容器的显示范围时的处理方式。这些属性按以下方式控制扩展。

Visible（可见）——将增加容器的大小，以使其所有内容都可见，容器将向右下方扩展。

Hidden（隐藏）——保持容器的大小并剪辑任何超出的内容，不提供任何滚动条。

Scroll（滚动）——将在容器中添加滚动条，而不论内容是否超出容器的大小，可避免滚动条在动态环境中出现和消失所引起的混乱。该选项不显示在"文档"窗口中。

Auto（自动）——将使滚动条仅在容器的内容超出容器的边界时才出现。该选项不显示在"文档"窗口中。

Placement（位置）——指定内容块的位置和大小。浏览器如何解释位置取决于"类型"设置。如果内容块的内容超出指定的大小，则将改写大小值。

Clip（剪辑）——定义内容的可见部分。如果指定了剪辑区域，可以通过脚本语言（如 JavaScript）访问它，并操作属性以创建像擦除这样的特殊效果。使"改变属性"行为可以设置擦除效果。

（8）定义 CSS 样式"扩展"属性

"扩展"样式属性包括过滤器、分页和指针选项，它们中的大部分不被任何浏览器支持，或仅被 Internet Explorer 4.0 或更高版本支持，如图 6-37 所示。

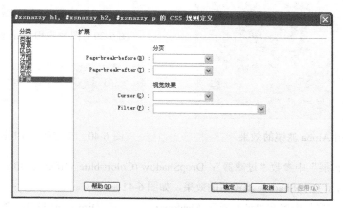

图 6-37　"扩展"属性定义窗口

在"扩展"分类属性中可进行如下设置。

分页——打印期间在样式所控制的对象之前或之后强行分页。选择要在下拉列表中设置的选项，此选项目前不受任何浏览器的支持，但可能受未来的浏览器的支持。

　　视觉效果——设置页面中光标样式和使用滤镜效果。

　　　　Cursor"（光标）——当指针位于样式所控制的对象上时改变指针图像。选择在下拉列表中设置的
　　　　选项。

　　　　Filter"（滤镜）——在该下拉列表中选择要使用的滤镜效果（包括模糊和反转）。较为常用的滤镜
　　　　名称和效果见表 6-1。

表 6-1　常用滤镜列表

名　　称	作　　用
Alpha 滤镜	设置透明度
Blur 滤镜	设置 3D 效果
DropShadow 滤镜	设置文本或图像的阴影效果，应用在文本上时，其效果更加明显
Glow 滤镜	设置发光效果
Shadow 滤镜	设置阴影效果
Wave 滤镜	设置波纹效果
Gray 滤镜	将图像设置为黑白效果
FlipH/FlipV 滤镜	将元素水平反转/将元素垂直反转
Xray 滤镜	设置 X 光效果

　　【例 1】 设置"扩展"中参数"过滤器"：Alpha (Opacity=100, Finishopacity=0, Style=2, StartX=0, StartY=0, FinishX=550, FinishY= 450)，则图片应用了此样式的效果，如图 6-38 所示。

　　【例 2】 设置"扩展"中参数"过滤器"：Blur (Add=True, Direction=135, Strength=20)，则包含文字的 AP 元素和包含图片的单元格应用了 Blur 滤镜后的效果，如图 6-39 和图 6-40 所示。

图 6-39　图片应用 Blur 滤镜后的效果

图 6-38　应用 Alpha 滤镜的效果

图 6-40　文字应用 Blur 滤镜后的效果

　　【例 3】 设置"扩展"中参数"过滤器"：DropShadow (Color=blue, OffX=2, OffY=2, Positive=1)，则包含文字的 AP 元素应用了 DropShadow 滤镜后的效果，如图 6-41 所示。

　　【例 4】 设置"扩展"中参数"过滤器"：Shadow(Color=red, Direction=135)，则包含文字的单元格应用了 Shadow 滤镜后的效果，如图 6-42 所示。

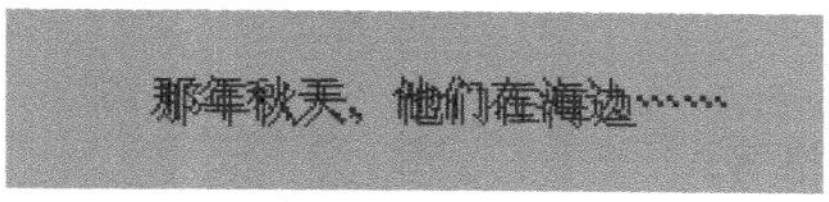

图 6-41   应用 DropShadow 滤镜后的效果    图 6-42   应用 Shadow 滤镜后的效果

【例 5】 设置"扩展"中参数"过滤器"：Glow (Color=black, Strength=10)，则包含图片的单元格应用了 Glow 滤镜后的效果，如图 6-43 所示。

【例 6】 设置"扩展"中参数"过滤器"：Wave (Add=0, Freq=8, LightStrength=10, Phase=0, Strength=6)，则包含图片的单元格应用了 Wave 滤镜后的效果，如图 6-44 所示。

图 6-43   应用 Glow 滤镜后的效果图

图 6-44   应用 Wave 滤镜后的效果

6.3.4   CSS 样式的应用

创建的 CSS 样式可以外部文件的形式独立存在，也可嵌入当前网页文档中。因此在应用样式时，若是以外部文件的形式存在，则需要将它链接到当前文档，而若是存在于当前文档中，则可直接应用。

1．外部 CSS 的附加

在任何一个准备使用附加样式表文件的页面上，单击"CSS 样式"面板的附加样式表按钮，打开"链接外部样式表"对话框，选择要链接到或导入到当前文档中的外部样式表，如图 6-45 所示。

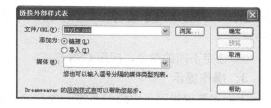

图 6-45   "链接外部样式表"对话框

2．CSS 样式的应用

在创建的 CSS 样式类型中，由于重定义的 HTML 标签样式与 HTML 标签相关联，因此它们的样式属性自动应用于文档中受定义样式影响的任何标签。所以，页面属性和用于超链接的 CSS 样式设置完成后，即可看到所设置的效果。只有类样式需在"属性"面板的"样式"或"类"选项中选择应用，如图 6-46 所示。

图 6-46   在"属性"面板的"样式"或"类"中应用样式

步骤

① 选中欲采用类样式的对象，例如文本、图像或表格等。

② 在其"属性"面板中的"目标规则"或"类"下拉框中，选择已创建好的样式。

6.4　实战演练

1．实战效果

实例页面的效果如图 6-47 所示。

图 6-47　实战效果

2．实战要求

① 在网页中创建 4 个 CSS 样式，分别是 body（用于设置背景），.box1（用于设置图片的环绕效果），.box2（用于设置正文的字体、背景、缩进、边距），.title（用于设置标题的滤镜效果）。

② 选定不同的对象，应用 CSS 样式。

3．操作提示

下面主要提供网页中所涉及的一些 CSS 样式的编辑内容。

① 新建页面，将页面标题设置为"Snoopy 的世界"，保存文件名为 final.htm。

② 新建 CSS 样式。在"选择器类型"中选择"标签"，在下拉列表中选择"body"，"定义在"选择"仅对该文档"，单击"确定"按钮。

③ 在"body 的 CSS 样式定义"对话框中，选择"分类"｜"背景"选项，将"背景图像"设置为 snoopy1.gif。"重复"框中选择"不重复"，"附件"选择"固定"，"水平位置"选择"右对齐"，"垂直位置"选择"顶部"，单击"确定"按钮。

④ 插入 1 个 2×1 的表格，表格宽度为 600px。

⑤ 在第 1 行输入"花生"，"对齐方式"为居中。

⑥ 新建 CSS 样式 title。"选择器类型"中选择"类"，在"名称"文本框中输入样式的名称

为.title，"定义在"选择"仅对该文档"，单击"确定"按钮。

⑦ 在".title 的 CSS 规则定义"对话框中，选择"分类"｜"类型"选项，字体为"华文行楷"，大小为 36px，颜色为#900。

⑧ 选择"分类"｜"背景"，将"背景颜色"设置为＃CFF。

⑨ 选择"分类"｜"扩展"，"过滤器"选择 Blur 滤镜，Blur(Add=1，Direction=135，Strength=5)用以设置模糊效果，单击"确定"按钮。

⑩ 选定第 1 单元格，在"属性"检查器的"类"中选择 .title。使其采用所创建的样式。应用了 CSS 样式后，标签变为<td.title>。设置完成后单击"确定"按钮。

⑪ 在第 2 单元格中选择"复制"｜"粘贴"文本，并插入图片 snoopy2.gif。

⑫ 新建 CSS 样式.box1。"选择器类型"中选择"类"，在"名称"文本框中输入样式的名称为.box1，"定义在"选择"仅对该文档"，单击"确定"按钮。

⑬ 在".box1 的 CSS 规则定义"对话框中，选择"分类"｜"类型"选项，设置字号大小为 12px，行高 25px，文本颜色为#960。

⑭ 选择"分类"｜"背景"，将"背景颜色"设置为＃CCC，"背景图像"设置为 line.gif。

⑮ 选择"分类"｜"区块"，"文字缩进"设置为 24px。

⑯ 选择"分类"｜"方框"，"填充"中选择"全部相同"，设置为 12px。设置完成后单击"确定"按钮。

⑰ 选中第 2 单元格，在"类"中选择.box1，以应用此样式。

⑱ 新建 CSS 样式.box2。"选择器类型"中选择"类"，在"名称"文本框中输入样式的名称为.box2，"定义在"选择"仅对该文档"，单击"确定"按钮。

⑲ 在".box2 的 CSS 规则定义"对话框中，选择"分类"｜"方框"，将填充设为"全部相同"、6 像素，浮动设为"右对齐"，设置完成后，单击"确定"按钮。

⑳ 选中图片 Snoopy2.gif，在"属性"检查器的"类"中选择.box2，使其应用此样式。此时标签变为<img.box2>。

本章小结

CSS 样式不但能使设计者控制许多 HTML 样式不能控制的属性，还能迅速准确地将样式作用于整个网站的多个网页上，利用它可以对页面当中的文本、段落、图像、页面背景、表单元素外观等实现更加精确地控制。更为重要的是，CSS 真正实现了网页内容和格式定义的分离，通过修改 CSS 样式表文件就可以修改整个站点文件的风格，大大减少了更新站点的工作量。另外，它带有的特效滤镜，也可使网页设计效果丰富多彩。

第7章 Div+CSS布局

设计网页既要合理安排内容又要美观精致，仅仅通过文字和图片的排列是远远不够的。本章就目前网页制作中布局的方法展开研究，使读者进一步了解网页布局的基本知识，以及需要注意的问题。

本章重点：

■ 布局基本常识

■ CSS布局相关属性含义

■ Div+CSS布局方法，以及AP Div的创建

■ AP Div在布局中的优势和劣势

■ 利用AP Div的属性可制作多种动态效果

7.1 应用Div+CSS布局页面

7.1.1 案例综述

CSS布局与传统表格（table）布局最大的区别在于：

图7-1 实例效果

后者的定位都是采用表格，通过表格的间距或者用无色透明的GIF图片来控制布局版块的间距；而前者则采用Div来定位，通过Div的margin，padding，border等属性来控制版块的间距。通过本例可使大家了解Div+CSS布局页面的方法，案例的效果如图7-1所示。

7.1.2 案例分析

Div+CSS布局是将网页内容放在Div元素中，之后使用CSS进行布局、格式设计。在页面的布局上，本例采用最基本的上、中、下三栏的页面构成形式，将网站的Logo放置在页面左上角最显眼的地方，给浏览者以深刻的印象，页面正文部分采用最常用的左右两栏排法，将重要的部分排列在页面的右侧，突出页面的重要

信息，最下面放置网站的版权信息。

在以上的分析的基础上，页面布局如图 7-2 所示。

7.1.3　实现步骤

1．定义基本样式

页面中大部分元素都具有边界、填充、边框为零的属性，所以在开始制作页面时，可以使用通配符*直接对页面中所有元素的 margin、padding 和 border 值进行设置，如果页面某个元素的值 与通配符中设置的不相符，可以另行设置。同时对标签 body 重新定义来设定页面字体、背景的样式。

图 7-2　页面布局

 步骤

① 在 Dreamweaver 站点中新建 HTML 文件，文件命名为 index.html，并在"文档"窗口中将其打开。

② 打开 CSS 面板，单击新建 CSS 规则按钮　，在打开的"新建 CSS 规则"对话框中，再创建一个名为 body 的标签 CSS 规则，如图 7-3 所示。在"CSS 样式表另存为"对话框中，文件命名为 Div.css，单击"确定"按钮。

③ 在打开的"*的 CSS 规则定义"对话框中，定义"方框"中的 Margin、Padding 的各项参数为 0px，定义"边框"中的 With 的各参数均为 0px，如图 7-4 所示。

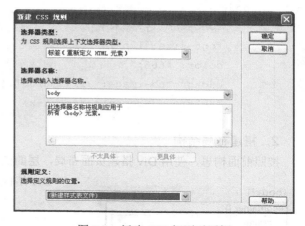

图 7-3　新建 CSS 规则对话框

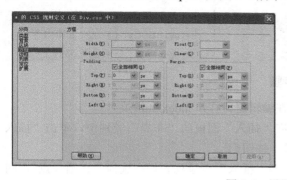
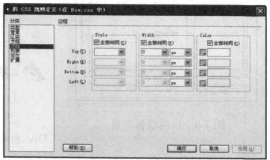

图 7-4　设置基本样式

④在打开的"body 的 CSS 规则定义"对话框中，定义字体为宋体、字号为 12px、颜色 #666、背景图片为 001.jpg，图片横向重复，如图 7-5 所示。

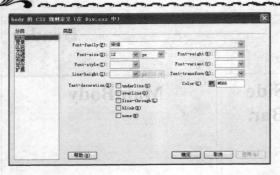 

图 7-5　设置 body 基本样式

CSS 样式表代码如下。

```
*  {
        margin: 0px;
        padding: 0px;
        border: 0px;
        }
body {
        font-family: "宋体";
        font-size: 12px;
        color: #666;
        background-image: url(img/001.jpg);
        background-repeat: repeat-x;
}
```

2．搭建布局结构

按照前面构思，使用 Div 搭建页面布局，层的嵌套关系如图 7-6 所示。

Div 结构如下：

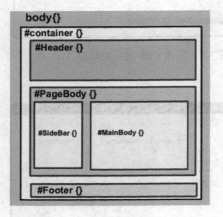

图 7-6　层的嵌套关系

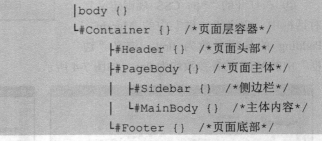

 步骤

① 在编辑窗口打开 index.html 文件。

② 在"插入"面板的"布局"类别中，单击"插入 Div 标签"按钮📰。

③ 在弹出的"插入 Div 标签"对话框中，在"插入"下拉列表框中选择"在插入点"，同时输入"ID"为"container"，如图 7-7 所示。单击"确定"按钮后，将"container"标签插入到网页中。

④ 继续单击"插入"面板中的"布局"类别中，单击"插入 Div 标签"按钮📰，在弹出

的"插入 Div 标签"对话框中的"插入"下拉列表框中选择"在开始标签之后",在其右侧下拉列表框中选择<div id="container">;在"ID"中输入"Header",如图 7-8 所示。单击"确定"按钮,将"header"Div 标签插入"container"Div 标签之内。

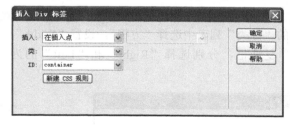

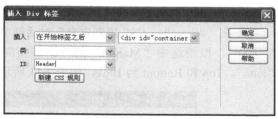

图 7-7　插入 ID 为 container 的 Div 元素   图 7-8　插入 ID 为 Header 的 Div 元素

⑤ 继续单击"插入"面板中的"常用"类别中,单击"插入 Div 标签"按钮 ▦ ,在弹出的"插入 Div 标签"对话框中的"插入"下拉列表框中选择"在标签之后",在其右侧下拉列表框中选择<div id="Header">;在"ID"中输入"PageBody",如图 7-9 所示。

⑥ 用同样的方法在"PageBody"标签之后向网页继续插入 Div 标签,标签"ID"为"Sidebody";在"Sidebody"标签之后向网页继续插入 Div 标签,标签"ID"为"Mainbody";在"Pagebody"标签之后向网页继续插入 Div 标签,标签"ID"为"footer"。

Div 插入完成后,页面如图 7-10 所示。

图 7-9　插入 ID 为 PageBody 的 Div 元素   图 7-10　页面插入 Div 元素后的效果

切换 Dreamweaver 到"代码"视图,修改各层中的注释文字,就可以看到最终 HTML 源代码。

```
<Div id="container"><!--页面层容器-->
<Div id="Header"><!--页面头部-->
    </Div>
    <Div id="PageBody"><!--页面主体-->
        <Div id="Sidebar"><!--侧边栏-->
        </Div>
        <Div id="MainBody"><!--主体内容-->
        </Div>
    </Div>
    <Div id="Footer"><!--页面底部-->
</Div>
```

3. 定义 Div 标签的 CSS 样式

分别对页面中的 Div 元素"#container"、"#Header"、 "#PageBody""#Slidebody"、"#Mainbody"、"#footer"定义 CSS 样式。

步骤

① 选中要定义 CSS 规则的 Div，在"CSS 面板"中单击"新建 CSS 规则"按钮，在弹出的"新建 CSS 规则"对话框中，在"选择器"下拉列表中选择已插入 Div 的 ID，"定义在"为"Div.css"，单击"确定"按钮。

② 在"#container CSS 规则定义"对话框中的"分类"列表中选择"方框"，设置"Width"为 100%，取消选中"Margin"的"全部相同"复选框，分别选择"Right"和"Left"的为"auto"。Top 和 Bottom 为 10px，如图 7-11 所示。

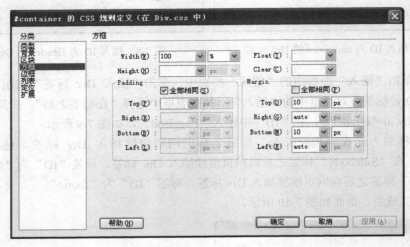

图 7-11　定义#container 样式

③ 在"#header 的 CSS 规则定义"对话框中的"分类"列表中选择"方框"，输入"Width"为 960px，"Height"为 100px，取消选中"Margin"的"全部相同"复选框，分别选择"Right"和"Left"为"auto"，如图 7-12 所示。

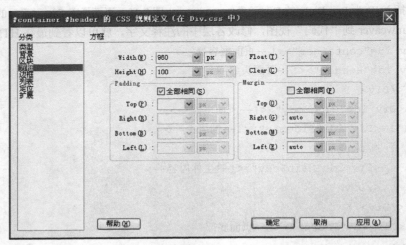

图 7-12　定义头部信息栏#header 样式

④ 定义"#PageBody"的 CSS 规则，在弹出的"CSS 规则定义"对话框中的"分类"列表中选择"方框"，输入"Width"为 960px，"Height"为 400px，如图 7-13 所示。在分类列表中选择"背景"，在"background"中选择#FC9。单击"确定"按钮，完成该 CSS 样式的定义。

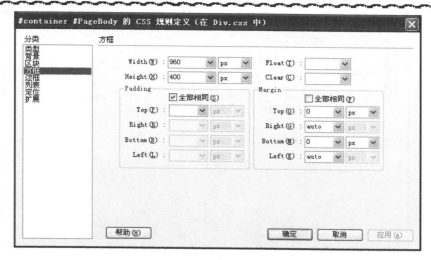

图 7-13　定义页面主体# PageBody 样式

⑤ 继续新建 CSS 规则，定义"Slidebar"的 CSS 规则，在弹出的"CSS 规则定义"对话框中的"分类"列表中选择"方框"，输入"Width"为 298px，"Height"为 400px。在"Float"下拉列表框中选择"left"，如图 7-14 所示。在分类列表中选择"背景"，在"Background"中选择#0CC。单击"确定"按钮，完成该 CSS 样式的定义。

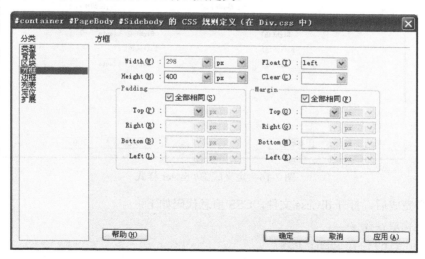

图 7-14　定义侧栏# Slidebar 样式

⑥ 继续新建 CSS 规则，定义"Mainbody"的 CSS 规则，在弹出的"CSS 规则定义"对话框中的"分类"列表中选择"方框"，输入"Width"为 660px，"Height"为 400px，在"Float"下拉列表框中选择"right"，如图 7-15 所示。在分类列表中选择"背景"，在"Background"中选择#9FC。

⑦ 定义"footer"的 CSS 规则，在弹出的"CSS 规则定义"对话框中的"分类"列表中选择"方框"，输入"Width"为 660px，"Height"为 100px。在"Clear"下拉列表框中选择"both"，如图 7-16 所示。在分类列表中选择"背景"，在"Background"中选择#0FF。单击"确定"按钮，完成该 CSS 样式的定义。

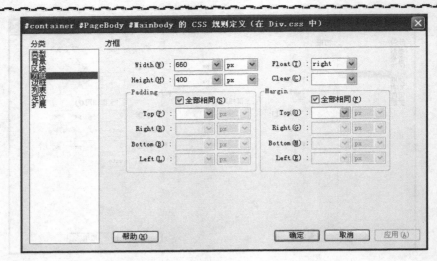

图 7-15　定义主要信息栏# Mainbody 样式

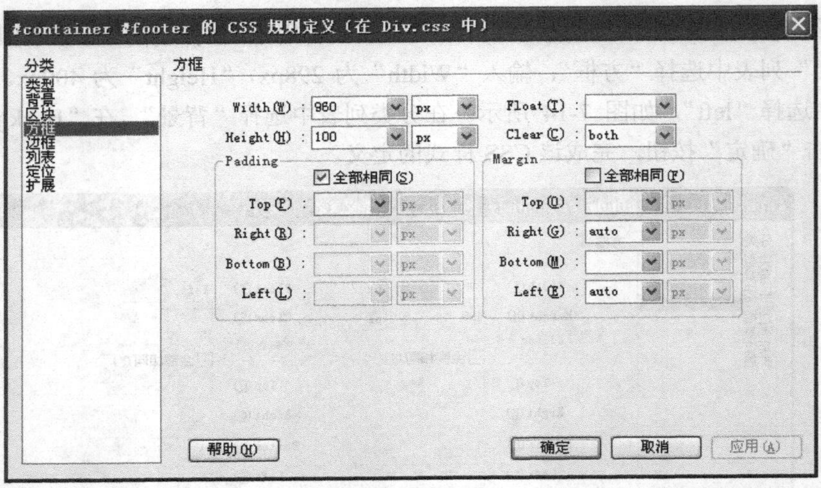

图 7-16　定义底部# footer 样式

CSS 定义完成后，打开 div.css 文件，CSS 信息代码如下：

```
/*页面层容器*/
#container {width:100%}
/*页面头部*/
#Header {width:960px;margin:0 auto;height:100px;background:#FC9}
/*页面主体*/
#PageBody{width:960px;margin:0 auto;height:400px;background:#9FC}
/*页面底部*/
#Footer {width:960px;margin:0 auto;height:100px;background:#0FF}
```

在编辑窗口可看到页面的布局如图 7-17 所示。

4. 页面内容制作

在前面 CSS 样式定义中，为了能看出布局的效果，Div 层设置了高度，而在实际插入内容时，要自动调节高度，所以，我们把前面所定义的各层的高度值，以及背景色都去掉。

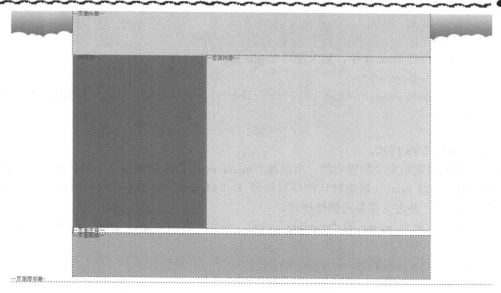

图 7-17　页面布局显示效果

（1）页面头部制作

🐬　**步骤**

页面头部由导航栏和 Banner 图片组成。将它们分别放在 id 为"menu"和 id 为"banner"的两个 Div 中。

① 将光标定位在 menu 中，删除原有提示文件，在插入栏中选择"文本"分类，单击其中的项目列表按钮 ，插入项目列表，单击其中的列表项按钮，插入列表项，输入菜单项"首页"、"博客"、"设计"、"相册"、"论坛"、"关于"，每项输入后按 Enter 键换行。选中列表文字，创建其超链接为"#"，插入菜单项后如图 7-18 所示。

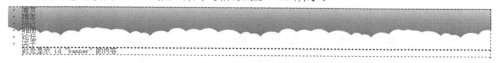

图 7-18　输入菜单项

为了增加间隔线，在列表项间插入代码<li class="menuDiv"></li>，菜单项的代码为：

```
<Div id="menu">
    <ul>
    <li><a href="#">首页</a></li>
    <li class="menuDiv"></li>
    <li><a href="#">博客</a></li>
    <li class="menuDiv"></li>
    <li><a href="#">设计</a></li>
    <li class="menuDiv"></li>
    <li><a href="#">相册</a></li>
    <li class="menuDiv"></li>
    <li><a href="#">论坛</a></li>
    <li class="menuDiv"></li>
    <li><a href="#">关于</a></li>
```

```
        </ul>
    </Div>
```

② 将光标定位在 Banner 中，插入图片 img05.jpg，代码为

```
<Div id="banner">
<Div id="banner"><img src="img/img05.jpg" width="960" height="147" />
</Div>
</Div>
```

③ 设定菜单 CSS 样式。

这里要将列表菜单定义为横向的，所以在"menu ul 的 CSS 规则定义"对话框中，定义列表分类"list-style"为 none（取消默认的项目符号.），"Margin"为 0px（取消缩进），"Float"为 right（菜单置右），并定义菜单超链接样式。

菜单开始的位置由 menu 的"padding"决定，分别设置为 50px，20px，0，0，菜单定义代码为

```
#menu {padding:50px 20px 0 0}
/*利用 padding:50px 20px 0 0 来固定菜单位置*/
#menu ul {float:right;list-style:none;margin:0px;}
/*添加了 float:right 使得菜单位于页面右侧*/
#menu ul li {float:left;margin:0 10px}
/*让列表内容之间产生一个 20 像素的距离(左：10px，右：10px)*/
.menuDiv {width:1px;height:28px;background:#999}
/*加入竖线*/
#menu ul li a:link{}/*设置超链接样式*/
#menu ul li a:visited {font-weight:bold;color:#666}
#menu ul li a:hover{}
```

完成后的页面头部如图 7-19 所示。

图 7-19　页面头部

（2）页面主体制作

🐬 **步骤**

① 在侧栏 Slidebar 内嵌入两个 ID 为 sbar1、sbar2 的 Div 元素，分别用于放置会员登录和链接导航。

② 在 sbar1 中插入 ID 为 login 的表单，再在红色表单区域内插入用于输入用户名（ID 为 login_name，标签为"用户名："）和密码（设置 ID 为 login_pass，标签为"密码："）的"文本字段"，最后插入图像域按钮（选择图像 007.jpg 和 009.jpg 分别为"用户登录"和"忘记密码"按钮）。插入表单元素后，页面如图 7-20 所示。

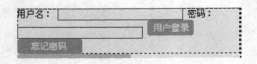

图 7-20　登录栏

③ 定义#Sbar1 样式

```
#sbar1 {
    height: 120px;
    width: 220px;
}
#login {
    background-image: url(../images/login_bg.gif);
    background-repeat: no-repeat;
    height: 92px;
    width: 156px;
    margin-bottom: 12px;
    padding: 12px;
}
#form1 {
    width:152px;
    height:66px;
    line-height: 22px;
}
#login_name,#login_pass {
    border: 1px solid #999;
    height: 16px;
    width: 90px;
}
#button {
    float: left;
    margin-right: 2px;
    margin-top: 4px;
}
```

④ 在 sbar2 中插入图片，制作超链接。在 Div.css 中定义#sbat1，#sbar2 的样式。代码如下：

```
#sbar1,#sbar2 {
    width: 220px;
    margin-left:0px;
    line-height: 24px;
    margin-top: 20px;
}
```

⑤ 主体内容 Mainbody 区由 class01，class02 和 class03 三个 Div 上下排列而成，在三个块中分别输入文字，将标题文字的格式设置为"标题 2"，效果如图 7-21 所示。

⑥ 定义文中标题的样式，代码如下：

```
h2 {
    font-size: 18px;
    font-weight: bold;
    color: #63C;
```

```
      text-decoration: none;
}
```

图 7-21　在 Div 中插入文字及图片

⑦ 定义三个 Div 的 CSS 样式，代码如下：

```
#class01,#class02,#class03{
    width: 666px;
    margin-top: 20px;
    float: left;
    padding-top: 0px;
    line-height: 20px;
    padding-left: 32px;
}
```

（3）页面底部制作

将光标定位在 footer 区中，输入相关版权信息，定义 footer 的背景及文本样式，代码如下：

```
#container #footer {
    clear: both;
    height: 62px;
    width: 960px;
    margin-right: auto;
    margin-left: auto;
    background-repeat: no-repeat;
    text-align: center;
    background-image: url(img/img02.jpg);
}
.bq {
    font-size: 10px;
    color: #FFF;
    margin-top: 20px;
```

```
        margin-left: 20px;
    }
```

制作完成，单击工具栏上的"实时视图"查看制作效果。最后完成效果如图 7-22 所示。

图 7-22　Div+CSS 布局页面完成效果

7.2　Div 标签的使用

Div 元素是用来为 HTML 文档内大块（block-level）的内容提供结构和背景的元素。Div 的起始标签和结束标签之间的所有内容都是用来构成这个块的，其中所包含元素的特性由 Div 标签的属性来控制，或者是通过使用样式表格式化这个块来进行控制。

Div 可以理解为层或是一个"块"，从语法上只有以<Div>开始，以</Div>结束这样一个简单的定义，通过 Div 的使用，可以将网页中的各个元素划分到各个 Div 中，成为网页中的结构主体，而样式表现则由 CSS 来完成。

7.2.1　插入 Div 标签

在 Dreamweaver 中可以方便地插入 Div 标签，具体步骤如下：

🐬　**步骤**

① 在"文档"窗口中，将插入点放置在要显示 Div 标签的位置。

② 选择"插入"|"布局对象"|"Div 标签"命令；或在"插入"工具栏的"布局"类别中，单击"插入 Div 标签"按钮 。

③ 弹出的"插入 Div 标签"对话
框中，如图 7-23 所示。设置以下选项。

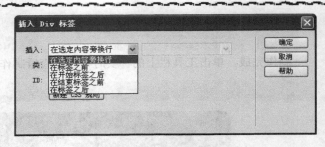

插入——选择新插入的 Div 标签的位
置，有如下选项。

　　◇　在插入点
　　◇　在选定内容旁换行
　　◇　在标签之前
　　◇　在开始标签之后
　　◇　在结束标签之前
　　◇　在标签之后

图 7-23　"插入 Div 标签"对话框

类——显示了当前应用于标签的类样式。如果附加了样式表，则该样式表中定义的类将出现在列表中。

ID——用于标识 Div 标签的名称。它是控制某一内容块的手段，通过给这个内容块套上 Div 并加上
唯一的 ID，就可以用 CSS 选择器来精确定义每一个页面元素的外观表现，包括标题、列表、图片、链接或
者段落等。

新建 CSS 样式——打开"CSS 样式"面板。

④ 单击"确定"按钮后，页面上 Div 标签以一个框的形式出现文档中，并带有占位符文
本。当鼠标指针移到该框的边缘上时，Dreamweaver 会高亮显示该框，如图 7-24 所示。

图 7-24　插入的 Div 标签

7.2.2　编辑 Div 标签

插入 Div 标签之后，可以对它进行操作或向它添加内容。

 提示

已绝对定位的 Div 标签将变成 AP 元素。

在选择 Div 标签时，可以在"CSS 样式"面板中查看和编辑它的规则，也可以向 Div 标
签中添加内容，方法是：将插入点放在 Div 标签中，然后就像在页面中添加内容那样添加。

在 Div 标签中放置插入点以添加内容——在该标签边框内的任意位置单击。

更改 Div 标签中的占位符文本——选择该文本，然后在它上面输入内容或按 Delete 键。

7.2.3　CSS 布局块

在"设计"视图中工作时，可以使 CSS 布局块可视化。Dreamweaver 提供了多个可视化助
理，可查看 CSS 布局块。选择"查看"|"可视化助理"菜单命令，在下级菜单中可点选 CSS 布
局背景、CSS 布局外框或 CSS 布局框模型，如图 7-25 所示。

在设计时可以为 CSS 布局块启用外框、背景和框模型，使制作更加清楚明了。

CSS 布局外框——显示页面上所有 CSS 布局块的外框。

CSS 布局背景——显示各个 CSS 布局块的临时指定背景颜色，并隐藏通常出现在页面上的其他所有背

景颜色或图像，如图 7-26 所示。

CSS 布局框模型——显示所选 CSS 布局块的框模型（填充和边距）。

图 7-25　可视化助理菜单　　　　　　　　图 7-26　可视化 CSS 布局块

7.2.4　使用 AP Div 元素

AP 元素（绝对定位元素）是分配有绝对位置的 HTML 页面元素，具体而言，就是 Div 标签或其他任何标签。AP 元素可以包含文本、图像或其他任何可放置到 HTML 文档正文中的内容。

在 Dreamweaver 中可以使用 AP 元素来设计页面的布局，可以将 AP 元素放置到其他 AP 元素的前后，隐藏某些 AP 元素而显示其他 AP 元素，以及在屏幕上移动 AP 元素。可以在一个 AP 元素中放置背景图像，然后在该 AP 元素的前面放置另一个包含带有透明背景的文本的 AP 元素。

AP 元素通常是绝对定位的 Div 标签（它们是 Dreamweaver 默认插入的 AP 元素类型。）但是请记住，可以将任何 HTML 元素（例如，一个图像）作为 AP 元素进行分类，方法是为其分配一个绝对位置。所有 AP 元素（不仅仅是绝对定位的 Div 标签）都将在"AP 元素"面板中显示。

1．插入 AP Div

创建 AP Div 有多种方法，如插入法、拖放法、绘制法等。一旦 AP Div 被创建，就可以使用"AP 元素"面板、"AP Div"属性面板来对它进行编辑。

（1）插入法

先将光标置于要插入 AP Div 的位置，然后选择主菜单栏中"插入"|"布局对象"|"AP Div"命令，这时在编辑窗口光标位置处会出现一个 AP Div，如图 7-27 所示。

图 7-27　插入 AP 元素

（2）拖放法

用鼠标拖动"插入"栏"布局"类别中的"绘制 AP Div"按钮，并在需要插入 AP Div 的位置释放。

（3）绘制法

单击"插入"栏"布局"类中的"绘制 AP Div"按钮，此时光标变为+形状，在网页编辑区中选择插入 AP Div 的位置，拖动鼠标便可绘制一个 AP Div。（按下 Shift 键，在文档窗口中可以连续绘制多个 AP Div）。

（4）创建嵌套的 AP Div

在创建好的 AP Div 中还可以继续创建 AP Div，以实现 AP Div 的嵌套。嵌套 AP Div 可称为子 AP Div，包含嵌套 AP Div 的那个 AP Div 称为父 AP Div，嵌套 AP Div 的属性与上一级 AP Div 的属性有一定的继承关系。

创建嵌套 AP Div 要首先在文档中插入一个 AP Div，将光标插入到已建好的 AP Div 中，然后用前面所说的插入法或拖入法继续插入新一个 AP Div，即可在已建的 AP Div 中插入一个嵌套 AP Div。

2．激活和选中 AP Div

一个 AP Div 在被激活后，才能将文本、图像、表格、表单、多媒体等网页元素插入到 AP Div 中。单击 AP Div 中任意位置，就可激活 AP Div，此时光标在 AP Div 中闪烁，AP Div 的左上角出现选择柄，边框线由灰色变为蓝色。选中 AP Div 后，才能对 AP Div 设置属性和进行调整、移动等操作，图 7-28、图 7-29、图 7-30 分别标示出了 AP Div 的 3 种不同状态。

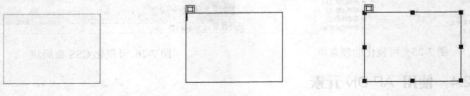

图 7-28　未被选中激活的 AP Div　　图 7-29　被激活的 AP Div　　图 7-30　被选中的 AP Div

选择 AP Div 的方法有多种，具体如下。

✧　单击 AP Div 左上角的选择柄，可选中该 AP Div。

✧　将光标置于 AP Div 中，然后在编辑窗口左下角标签选择器中选择<Div>标签。

✧　单击 AP Div 的边框，也可选中 AP Div。

✧　在"AP 元素"面板中，单击该 AP Div 的名称，就可选中该 AP Div。

✧　按住 Shift 键，可以在文档窗口或"AP 元素"面板中同时选中多个 AP Div。

3．设置 AP Div 的属性

创建了 AP Div 以后，可利用 AP Div"属性"面板设置 AP Div 的名称、位置、大小、背景颜色或背景图像、AP Div 的可见性、堆栈顺序、AP Div 标记、AP Div 内容溢出时的处理方法、AP Div 中可见区域的位置和尺寸等。

选中 AP Div 的选择柄就可打开 AP Div"属性"面板，如图 7-31 所示。

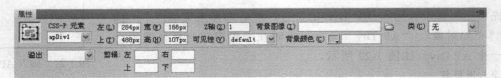

图 7-31　AP Div"属性"面板

在 AP Div"属性"面板中可以进行如下设置。

CSS-P 元素——为选择的 AP Div 指定一个唯一的名称，以便识别该 AP Div。AP Div 名称中不能带有符号和汉字，也不能以数字开头，只能是英文字母和数字。

左、上——设置当前 AP Div 左上角相对于页面或父 AP Div 的左上角的位置。

宽、高——指定 AP Div 的宽度和高度。

Z 轴——设置当前 AP Div 的层叠顺序。

 提示

可以把整个网页的页面看成 X-Y 平面，把网页上 AP Div 的 Z 轴值看成 Z 轴的坐标值。这个值决定了当前 AP Div 放置在哪个 AP Div 面上。通常，Z 轴值大的 AP Div 放在上面，Z 轴值小的 AP Div 放在下面。

可见性——设置 AP Div 的可见性。下拉列表框中的 4 个选项分别为 Default（默认状态），Inherit（继承父 AP Div 的可见性），Visible（设置 AP Div 为可见），Hidden（设置 AP Div 为隐藏）。

背景图像、背景颜色——设置 AP Div 的背景图片和背景颜色。

溢出——确定当 AP Div 的内容超出 AP Div 范围时处理的方式。"溢出"部分处理的 4 个选项分别为 Visible（增加 AP Div 尺寸，显示超出部分的内容），Hidden（保持 AP Div 尺寸不变，隐藏超出部分的内容），Scroll（增加滚动条），Auto（当内容超出 AP Div 尺寸时自动增加滚动条）。

剪辑——设置 AP Div 的可视区域，在其后的"左"、"上"、"右"、"下"文本框中，输入的数值表示 AP Div 可视区域的大小即与 AP Div 左、上边界之间的距离。

4. AP Div 的编辑

（1）调整 AP Div 的大小

创建 AP Div 后，可通过如下方法调整 AP Div 的大小。

◇ 选中需要调整的 AP Div，此时在 AP Div 的边框四周出现 8 个黑色活动块，用鼠标拖曳某个活动块，即可调整 AP Div 的大小。

◇ 选中需要调整的 AP Div，在 AP Div 的"属性"面板的"宽"和"高"文本框中，输入 AP Div 的宽度和高度尺寸，以精确调整该 AP Div 的尺寸。

（2）移动 AP Div

移动 AP Div 的两种方法如下。

◇ 用鼠标移动 AP Div 时，可将光标移到 AP Div 左上角的选择柄上，或将光标移到 AP Div 的边框线上，当光标指针变成 4 个十字状符号时，拖动鼠标即可移动该 AP Div。

◇ 选中要移动的 AP Div，在 AP Div 的"属性"面板的"左"和"上"文本框中，输入 AP Div 左上角相对于页面左上角的坐标，便可精确设置这个 AP Div 在网页中的目标位置。

（3）对齐 AP Div

对齐 AP Div 的方法是，先选中多个要对齐的 AP Div，选择"修改"|"排列顺序"菜单中的"左对齐"、"右对齐"、"上对齐"、"对齐下缘"命令，以最后选中的 AP Div 为基准，可对齐选中的所有 AP Div。选择"修改"|"排列顺序"菜单中的"设成宽度相同"和"设成高度相同"命令，可使选中的 AP Div 具有相同的宽度和高度。

（4）删除 AP Div

当选中一个 AP Div 后，按 Delete 键或单击"剪切"按钮，可删除该 AP Div，也可在 AP Div 面板中删除该 AP Div。

5. AP Div 面板的使用

Dreamweaver 中的"AP 元素"面板是一种能方便、轻松、直观地对 AP Div 进行控制和操作的工具。选择"窗口"|"AP 元素"命令，或按 F2 键，可打开"AP 元素"面板，如图 7-32 所示。

"AP 元素"面板分为 3 栏，最左侧一栏的眼睛标记  是显示、隐藏 AP 元素的标志，中间一栏列出的是 AP 元素的名字，最右侧一栏是 AP 元素的 Z 轴排列情况，通过"AP 元素"面板可完成以下操作。

① 选定某个 AP Div

只需在"AP 元素"面板列表中单击 AP Div，即可选定这个 AP Div。

② 更改 AP Div 名

双击 AP Div 名称，AP Div 名称处出现光标，便可删除原来的 AP Div 名称，输入新的 AP Div 名称。

图 7-32 "AP 元素"面板

③ 显示、隐藏 AP Div

单击"AP 元素"面板左边的显示与隐藏列，可显示或隐藏该 AP Div。如果在该列中显示一个睁眼的图标 👁，表示显示该 AP Div；如果在该列中显示一个闭眼的图标 👁，表示隐藏该 AP Div；如果在该列中不显示任何图标，表示该 AP Div 继承其父 AP Div 的可见性。

④ 改变 AP Div 的叠放次序

单击该 AP Div 控制窗口的 Z 列，便可修改该 AP Div 的 AP 次属性值，或用鼠标拖曳 AP Div，也可以调整该 AP Div 的叠放次序。

⑤ 创建和取消嵌套 AP Div

按住 Ctrl 键，然后在"AP 元素"面板中拖曳子 AP Div 到父 AP Div 上，当父 AP Div 上出现黑框时松开鼠标，便可创建一个嵌套 AP Div，如图 7-33 所示。子 AP Div 可随父 AP Div 移动而移动，可继承父 AP Div 的可见性，也可另外设置可见性。只需在"AP 元素"面板中用鼠标将子 AP Div 拖离父 AP Div，便可取消嵌套 AP Div。

在"AP 元素"面板中，ApDiv1 是 ApDiv2 的嵌套 AP Div。嵌套 AP Div 在页面上显示时并不一定位于其父 AP Div 之中，如图 7-34 所示。移动父 AP Div 时，嵌套 AP Div 会一齐移动。如果从页面上看到某一 AP Div 位于另一 AP Div 之中，它们的 HTML 代码互不包含，就不是嵌套 AP Div。

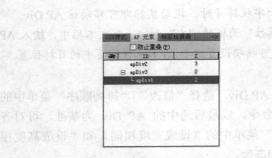

图 7-33　创建或取消嵌套 AP Div

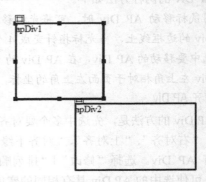

图 7-34　嵌套子 AP Div 在页面中

⑥ 禁止 AP Div 重叠

选中"AP 元素"面板中的"防止重叠"复选框，表示对 AP Div 操作时禁止各 AP Div 重叠。创建嵌套 AP Div 时，必须取消该复选框。

6．AP Div 与表格互换

AP Div 和表格是网页设计中经常用到的两种技术，二者各有优缺点。利用表格对网页进行布局过于呆板；用 AP Div 设计的页面方便、灵活、定位精确，是网页设计的首选工具，但使用低版本浏览器浏览页面时可能会有麻烦。设计时可先用 AP Div 来设计版面，然后再转换成表格。AP Div 和表格结合起来使用可扬长避短。

（1）表格转换为 AP Div

当页面布局不令人满意时，就需要对其进行调整。如果是表格布局，调整起来比较麻烦。此时，用户可以先把表格布局转换为 AP Div 布局，通过移动 AP Div 来调整布局，既方便又快捷。

🐬 **步骤**

① 选中要转换为 AP Div 的表格。

② 选择"修改"|"转换"|"表格到 AP Div"命令，系统将打开"转换表格为 AP Div"对

话框，如图 7-35 所示。

③ 在"转换表格为 AP Div"对话框中可进行如下设置。

防止 AP Div 重叠——可禁止 AP Div 重叠。

显示 AP Div 面板——可显示 AP Div 面板。

显示网格——在表格转换为 AP Div 后的网页编辑区中显示网格线。

靠齐到网格——转换后的 AP Div 靠齐到网格线上。

④ 选中合适的布局工具复选框后，单击"确定"按钮，表格就可按要求转换为 AP Div。如图 7-36 所示就是将前面的我的足球网主页转成了 AP Div 布局的页面。

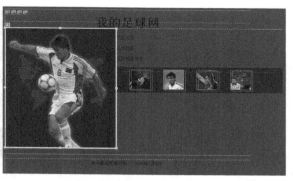

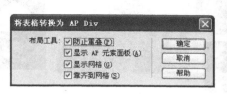

图 7-35 "转换表格为 AP Div"对话框　　　图 7-36 转换为 AP Div 后的页面

（2）AP Div 转换为表格

用户可以通过设置"AP Div 与表格"转换关系实现 AP Div 的定位。将 AP Div 布局的页面转换为表格布局的页面，使不支持 AP Div 的浏览器能浏览页面。在 AP Div 转换为表格之前，必须防止 AP Div 重叠。

先用 AP Div 来设计一个页面，然后使用 Dreamweaver 提供的"把 AP Div 转换为表格"功能，可以轻易地把 AP Div 转换为表格。例如，用 AP Div 设计一个页面布局，如图 7-37 所示，要把页面中的 AP Div 转换为表格，具体操作步骤如下。

图 7-37 用 AP Div 布局的页面

 步骤

① 打开要将 AP Div 转换为表格的页面。

② 选择"修改"|"转换"|"将 AP Div 转换为表格"命令，系统将打开"将 AP Div 转换为表格"对话框，如图 7-38 所示。

③ 在"表格布局"区域中，可以根据需要设置如下选项。

最精确——可为每一个 AP Div 建立一个表格单元格。AP Div 与 AP Div 之间若有间距，则插入表格单元格来补充间距产生的空间。

最小——若 AP Div 之间的距离过近，会将这些 AP Div 转换成相邻的表格单元格，选择本选项生成的表格空行、空列最少。设计者可在下方的文本框中输入允许的 AP Div 之间的最小距离。

使用透明 GIFs——将转换后的表格最后一行填充为透明的 GIF 图像，这样可确保在所有的浏览器中表格显示的结果都保持一致。

置于页面中央——AP Div 转换后生成的表格居中，否则，生成的表格左对齐。

④ 在"布局工具"区域中，可根据需要设置如下选项。

防止 AP Div 重叠——可禁止 AP Div 重叠。

显示 AP Div 面板——可显示 AP 元素面板。

显示网格——在表格转换为 AP Div 后的网页编辑区中显示网格线。

靠齐到网格——转换后的 AP Div 靠齐到网格线上。

⑤ 选择好对话框中的选项后，单击"确定"按钮，AP Div 布局的页面就可转换成表格布局的页面，如图 7-39 所示。

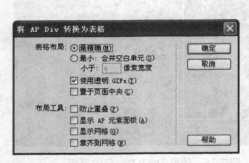

图 7-38　"将 AP Div 转换为表格"对话框

图 7-39　转换为表格布局的页面

7.3　CSS 布局

通过前面内容的学习我们感受到了 CSS 的魅力，不过那些仅仅是 CSS 强大功能的一方面，而另一方面则有 CSS 布局网页。

在前面已学习了表格布局页面的方法，而目前流行的网页布局已经倾向于符合"Web 标准"的网页布局，而"CSS 布局"正是实现"Web 标准"的基础，使用"CSS 布局"，也符合"Web 标准"所提倡的"内容"和"表现"分离的思想。

在 CSS 布局时，需要针对不同的元素使用不同的"块"元素进行包含，通过 CSS 定义这些"块"元素的位置就能快速组合成页面画面。而"块"元素的使用频度最高的就是"Div"标签。通过"块"元素和 CSS，设计人员在设计之初只需要考虑"块"元素中的内容，对于"块"元素的位置布局则通过 CSS 来获得，这也就成真正意义上使得网页的设计"内容"和"表现"的相分离。通过 CSS 来设置 Div 标签样式常常被称之为 CSS+Div。

7.3.1　CSS 盒模型

自从 1996 年 CSS1 的推出，W3C 组织就建议把所有网页上的对象都放在一个盒（box）中，设计师可以通过创建定义来控制这个盒的属性，这些对象包括段落、列表、标题、图片和层。

可以这样理解，CSS 也就是这个盒子，可以将文字内容、图片布局在网页中，像盒子一样把它们装起来。如图 7-40 所示。

一组<Div></Div>、<span></span>等类似这种语法标签组叫 1 个盒子。对其设置了高度（height）、宽度（width）、边框（border）、边距（margin）、填充（padding）等属性后即可呈现出盒子一样的长方形或正方形。所以 CSS 盒子模型因此而得来。

在 CSS 中，内边距、边框和外边距都是可选的，默认值是零。但是，许多元素将由用户代理样式表设置外边距和内边距。可以通过将元素的 margin 和 padding 设置为零来覆盖这些浏览器样式。width 和 height 指的是内容区域的宽度和高度。增加内边距、边框和外边距不会影响内容区域的尺寸，但是会增加元素框的总尺寸。

内边距、边框和外边距可以应用于一个元素的所有边，也可以应用于单独的边。外边距可以是负值，而且在很多情况下都要使用负值的外边距。

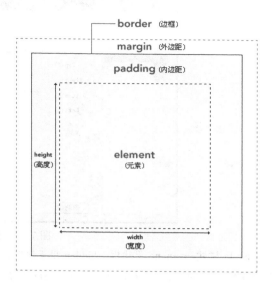

图 7-40　盒模型属性示意图

（1）内边距

元素的内边距在边框和内容区之间。控制该区域最简单的属性是 padding 属性。padding 属性接受长度值或百分比值，但不允许使用负值。通过 Top、Right、Bottom、Left 四个属性值设置上、右、下、左的内边距。在"CSS 规则定义"对话框的"方框"分类中，可以对 Padding 属性值进行设置，如图 7-41 所示。

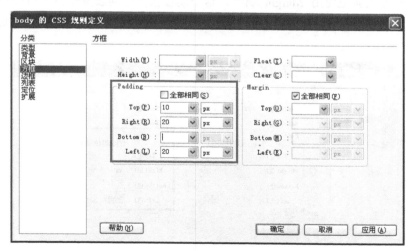

图 7-41　设置内边距 Padding 属性

（2）边框

元素的边框（Border）是围绕元素内容和内边距的一条或多条线。CSS 边框属性允许规定元素边框的样式、宽度和颜色。在"CSS 规则定义"对话框的"边框"分类中，可以对边框的样式 Style、边框的宽度 Width、边框的颜色 Color 属性进行设置，如图 7-42 所示。

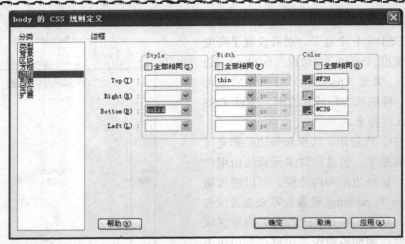

图 7-42 设置边框属性

Style 样式——none 无边框、hidden 用于解决边框冲突、dotted 定义点状边框、dashed 定义虚线、solid 定义实线、double 定义双线、groove 定义 3D 凹槽边框、ridge 定义 3D 垄状边框、inset 定义 3D inset 边框、outset 定义 3D outset 边框、inherit 规定应该从父元素继承边框样式。

Width 宽度——为边框指定宽度。有两种方法：可以指定长度值，如 2px 或 0.1em；或者使用 3 个关键字之一，它们分别是 thin、medium（默认值）和 thick。

Color 颜色——可以使用任何类型的颜色值，例如可以是命名颜色，也可以是十六进制和 RGB 值，如 blue、rgb(25%,35%,45%)、#909090、red。

（3）外边距

围绕在元素边框的空白区域是外边距。设置外边距会在元素外创建额外的"空白"。设置外边距的最简单的方法就是使用 Margin 属性，这个属性接受任何长度单位、百分数值，甚至负值。在"CSS 规则定义"对话框的"方框"分类中，可以对外边距的 Margin 属性进行设置，如图 7-43 所示。

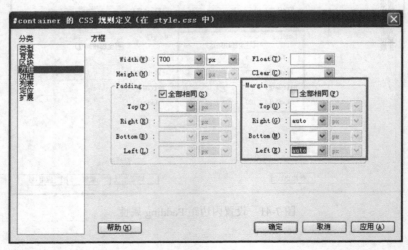

图 7-43　设置外边距的 Margin 属性

Margin 属性接受任何长度单位，可以是像素、英寸、毫米或 em。margin 可以设置为 auto。通常通过设置 Left、Right 为 auto，来实现水平居中的效果。

7.3.2 CSS 定位

1. CSS 浮动

浮动的框可以向左或向右移动，直到它的外边缘碰到包含框或另一个浮动框的边框为止。由于浮动框不在文档的普通流中，所以文档的普通流中的块框表现得就像浮动框不存在一样。

下面以三个框为例，来说明设置浮动所实现的各种定位。

① 当三个框都不浮动时，则三个框均为普通流的框，按 HTML 位置进行排列，如图 7-44 所示。

② 当把框 1 向右浮动时，它脱离文档流并且向右移动，直到它的右边缘碰到包含框的右边缘，如图 7-45 所示。

③ 当框 1 向左浮动时，它脱离文档流并且向左移动，直到它的左边缘碰到包含框的左边缘。因为它不再处于文档流中，所以它不占据空间，实际上覆盖了框 2，使框 2 从视图中消失，如图 7-46 所示。

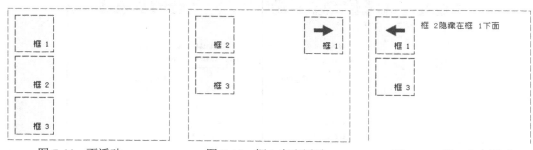

图 7-44　不浮动　　　　　　图 7-45　框 1 向右浮动　　　　　图 7-46　框 1 向左浮动

④ 如果把所有三个框都向左移动，那么框 1 向左浮动直到碰到包含框，另外两个框向左浮动直到碰到前一个浮动框，如图 7-47 所示。

⑤ 如果包含框太窄，无法容纳水平排列的三个浮动元素，那么其他浮动块向下移动，直到有足够的空间，如图 7-48 所示。

⑥ 如果浮动元素的高度不同，那么当它们向下移动时可能被其他浮动元素"卡住"，如图 7-49 所示。

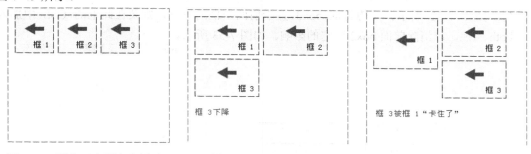

图 7-47　所有三个框向左浮动　　　图 7-48　框 1 向左浮动　　　图 7-49　所有三个框向左浮动

在 CSS 中，通过设置 Float 属性为 left 或 right 实现元素的左或右浮动，如图 7-50 所示。

2. 清理浮动

为了清除前面的浮动框对后面框的影响，可以使用清理 Clear 属性。Clear 属性的值可以是 left、right、both 或 none，它指定框的哪些边不应该挨着浮动框。如图 7-51 所示。

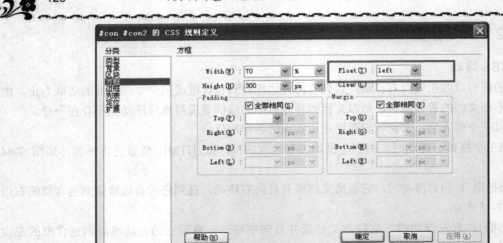

图 7-50　设置 Float 属性设置浮动

图 7-51　设置 Clear 属性清理浮动

例如，当以下三个框的浮动 Float 属性均设置为 left，当屏幕宽度允许时，三个框从左到右顺序排列，如图 7-52 所示。要想将框 box3 置于前两个框的下方，则要在此框的 CSS 中加入 Clear：both 属性，以消除前面 box2 对它的影响。如图 7-53 所示。

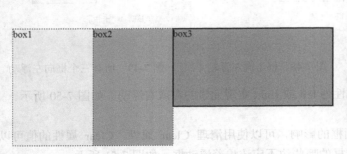

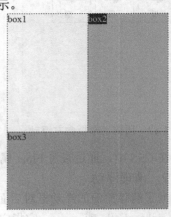

图 7-52　三个框 left 浮动时的布局　　　　　　图 7-53　清理浮动后的布局

清理浮动有很多种方式，如使用 br 标签自带的 clear 属性，使用元素的 overflow，使用空标签来设置 clear:both 等。最简单的是在容器的末尾增加一个 "clear:both" 的元素，强迫容器适应它的高度以便装下所有的浮动，但并没限制使用什么样的标签，因此会出现有用<br style="clear:both"/>的，有用空<Div style="clear:both"></Div>的，例如：

```
<Div>
    <Div style ="float:left; width:40%;">
    <p> Some content </p>
    </Div>
    <p> Text outside the float </p>
    <Div style ="clear:both;" ></Div>
</Div>
```

7.3.3 CSS 布局

1．一列居中显示

在 CSS 布局中首先要接触的就是如何进行一列布局，以实现一列自适应宽度居中。

步骤

① 鼠标光标定位在文档中，选择"插入"|"布局对象"|"Div 标签"命令；或在"插入"工具栏的"布局"类别中，单击"插入 Div 标签"按钮 。

② 在弹出的"插入 Div 标签"对话框中，如图 7-54 所示。在"插入"下拉列表框中选择"在插入点"，输入 Div 的"ID"为"count"。

③ 单击"确定"按钮后，页面上 Div 标签以一个框的形式出现文档中，并带有占位符文本。如图 7-55 所示。

④ 选中 Div 标签后，打开"CSS 样式"面板，单击"新建 CSS 规则"按钮。在弹出的"新建 CSS 规则"对话框中，选择"选择器类型"为"ID（仅应用于一个 HTML 元素）"，在"选择器名称"文本框中已自动选择了该 Div 的 ID"#count"，选择"规则定义"为"仅对该文档"选项，如图 7-56 所示。

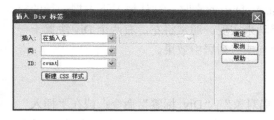

图 7-54　插入 Div 标签对话框

图 7-55　插入的 Div 标签

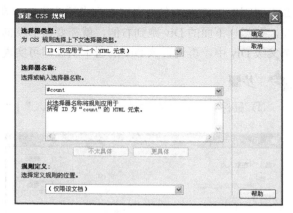

图 7-56　新建 CSS 规则

⑤ 单击"确定"按钮，在弹出的"CSS 规则定义"对话框中进行如下设置。

◇ 设置背景：在分类列表中选择"背景"，在"背景颜色"选项中输入"#EFEFEF"
浅白色。

◇ 设置宽度：在分类列表中选择"方框"，输入"宽"为400px，"高"为300px。

◇ 设置居中：居中用到CSS的外边距属性Margin。当设置一个盒模型的Margin:auto
可实现居中。取消选中"边界"的"全部相同"复选框，分别选择"Left"和
"Right"的边界为"auto"。

◇ 自适应宽度：自适应宽度是相对于浏览器而言，盒模型的宽度随着浏览器宽度的
改变而改变。这时要用到宽度的百分比。当一个盒模型不设置宽度时，它默认是
相对于浏览器显示的。如图7-57所示。

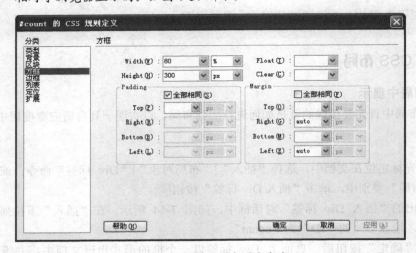

图7-57　设置一列自适应宽度

单击"确定"按钮完成该CSS样式的定义。按F12键预览可看到所创建的区块位于页面的
中心，实现了居中效果。

2．两列居中布局

很显然，在网页设计时内容的布局不可能只有一列，那么对于两列，甚至多列的显示又该怎
么设置呢？以常见的左列固定右列自适应为例。在插入Div元素时，默认情况下占据一行的空
间，要想让下面的Div跑到右侧，就需要做Div的浮动来实现。通常将左、右两个Div块置于一
个父级Div中，再设置该Div的居中属性即可实现两列或三列居中效果。

步骤

① 鼠标光标定位在文档中，选择"插入"|"布局对象"|"Div标签"命令；或在"插入"
工具栏的"布局"类别中，单击"插入Div标签"按钮 田。

② 在弹出"插入Div标签"对话框中，在"插入"下拉列表框中选择"在插入点"选项，同时输入"ID"为"con"。单击"确定"按钮后，将此Div标签插入到网页中，如图7-58所示。

图7-58　插入父级Div标签

③ 再次单击插入栏的常用分类中的

"插入 Div 标签"按钮，在 ID 为 con 的 Div 中插入"con1"、"con2"两个 Div 标签。

④ 选中 Div 标签"con1"后，打开"CSS 样式"面板，单击"新建 CSS 规则"按钮。选择"选择器类型"为"复合内容（ID、伪类选择器等）"，在"选择器"文本框中已自动选择了该 Div 的 ID "#con1"，选择"定义在"为"仅对该文档"。单击"确定"按钮。

⑤ 在弹出的"CSS 规则定义"对话框的"分类"列表中选择"方框"，输入"Width"为 300px，"Height"为 200px。在"Float"下拉列表框中选择"left"，#con1 的 CSS 样式定义如图 7-59 所示。

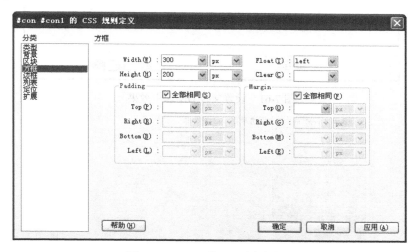

图 7-59　#con1 的 CSS 样式定义

⑥ 选中 Div 标签"con2"后，打开"CSS 样式"面板，单击"新建 CSS 规则"按钮。在弹出的"CSS 规则定义"对话框中的"分类"列表中选择"方框"，"Height"为 300px。在"Float"下拉列表框中选择"left"。如图 7-60 所示。

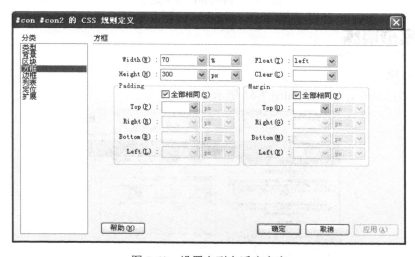

图 7-60　设置右列自适应宽度

⑦ 选中父级 Div 标签"con"后，定义其 CSS 样式如图 7-61 所示，以实现居中。

⑧ 保存文档后可在实时视图中查看两列并排显示效果，如图 7-62 所示。

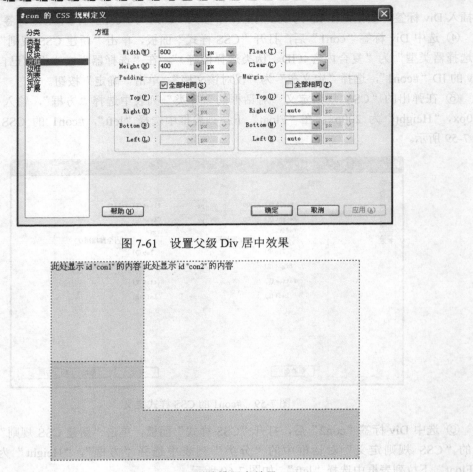

图 7-61　设置父级 Div 居中效果

此处显示 id"con1"的内容 此处显示 id"con2"的内容

图 7-62　两列并排居中效果

7.4　实战演练

1. 实战效果

制作网页"冷酷青春"，效果如图 7-63 所示。

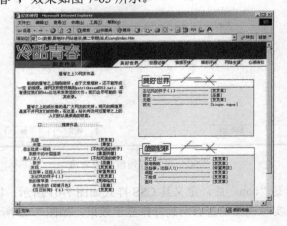

图 7-63　实战演练显示效果

2．制作要求

① 整个页面大框架采用表格进行布局（在提供的素材库中已完成，读者可直接采用）。

② 主要内容区分为左、右两部分，其中左边部分仍用表格进行布局，右边部分用 AP Div 及 AP Div 嵌套来实现，包含 AP Div 背景的设置以及嵌套 AP Div 属性的设置。

③ 使用 CSS 样式格式化文本。

3．制作提示

（1）创建站点，新建页面，设置页面属性：左为 0，顶为 0。标题：AP Div 的应用。

（2）打开"ch7\sz.htm"文件，这是已做好的主框架网页，如图 7-64 所示。

图 7-64　sz1.htm 页面

（3）制作框架表格右侧部分，这里用 AP 元素来布局。

步骤

① 单击"插入"|"布局"|"绘制 AP Div"按钮，在网页适当位置创建 AP Div，在其"属性"面板中设置该 AP Div 的坐标，"左"为 385px，"上"为 110px，"宽"为 350px，"高"为 200px，AP 元素的名称为 AP Div1。

② 选中这个 AP Div，设置其背景图片为一张大小为 350×200px，内容为"美好世界"的图片。如图 7-65 所示。

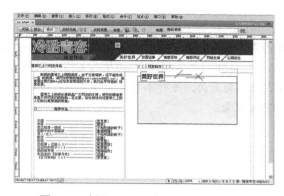

图 7-65　插入 AP Div 并设置其背景图片

③ 在 AP Div1 上创建嵌套 AP Div2，设置该 AP Div 的坐标"左"为 17px，"上"为 73px，"宽"为 315px，"高"为 153px，接下来在 AP Div2 中制作"美好世界"的几个文章标题及链接，如图 7-66 所示。

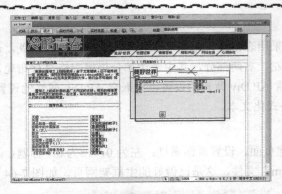

图 7-66　插入嵌套 AP Div

④ 用同样的方法再定义一个 AP Div1 的嵌套 AP Div——AP Div3，坐标设置"左"为 0px，"上"为 233px，"宽"为 350px，"高"为 200px，同样为这个 AP Div 设置一张大小为 350×200px 的图片作为背景，该背景的内容是"校园记事"。接下来再定义一个 AP Div3 的嵌套 AP Div——AP Div4，在 AP Div4 中制作"校园记事"的内容，制作完成后的效果如图 7-67 所示。

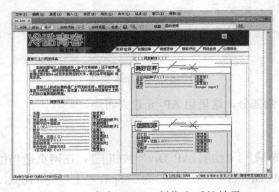

图 7-67　嵌套 AP Div 制作完后的效果

⑤ 分别在 800×600、1024×768 分辨率下按 F12 键预览，观察其显示的位置偏差。

本章小结

　　本章介绍了 Div+CSS 布局的方法，在布局中 CSS 样式各属性的含义做了较为详细的说明，使读者对当前流行布局方法有所认识，并掌握 Div 的插入方法，理解 CSS 样式表在布局中的作用，学会如何使用 CSS 样式去布局页面。另外本章还介绍了 AP Div 的创建、设置及相关的使用技巧，使读者学会使用 AP Div 元素。

第8章 框架布局

框架为我们提供了一种新的布局方式，那就是将一个浏览器窗口划分为多个区域，每个区域分别显示不同 HTML 文档，一个页面由几个 HTML 文档组合而成。

本章重点：

- ■ 创建框架网页
- ■ 框架网页的选择
- ■ 设置框架和框架集的属性
- ■ 创建链接
- ■ 内嵌框架的应用

8.1 应用框架制作电子书——HTML 教程

8.1.1 案例综述

本例将制作一个 HTML 在线教程的页面，页面分 3 个区域，在顶部放置标题栏，左侧框架放置导航栏（目录），单击链接，在右侧框架中打开链接内容，最终效果如图 8-1 所示。

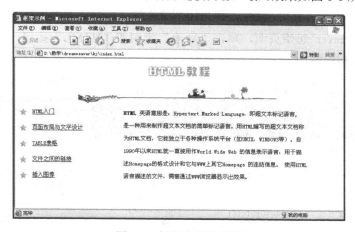

图 8-1　框架实例效果图

8.1.2 案例分析

框架最常见的用法是，将一些不需要更新的元素放在一个框架内作为单独的网页文档，这个文档是不变的，其他需要经常更新的内容放在主框架内。

本案例中将浏览器窗口划分为 3 个区域，如图 8-2 所示。在制作时首先构造框架集，即选择所采用的划分方式，然后再按区域（框架）逐个制作单个网页。因此，制作过程按以下步骤进行。

① 创建框架集。

② 制作各框架页面及链接页面。

③ 创建超链接。

④ 保存框架集。

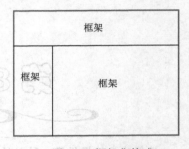

图 8-2　框架集构成

8.1.3　实现步骤

1. 创建框架集

步骤

① 创建本地站点名为 kj，位置为 D:\kj，默认图像文件夹为 img，新建站点对话框的设置如图 8-3 所示。

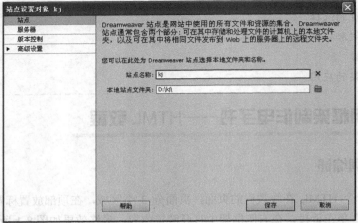

图 8-3　设置站点

② 在 Dreamweaver 起始页面，单击"新建"类别的"HTML"按钮，新建 HTML 页面 Untitled-1，如图 8-4 所示。

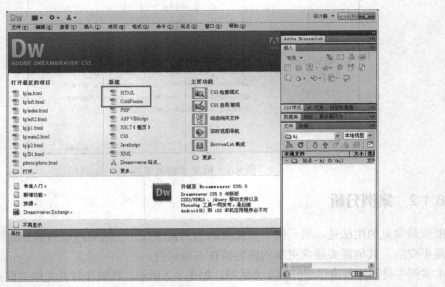

图 8-4　新建 HTML 页面

③ 单击"插入"面板"布局"分类上的"框架"按钮 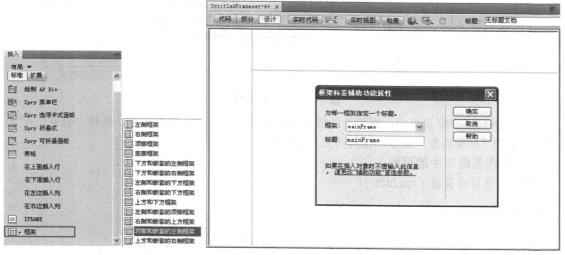，选择"顶部和嵌套的左侧框架"选项，如图 8-5 所示。该框架集图标中的蓝色部分，是当前打开的页面 Untitled-1 的位置。

④ 在弹出的框架"标签辅助功能属性"对话框中，为各个框架命名，此处由于是采用系统提供的框架类型，名称都是默认的，直接单击"确定"按钮即可，如图 8-6 所示。可看到当前编辑窗口被分割成了三块，其中的每一块是一个 HTML 文档，而整体信息则放在框架集文件中。

图 8-5 创建框架集   图 8-6 为框架指定一个标题

⑤ 选择"文件"|"保存全部"命令，逐个保存创建的各文档。首先保存的是框架集文件，它是整个框架网页的入口，用来存放区域划分、各框架属性等综合信息，故将其命名为 index.html，随后依次保存各框架中的网页，每保存一个页面，都会在相应框架上用虚线框标识，如图 8-7 所示。

图 8-7 保存框架集和各框架网页

④ 也可在各个框架内单击，选择"文件"|"保存框架"命令，保存各框架文档，分别为 top.html、left.html、main.html。

⑤ 在"窗口"菜单中单击"框架"命令，打开"框架"面板，在框架示意图上单击框架，可选中该框架，这时在"属性"面板上可看到该框架的相关属性，Dreamweaver CS5 为预定义的框架设置了名称，如 mainFrame、leftFrame、topFrame 等，如图 8-8 所示。

图 8-8　指定框架属性

⑦ 在所创建的框架集中，框架的边框是看不见的，为了便于调整大小，选择"查看"|"可视化助理"|"框架边框"命令，使其可见，如图 8-9 所示。

2．制作各框架中的页面

（1）制作顶部页面（top.html）

步骤

① 在顶部框架内创建标题栏，设置为"HTML 教程"。

② 将光标定位于上面的框架内，插入 1×1 表格，设置对齐方式为居中对齐，在单元格中插入图片，如图 8-10 所示。若页面高度不够可拖动框架边框进行调整。

图 8-9　显示框架边框

图 8-10　居中对齐后的 top.htm 效果

（2）创建左页面（left.html）

步骤

① 将光标定位于左边框架内，单击"属性"面板中的"页面属性"按钮，将左边距和上边距都设为 0px。

② 选择"窗口"|"框架"命令，可打开"框架"面板，在其中单击各框架区域可选择相应的框架，而单击框架的边线，则可选中相应的框架集，如图 8-11 所示

③ 选中框架或框架集后，即可在"属性"面板中查看或修改其属性值，如图 8-12 所示。在"框架"面板中左右框架的外框线，选中框架集，在"属性"面板中，设置"列"为 200 像素。

④ 插入一个 5×2 的表格，"表格宽度"为 200 像素，如图 8-13 所示。在表格内插入图片和文本，如图 8-14 所示。

图 8-11　在框架面板中选择框架集　　　　　图 8-12　设置框架或框架集属性

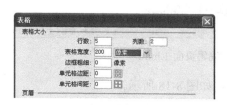

图 8-13　设置表格属性　　　　　　　　图 8-14　插入图片和文本

（3）制作右侧主页面（main.html）

步骤

① 将光标定位于右面的框架内，在页面内插入一个 1×1 的表格，在属性检查器中将"对齐"设置为居中对齐，"表格宽度"设为宽度的 80%，如图 8-15 所示。

② 在表格内输入文本，如图 8-16 所示，在 HTML 属性检查器中设置文本的格式为"段落"。

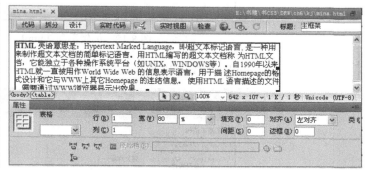

图 8-15　插入表格　　　　　　　　图 8-16　输入文本后的效果

（4）创建链接子页面

步骤

① 新建一个目录 pages，再在其中新建 5 个页面，分别为 1.html、2.html、3.html、4.html 和 5.html。

② 编辑页面 1.html，插入一个 1×1 的表格，如图 8-17 所示，将对齐设置为居中对齐，宽度为 80%，将文本插入其中，在 HTML 属性检查器中设置文本的格式为"段落"。

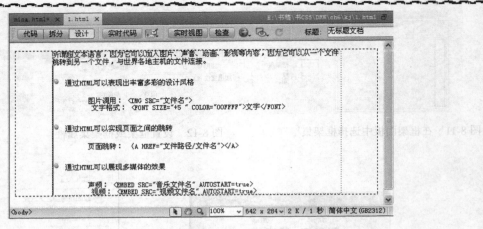

图 8-17　编辑页面 1.html

③ 编辑页面 2.html，将内容插入表格中，如图 8-18 所示。

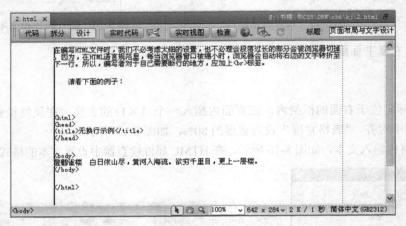

图 8-18　编辑页面 2.html

④ 编辑页面 3.html，如图 8-19 所示。

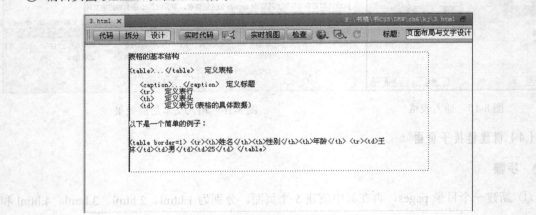

图 8-19　编辑页面 3.html

⑤ 编辑页面 4.html，如图 8-20 所示。

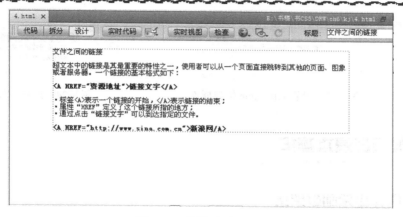

图 8-20   编辑页面 4.html

⑥ 编辑页面 5.html，如图 8-21 所示。

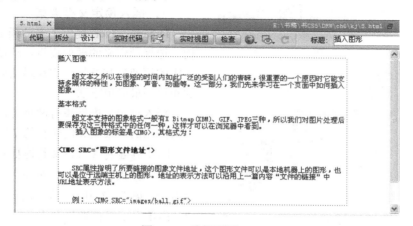

图 8-21   编辑页面 5.html

3．创建超链接

步骤

① 在左边框架中的文本，是用来进行导航链接的。选中文本"HTML 入门"，单击"属性"面板"链接"文本框右边的"浏览"按钮，在 pages 目录中选择 1.html，单击"确定"按钮，在"目标"下拉列表框中，选择 mainFrame，如图 8-22 所示。

图 8-22   创建导航栏超链接

② 为其他文本添加链接并设定链接目标，其他文本的链接目标也设定为 mainFrame。

③ 按住 Alt 键，同时单击左框架（leftFrame）。在"属性"面板中设置"滚动"为否，并选中"不能调整大小"选项，如图 8-23 所示。

4．保存框架集

选择"文件"|"保存全部"命令，将框架集和框架的内容全部保存，如图 8-24 所示。

图 8-23　设置 leftFrame 框架属性　　　　图 8-24　选择"保存全部"命令

8.2　框架的基本操作

8.2.1　创建框架和框架集

在 Dreamweaver 中，通常使用两种方法创建框架集，既可以直接插入 Dreamweaver 预定义的框架集，也可以自行创建。

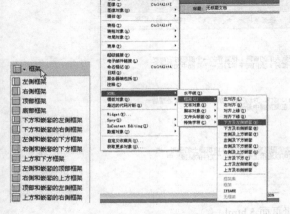

1．插入预定义框架集

Dreamweaver 提供了多种预定义的框架结构，选择预定义的框架集将自动设置创建布局所需的框架集和框架，它是迅速创建基于框架的布局的最简单方法。

插入预定义框架集有两种方法：创建包含当前文档的框架集和创建新的空框架集。

（1）创建包含当前文档的框架集

在"插入"面板的"布局"分类中，选择"框架集"按钮，或选择"插入"｜"HTML"｜"框架"命令，从打开的子菜单中选择要插入的框架集。例如，插入上方和左侧嵌套的框架集。如图 8-25 所示。

图 8-25　插入预定义框架集

> **提示**
>
> 预定义框架集中有蓝色和白色两个区域，这两个区域的含义是，蓝色区域表示当前文档，白色区域显示其他文档，如图 8-26 和图 8-27 所示。

图 8-26　当前网页　　　　　　图 8-27　创建框架页后的当前网页

（2）创建新的空预定义框架集

选择"文件" | "新建"命令，打开"新建文档"对话框，如图 8-28 所示。在"示例中的页"类别下的示例文件夹"框架页"的右侧的示例页列表中选择一种框架集，单击"创建"按钮。

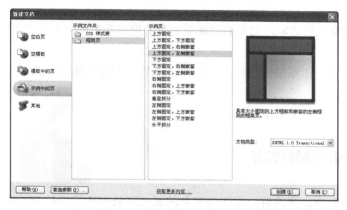

图 8-28 "新建文档"对话框

2. 创建自定义的框架集

如果 Dreamweaver 提供的框架集模型不能满足需要，可以在 Dreamweaver 中自行设计框架集。

（1）创建框架集

方法如下：

🐬 **步骤**

① 选择"查看" | "可视化助理" | "框架边框"命令，确保能够显示框架边框。

② 选择"修改" | "框架集"命令，在子菜单中选择"拆分左框架"、或"拆分右框架"、或"拆分上框架"、或"拆分下框架" 4 个命令之一，创建框架，如图 8-29 所示。

③ 或者通过拖动窗口四周的边框，在水平方向或垂直方向创建框架，将框架继续拆分成更小的框架。拖动窗口的一角，同时创建 4 个框架，如图 8-30 所示。

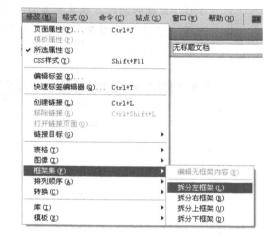

图 8-29 "框架集"子菜单

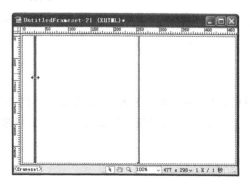

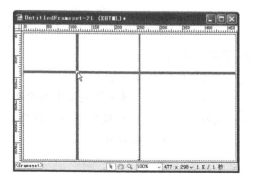

图 8-30 拖动边框创建框架

（2）删除框架集

在自行创建框架集时，经常需要删除一个框架。删除框架的基本操作方法如下。

步骤

① 选择要删除框架的边框，如要删除前面创建的框架集中的"上框架"，则选择"上框架"下方的边框线。

② 将边框拖到上一级框架的边框上。如将选择的边框向上拖动，直至边框顶部，即其上一级框架的边框上。

③ 释放鼠标左键后即可删除此框架。

8.2.2　选择框架和框架集

在 Dreamweaver 中，要设置框架和框架集的属性，只有选择了相应的框架或框架集，文档下方的"框架"或"框架集"属性面板才会出现。

1．选择框架

选择框架可采用以下方法：

❖ 按住 Alt 键的同时，在文档窗口中单击框架，选中框架。如图 8-31 所示。

❖ 选择"窗口"|"框架"命令，打开"框架"面板。在"框架"面板中单击框架，则选中相应的框架，如图 8-32 所示。

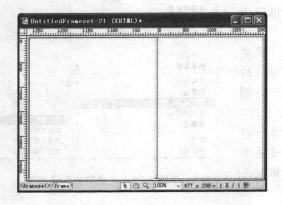

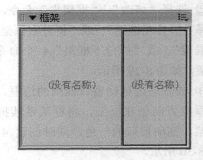

图 8-31　选中框架　　　　　　图 8-32　在"框架"面板中选中框架

2．选择框架集

选择框架集可采用以下方法。

❖ 在文档窗口中，单击框架集中任意两个框架的边界。如图 8-33 所示为选中的框架集。

❖ 选择"窗口"|"框架"命令，打开"框架"面板。在"框架"面板中，单击框架集的外围，如图 8-34 所示。

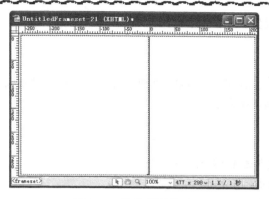

图 8-33 选中框架集

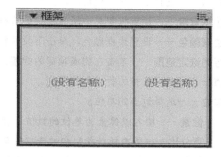

图 8-34 在"框架"面板中选中框架集

8.2.3 设置框架和框架集的属性

在框架和框架集"属性"面板中，可以查看和设置框架和框架集的属性。

1. 设置框架的属性

选择框架后，打开框架"属性"面板，如图 8-35 所示。

图 8-35 框架"属性"面板

在框架"属性"面板中可以进行如下设置。

框架名称——是链接的 target 属性或脚本在引用该框架时所用名称。

源文件——指定框架中显示的文档。

滚动——设置是否在框架中出现滚动条。大多数浏览器设置为"默认"，当内容超出框架范围时，显示滚动条。

不能调整大小——选择该项，则用户不能拖动框架边框改变框架的大小。

边框——设置是否显示框架边框。

是——显示边框。

否——隐藏边框。

默认——根据浏览器的默认设置显示框架边框。

边框颜色——设置所有边框的颜色。

边界宽度——输入以像素为单位的数值，确定框架左边框与右边框之间的距离。

边界高度——输入以像素为单位的数值，确定框架上边框与下边框之间的距离。

2. 设置框架集的属性

选择框架集后，打开框架集"属性"面板，如图 8-36 所示。

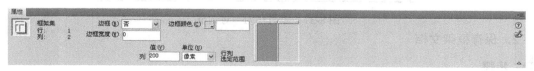

图 8-36 框架集"属性"面板

在框架集"属性"面板中可以进行如下设置。

边框——设置是否显示边框。

边框宽度——设置框架集中所有框架的边框宽度。

边框颜色——设置边框颜色，单击下拉按钮选取颜色，或在文本框中输入颜色的十六进制代码。

行列选定范围——单击左侧或顶部的标签，选择行或列。

值——指定所选择的行或列的高度。

单位——选择适当的单位。

　像素——输入以像素为单位的数值，指定所选行或列的绝对大小。

　百分比——所选择行或列相对于框架集大小的百分比。

　相对——在指定"像素"和"百分比"空间后，分配剩余的框架空间。

8.2.4　保存框架和框架集文档

如果要在浏览器中正确浏览框架集文件，必须正确保存框架和框架集文件。框架结构的网页制作完成后，可以分别保存每个框架文档和框架集文档，也可以使用保存全部命令将所有文件逐个保存。

1．保存框架集文档

步骤

① 选择框架集。

② 选择"文件"|"保存框架集"命令，或选择"文件"|"框架集另存为"命令，保存框架集，如果是第一次保存，会弹出"另存为"对话框，如图 8-37 所示。

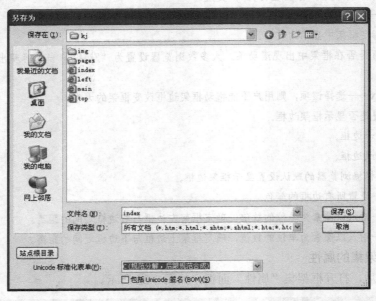

图 8-37　"另存为"对话框

2．保存框架文档

步骤

① 光标放在目标框架内。

② 选择"文件"|"保存框架"命令，或选择"文件"|"框架另存为"命令保存框架。

3. 保存框架集中所有文档

如果当前网页是由多个框架构成，分别保存每个框架文件很麻烦，此时可采用一次保存框架集中所有文档的方法。

 步骤

① 选择"文件"|"保存全部"命令。

② 系统先保存框架集文档，然后再保存框架集中其他的框架文档。

③ 若框架集中有尚未保存过的框架，则系统会打开文件"另存为"对话框，输入正确的文件名和路径，单击"保存"按钮。若所有框架文件以前都已保存过，则该操作在原有的基础上保存所有的框架文档。

8.2.5　框架中的链接

链接在制作框架网页时十分重要，它决定着框架导航的正确与否，同时也关系到制作的网站的可易读性。

设置框架中的链接一方面要设定链接的目标文档，另一方面则需要指定链接的文件在哪个窗口打开，即指定目标框架。选中导航文本或图片后，在其"属性"面板"目标"文本框中进行设置，如图 8-38 所示。例如，在左侧框架放置导航条，单击导航条中的链接，则右侧框架中显示链接内容，这里就需要将导航条中链接的目标窗口设置为右侧框架窗口。

图 8-38　选择目标框架

默认的情况下"目标"域中有如下 5 个目标。

_blank——在新的窗口中打开链接。

_new——在新的窗口中打开链接。

_parent——在当前框架的父框架中打开链接。

_self——在当前框架中打开链接。

_top——在当前窗口中打开链接，将清除所有框架。

除了以上几个目标位置以外，还可以在"目标"文本框中输入当前页中的某一框架名称，那么指定的 HTML 文件就在指定的框架中打开，这就是创建框架集时一定要给每个框架命名的原因。若使用预定义的框架集，各框架的名称已自动给出，这时在"目标"下拉列表中可直接查找。

8.2.6　框架兼容性

框架兼容性功能主要用于处理不能显示框架的浏览器。当不支持框架的浏览器加载该框架集文件时，浏览器只显示用标签<noframes></noframes>表示的内容，为不支持框架的浏览器提供显示内容。

步骤

① 选择"修改"|"框架集"|"编辑无框架内容"命令，如图 8-39 所示，Dreamweaver CS5 将清除文档窗口中的内容，在顶部显示"无框架内容"字样，如图 8-40 所示。

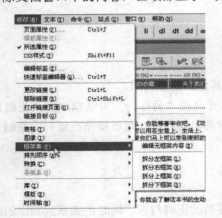

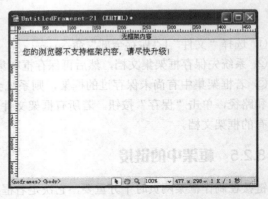

图 8-39　"编辑无框架内容"菜单命令　　　　图 8-40　编辑"无框架内容"窗口

② 在新的文档窗口中输入无框架内容，完成后，选择"修改"|"框架页"|"编辑无框架内容"命令，返回框架页窗口。

提示

另外一种编辑无框架内容的方法是，选择"窗口"|"代码检查器"命令，打开标签编辑器，在 <noframes>和</noframes>之间编写无框架内容，如图 8-41 所示。

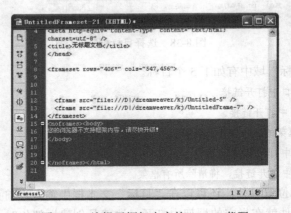

图 8-41　编辑无框架内容的 HTML 代码

8.2.7　内嵌框架

使用 iframe 可以将一个文档嵌入在另一个文档中显示，可以随处引用不拘泥网页的布局限制。在当今因特网网络广告横行的时代，iframe 更是无孔不入，将嵌入的文档与整个页面的内容相互融合，形成了一个整体。与框架相比，内嵌框架 iframe 更容易对网站的导航进行控制，最大的优点在于其灵活性。

在网页中嵌入内部框架的方法如下。

将光标定位在需要嵌入框架的位置，在"插入"面板的"布局"分类中，单击 iframe 按钮，这时编辑窗口会切换到"拆分"模式，在"代码"窗口可看到新插入的<iframe> </iframe>标记，以及在"编辑"窗口可看到灰色的方形内嵌框架，如图 8-42 所示。

图 8-42　插入内嵌框架

iframe 标记的使用格式是：

```
"<iframe src="/URL" width="x" height="x" scrolling="[OPTION]"
frameborder ="x"
      name="main"></iframe>"
```

src——文件的路径，既可是 HTML 文件，也可以是文本、ASP 等。URL 可以是绝对地址，也可以是相对地址。

width、**height**——"内部框架"区域的宽与高。

scrolling——当 SRC 指定的 HTML 文件在指定的区域显示不完时，滚动选项。如果设置为 No，则不出现滚动条；如为 Auto，则自动出现滚动条；如为 Yes，则显示。

frameborder——区域边框的宽度，为了让"内部框架"与邻近的内容相融合，常设置为 0。

name——框架的名字，用来进行识别。例如：需链接到内部框架时，可以将链接目标指定为框架的名字。

在页面中插入内嵌框架，如内嵌框架 HTML 代码为

```
<iframe  name="xsq"  src="sy.htm"  align=default  frameBorder=0  height="100%"
width="100%"> </font></iframe>
```

8.3　实战演练

1. 实战效果

制作"DW 学习网"，效果如图 8-43 所示。

2. 制作要求

① 主页由三部分组成：页眉部分、导航部分和主信息部分。其中主信息区为内嵌框架。

② 当用户点击导航栏的不同链接时，下面主信息区切换不同教程的内容。

③ 在主信息区中，又分为左右框架，点击左侧目录链接，可在右侧看到相对应的具体内容。

3．制作提示

① 创建站点。创建空白页面。设置页面属性：左、上边距为 0，字号大小为 12，背景颜色为#CCC。

② 插入 1×2 表格，宽为 943px，边框等为 0，将对齐设置为"居中对齐"。设置第 1 列宽为 215，插入 Logo 图片；在第 2 列插入横幅图片。

③ 插入 1×1 表格，宽为 943px，边框等为 0，将对齐设置为"居中对齐"。将光标定位在单元格中，设置水平对齐为"居中"。输入导航栏文字，中间用空格隔开。

图 8-43　实战演练效果图

④ 插入 1×1 表格，宽为 943px，边框等为 0，将对齐设置为"居中对齐"。将光标定位在单元格中，切换到"代码"视图，输入内框架代码：

```
<iframe src="aa.html" width="943" height="600" scrolling=no frameborder="0"
name="aa"></iframe>
```

⑤ 制作导航栏各栏目的链接。"Dreamweaver 网页制作"的链接文件为"aa.html"，目标为"aa"；"Flash 动画制作"的链接文件为"bb.html"，目标为"aa"；"PhotoShop 图像处理"的链接文件为"cc.html"，目标为"aa"。制作效果如图 8-44 所示。

图 8-44　主信息区使用内嵌框架

⑥ 制作链接分页面"aa.html"、"bb.html"、"cc.html"，这三个页面分别对应着导航栏中的三种教程，其布局结构完全一样，制作其一后复制修改即可。

⑦ 制作 aa.html 页面，设置属性同前，插入 1×2 表格，宽为 943px，边框等为 0，将对齐设置为"居中对齐"。设第 1 列宽为 300px。分别在第 1，3 单元格内嵌入框架代码，如图 8-45 所示。

⑧ 嵌入框架后的页面如图 8-46 所示。（bb.html 中的左框架的 src="left1.html"，右框架的 src="main1.html"，cc.html 中的左框架的 src="left2.html"，右框架的 src="main2.html"）

```
<body>
<table width="100%" border="0" cellspacing="0" cellpadding="0">
  <tr>
    <td width="300"><iframe src="left.html" width="300" height="600"
scrolling=auto frameborder="0" name="left"></iframe>
    </td>
    <td><iframe src="main.html" width="100%" height="600" scrolling=
"auto" frameborder="0" name="main"></iframe>
    </td>
  </tr>
</table>
</body>
```

图 8-45　aa.html 内嵌框架代码

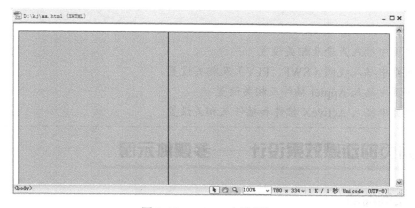

图 8-46　aa.html 内嵌框架

⑨ 在 left.html 中制作教程的目录项，各目录项的链接为相应内容页 D1.html、D2.html、D3.html……而其目标则设为"main"，如图 8-47 所示。同样，在 left1.html 中制作教程的目录项，各目录项的链接为相应内容页 F1.html、F2.html、F3.html……在 left2.html 中制作教程的目录项，各目录项的链接为相应内容页 P1.html、P2.html、P3.html……而其目标则设为"main"。

图 8-47　left.html 中目录的链接设置

⑩ 制作详细内容页 D1.html、D2.html、D3.html……F1.html、F2.html、F3.html……P1.html、P2.html、P3.html……保存所有打开的文档。

⑪ 按 F12 键预览网页。

本章小结

本章主要介绍框架的使用，包括创建框架、命名框架、设置框架属性以及保存框架等操作。在使用框架的过程中一定要明白框架的基本结构。框架在网页的设计中可用来制作电子图书。使用框架的一个难点是理解框架集和框架之间的关系，通常在一个框架中所有的框架都是通过一个框架集文档来调用的；另一个难点就是框架属性的设置。这些都需要在实际的操作过程中不断地去思考和摸索才能够熟练掌握。

第 9 章 插入多媒体元素

随着网络及多媒体技术的发展，当今的因特网已经是多媒体的天下。在网页中应用多媒体技术，如音频、视频、Flash 动画等内容，可以增强网页的表现力，使网页更加生动，激发浏览者的兴趣。

本章重点：

- 在网页中插入声音及相关设置
- 在网页中插入视频（SWF、FLV）及相关设置
- 在网页中插入 Applet 插件及相关设置
- 在网页中插入 ActiveX 控件和插件及相关设置

9.1 网页的动感效果设计——多媒体示例

9.1.1 案例综述

本案例主要通过在网页中插入 Flash 动画和 Applet 插件等多媒体元素来装饰网页，使读者从中学会如何在网页中使用多媒体元素以提高网页设计的水准，使网页看上去更加生动。案例最终效果如图 9-1 所示。

图 9-1　案例效果

图 9-1 的显示效果是在悠扬的背景音乐声中，打开一个充满动感的页面，Banner 条上有透明

背景的 Flash 动画在图片背景的映衬下显得格外炫目。通过添加第三方插件，Dreamweaver CS5 的功能得到了扩展，从而使整个页面熠熠生辉。

9.1.2　案例分析

页面的制作过程如下。

① 页面基本制作包括表格布局及使用 CSS 样式格式化页面。

② Banner 条的制作主要涉及 Flash 动画的插入及设置其透明背景。

③ 正文区中则包括了插入 FLV 视频、Java Applet 小程序、Active X 控件等多媒体元素的插入。

④ 扩展功能。安装第三方插件以扩展 Dreamweaver CS5 的功能，在页面中分别插入命令、对象和行为三类插件。

9.1.3　实现步骤

1．页面基本设置

 步骤

① 在 Dreamweaver 的文件面板中打开前面创建的 Myfootball 站点，新建 dmt 文件夹，在此文件夹中新建文件 mt.html，双击打开此页面。

② 在编辑窗口上方的"标题"中输入页面标题"多媒体"，并在属性检查器中单击"页面属性"按钮，将左边距、上边距均设置为 0，如图 9-2 所示。

2．制作 Banner 条

 步骤

① 插入 2×1 的表格 T1，在"属性"面板中设置表格为居中对齐，宽为 778 像素，边框粗细等值均设为 0，如图 9-3 所示。

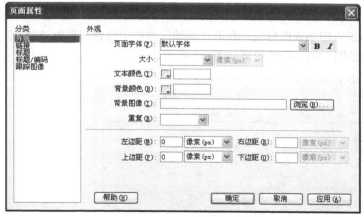

图 9-2　"页面属性"对话框

图 9-3　插入表格

② 将光标定位在表格第 1 个单元格中，在"属性"面板的 CSS 属性栏中，选中"目标规则"中的新建规则，新建.bj 规则，单击"编辑规则"按钮，在弹出的"CSS 定义为"对话框中将背景图片设置为素材文件夹下的 img\banner.jpg，而将单元格高度设成与图片高度一致，设置完成后的效果如图 9-4 所示。

图 9-4　单元格新建.bj 规则，并设置背景图像

③ 将光标置于第 1 个单元格中，单击"插入"栏的"常用"类别中"媒体"按钮右侧的下拉按钮，在弹出的选项中选择"SWF"，如图 9-5 所示。在弹出的对话框中选择素材 ch9 文件夹下的 flash 文件夹中的 hengline1.swf，如图 9-6 所示。

图 9-5　插入面板插入媒体选项

图 9-6　选择 Flash 动画文件

④ 单击"确定"按钮，选中新插入的 SWF 标记，在其"属性"面板中设置其宽为 778 像素，高为 202 像素，Wmode 设置为透明，插入后的效果如图 9-7 所示。

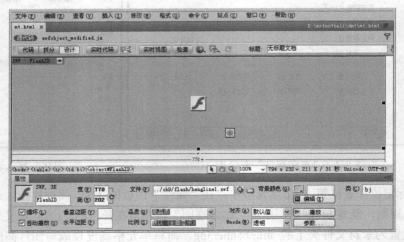

图 9-7　插入 Flash 动画后的效果

⑤ 将光标置于第 2 单元格中，设水平对齐为居中对齐，单击"插入"栏的"常用"类别中"媒体"按钮右侧的下拉按钮，在弹出的选项中选择"SWF"，在选择文件对话框中选择按钮动画文件，按 F12 键预览，效果如图 9-8 所示。

图 9-8　插入 Flash 导航后的效果

3．制作正文区
（1）基本制作

🐋 **步骤**

① 在表格 T1 下方单击，再插入 2×1 的表格 T2，宽为 778 像素，边框等值均设为 0，将表格属性检查器的对齐设为居中对齐，效果如图 9-9 所示。

② 打开素材文件夹 ch9 下的"正文文本.txt"文件，将标题文字粘贴到第 1 单元格，将正文文本粘贴到第 2 单元格中，如图 9-10 所示。

图 9-9　插入表格 T2

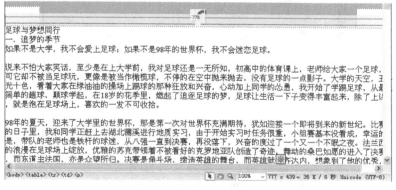

图 9-10　粘贴正文文本

③ 在单元格属性面板中，选择"目标规则"中的 body 样式，单击"编辑规则"按钮，在"body 的 CSS 规则定义"对话框中，设置正文文字大小为 12px，行高为 24px，如图 9-11 所示。

④ 选中文档标题文字，选择"目标规则"中的新建规则.bt，单击"编辑规则"按钮，在".bt 的 CSS 规则定义"对话框中，设置文字大小为 18px，颜色为桃红色#C3C。在单元格属性面板中设水平对齐为居中对齐。设置完成后的效果如图 9-12 所示。

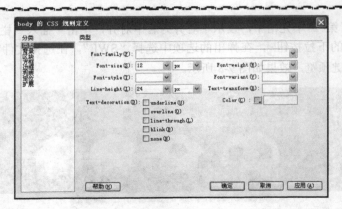

图 9-11　"body 的 CSS 规则定义"对话框

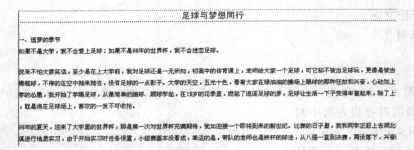

图 9-12 文字定义 CSS 样式后的效果

⑤ 在单元格属性面板中，选择"目标规则"中的新建规则，新建样式为.line，在打开的"".line 的 CSS 规则定义"对话框中，选择"边框"类别，设置各参数，如图 9-13 所示。

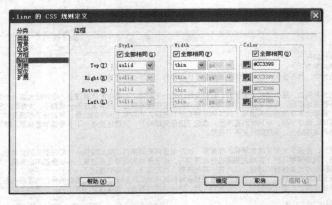

图 9-13　"".line 的 CSS 规则定义"对话框

⑥ 选中表格 T2，在其"属性"面板的"类"下拉列表框中选择.line。应用.line 样式后的效果如图 9-14 所示。

（2）插入视频

 步骤

① 选择"插入"|"媒体"|"FlV"命令，如图 9-15 所示，或单击"插入"栏的"常用"类别中的"媒体"下拉框，选择"FlV"图标，如图 9-16 所示。

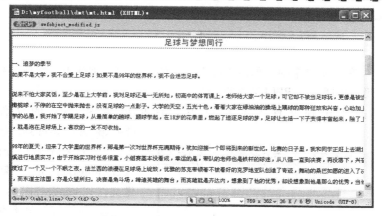

图 9-14　给表格 T2 应用 .line 样式

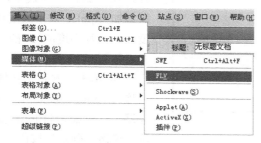

图 9-15　使用插入菜单

图 9-16　使用插入面板

②　在的"插入 FLV"对话框中，从"视频类型"下拉菜单中选择"累进式下载视频"选项，如图 9-17 所示。在"URL"处单击"浏览"按钮，在选择文件对话框中选择视频文件。

③　单击"检测大小"按钮，系统将测得的 FLV 文件的实际大小自动填入宽度和高度。

④　单击"确定"按钮后，在文档编辑窗口出现 FLV 标记，如图 9-18 所示，在 FLV 标记上单击鼠标右键，在弹出的快捷菜单中选择"对齐"|"左对齐"命令，设置与文字间的环绕关系，按 F12 键预览网页时，可看到视频效果。

图 9-17　"插入 FLV"累进式下载视频对话框

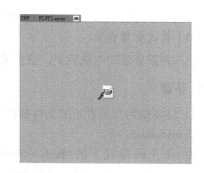

图 9-18　FLV 标记

（3）插入 Java Applet 小程序

步骤

① 将光标定位在正文文字中，单击"插入"栏的"常用"类别中"媒体"按钮右侧的下拉按钮▾，在弹出的选项中单击 APPLET 按钮☕。

② 在弹出的"选择文件"对话框中选择扩展名为 .class 的文件，这里选择 ch9\Applet\Lake.class，如图 9-19 所示。

③ 将要添加 Applet 效果的图片（ch9\img\111.jpg），复制到站点的图像文件夹 images 中。

④ 选中插入到页面中的 Applet 图标，在"属性"面板中，将宽设置为欲添加 Applet 效果的图片的宽度，高度设为图片高度的 2 倍，设置为右对齐，如图 9-20 所示。

⑤ 单击"参数"按钮，设置参数名称为 image，参数值为图像文件的实际路径 images/111.jpg，如图 9-21 所示。单击"确定"按钮。

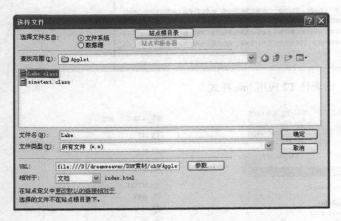

图 9-19　添加 Applet 程序

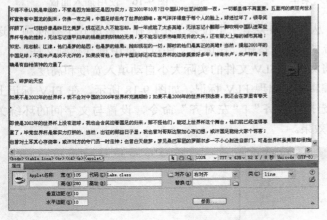

图 9-20　Applet 插件的参数设置对话框

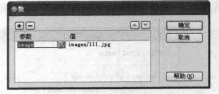

图 9-21　设置参数

⑥ 按 F12 键预览，可看到原图像下方出现生动的波纹效果。

（4）插入背景音乐

插入背景音乐的方法较多，这里采用插入插件的方法。

步骤

① 将要做为背景音乐的文件放在站点根目录中，复制素材文件夹下的 sjb.mp3 文件到站点根目录 myfootball 中。

② 在代码模式下的 <body></body> 标签之间，输入代码 <bgsound src="sjb.mp3" loop="-1">，loop 的值为-1 时，背景音乐可自动播放。

4．制作页脚部分

在表格 T2 的后面插入 1 行 1 列表格 T3，宽度同前，设置对齐为居中对齐，在单元格中输入版权信息等内容，如图 9-22 所示。

图 9-22　版权信息内容

5．扩展功能（使用第三方插件）

人们将一些 Dreamweaver 不容易实现的功能编成插件文件，从而组成了扩展插件。扩展插件在使用时通过功能扩展管理器安装和管理。功能扩展管理器是一个独立的应用程序，可用于 Adobe 应用程序中的扩展功能。通过从 Dreamweaver 中选择"命令"|"扩展管理"启动扩展管理器。

扩展插件要先安装后才能使用。扩展插件安装的操作步骤如下。

步骤

① 选择"命令"|"扩展管理"命令，打开功能扩展管理器，如图 9-23 所示。单击"安装新扩展" 按钮，在打开的"选取要安装的扩展"对话框中，选取素材库中 chajian 文件夹中的 floatimg.mxp 文件，如图 9-24 所示。

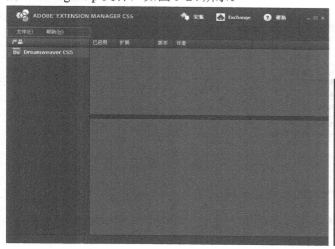

图 9-23　功能扩展管理器

图 9-24　选择功能扩展插件

② 首先选择接受协议，完成安装后，从功能扩展管理器中可以看到扩展插件的类型是"命令"，这意味着对"命令"菜单的扩展，如图 9-25 所示。

扩展插件安装后，在功能扩展管理器的下半部分会提示扩展插件的类型，可分为 3 类：扩展命令、扩展对象、扩展行为。

（1）扩展命令

扩展命令可以出现在 Dreamweaver CS5 的"命令"菜单中。

步骤

① 在 Dreamweaver CS5 中，单击"命令"菜单，可以看到，菜单中新增加了一项，即为新添加的扩展，名为 Floating Image，如图 9-26 所示。

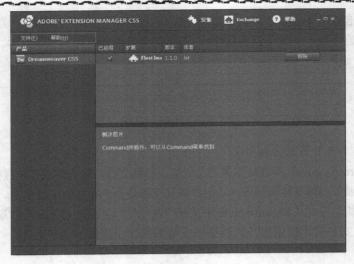

图 9-25　安装完成后的扩展命令

② 单击该命令，打开如图 9-27 所示的窗口。这个插件能够实现飘浮图像的功能，在窗口中浏览到希望飘浮的图片文件，并可以设置链接、速度等。

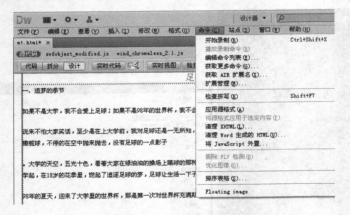

图 9-26　命令菜单

图 9-27　Floating Image 设置

（2）扩展对象

扩展的对象可以出现在 Dreamweaver CS5 的"插入"栏中。

步骤

① 单击"插入"面板中可看到新添加的类别，如图 9-28 所示。

② 单击其中的按钮，在弹出的如图 9-29 所示对话框中，设置插入 AP 元素的位置和其中的内容。

③ 单击"确定"按钮，页面的效果是页面出现一个可上下流动的文字层。

（3）扩展行为

扩展后的行为可以出现在 Dreamweaver CS5 的行为面板中。

步骤

① 双击 chromelessWinwind.mxp 文件，安装完成后，选中页面中的 body 标签，然后单击

"行为"面板中的"添加行为"按钮，从弹出的菜单中选择 Open Chromeless Window 选项，如图 9-30 所示。

图 9-28　扩展对象

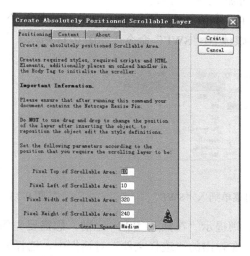

图 9-29　安装完成后的扩展命令

图 9-30　扩展行为

② 在弹出的如图 9-31 所示对话框中，设置要弹出窗口的各项参数。

③ 单击"确定"按钮，为网页添加了在浏览主页面的同时弹出自定义窗口功能。

至此已经完成了网页的制作，按 F12 键预览。

9.2　插入 Flash

Flash 是网上流行的矢量动画技术。近几年，很多站点通过应用 Flash 技术，呈现了传统页面无法表现的效果，使网页更抓人眼球。如使用 Flash 制作的导航条、按钮动感十足。Dreamweaver CS5 中提供的 Flash 元素包括 Flash 动画、FlashPaper、Flash 视频等。

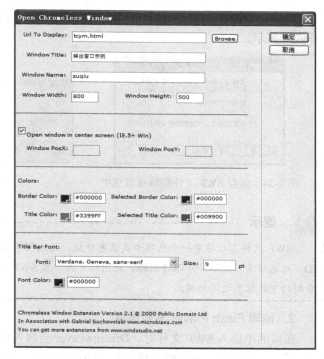

图 9-31　设置弹出窗口的各项参数

9.2.1　插入 Flash 动画

Flash 动画中的元素都是矢量的，可以随意放大而不降低画面质量。此外，Flash 动画文件较小，适合在网络上使用。Flash 动画的文件扩展名为".swf"。

1. 插入 Flash 动画

插入 Flash 动画的具体操作步骤如下。

步骤

① 将光标放到要插入 Flash 动画的位置。

② 选择 Dreamweaver 主菜单的"插入"|"媒体"|"SWF"命令，如图 9-32 所示。或单击"插入"面板上"常规"|"媒体"|"SWF"命令，如图 9-33 所示。

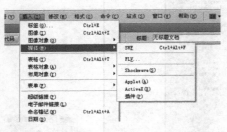

图 9-32　使用菜单插入"SWF"　　　　　图 9-33　使用插入栏插入"SWF"

③ 如此时网页未保存，则提示"在插入 SWF 之前，您需要先保存该文件，是否要立即保存"，单击"确定"按钮后，在弹出的"选择文件"对话框中，选择要插入的 Flash 动画文件，单击"确定"按钮。

④ 为了确保插入的 Flash 动画文件能够顺利播放，Dreamweaver CS5 会提示将文件存入站点的根目录，如图 9-34 所示。单击"是"按钮保存后，Flash 动画占位符将显示在文档窗口中，如图 9-35 所示。

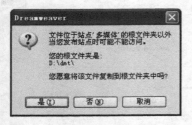

图 9-34　保存 SWF 文件到站点目录中　　　　图 9-35　Flash 动画占位符

　提示

SWF 文件占位符有一个选项卡式蓝色外框。此选项卡指示资源的类型（SWF 文件）和 SWF 文件的 ID。此选项卡还显示一个眼睛图标，此图标可用于在 SWF 文件和用户在没有正确的 Flash Player 版本时看到的下载信息之间切换。

2. 编辑 Flash Player 下载信息

在页面中插入 SWF 文件时，Dreamweaver 会插入检测用户是否拥有正确的 Flash Player 版本的代码。如果没有，则页面会显示默认的替代内容，提示用户下载最新版本。在制作网页应编辑好相应的替代内容。（此过程也适用于 FLV 文件。）

　提示

如果用户没有所需版本，但拥有 Flash Player 6.0 或更高版本，则浏览器会显示 Flash Player 快速安装程序。如果用户拒绝快速安装，则页面会显示替代内容。

编辑 Flash Player 下载信息的操作步骤如下。

　步骤

① 在"文档"窗口的设计视图中，选择 SWF 文件或 FLV 文件。

② 单击 SWF 文件或 FLV 文件的选项卡中的眼睛图标，切换到替代内容编辑视图，也可按 Ctrl+]组合键或 Ctrl+[组合键来切换，如图 9-36 所示。

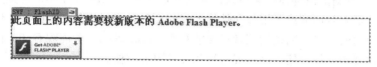

图 9-36　切换视图

③ 使用与在 Dreamweaver 中编辑任何其他内容一样的方式编辑内容。但不能将 SWF 文件或 FLV 文件添加为替代内容。

④ 再次单击眼睛图标以返回到 SWF（或 FLV）文件视图。

3．设置 SWF 文件属性

单击 SWF 文件占位符将其选中。在"属性"检查器中则显示该 SWF 的相关属性，如图 9-37 所示。

图 9-37　SWF 的属性面板

在设置 SWF 文件的属性可进行如下设置。

SWF——指定 Flash 动画的名称。

宽　高——指定 Flash 动画被装进浏览器时的宽度或高度。

文件——指定 Flash 动画文件的路径。

循环——选中此复选框，自动循环播放 Flash 动画。

自动播放——选中此复选框，自动播放 Flash 动画。

垂直边距——设置 Flash 动画的垂直边距。

水平边距——设置 Flash 的水平边距。

品质——设置 Flash 动画播放的效果。

比例——设置 Flash 动画文件的比例。

背景——指定影片区域的背景颜色。在不播放影片时（在加载时和在播放后）也显示此颜色。

对齐——确定 Flash 动画与页面的对齐方式。

Wmode——为 SWF 文件设置 Wmode 参数以避免与 DHTML 元素（例如 Spry 构件）相冲突。

　◇　默认值是不透明，这样在浏览器中，DHTML 元素就可以显示在 SWF 文件的上面。

　◇　如果 SWF 文件包括透明度，并且希望 DHTML 元素显示在它们的后面，请选择"透明"选项。

　◇　选择"窗口"选项可从代码中删除 Wmode 参数，并允许 SWF 文件显示在其他 DHTML 元素的上面。

类——可用于对影片应用 CSS 类。

▶ 播放——在"文档"窗口查看 Flash 动画播放时的效果。

参数...——单击此按钮可打开"参数"对话框，在其中输入传递给影片的附加参数。影片必须已设计好，可以接收这些附加参数。

编辑(E)——编辑 Flash 动画的属性。

9.2.2 插入 FLV

Flash 视频是一种新的流媒体视频格式，其文件扩展名为".flv"。Flash 视频文件极小、加载速度极快，它的出现有效地解决了视频文件导入 Flash 后，使导出的 SWF 文件体积过大，不能在网络上很好地使用的缺点。网站浏览者只要能观看 Flash 动画，就能观看 flv 格式视频，而无需再额外安装其他视频插件，使得网络观看视频文件更加方便。

可以使用 Dreamweaver 在页面中插入 Flash 视频内容。在开始之前，必须有一个经过编码的 Flash 视频（FLV）文件，才能在 Dreamweaver 中使用它。可以插入使用两种编解码器（压缩/解压缩技术）创建的视频文件 Sorenson Squeeze 和 On2。

🐬 **步骤**

① 选择"插入"|"媒体"|"FIV"命令，如图 9-38 所示。或单击"插入"栏的"常用"类别中的"媒体"下拉框，选择"FIV"图标，如图 9-39 所示。

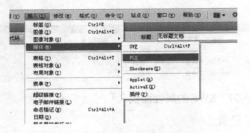

图 9-38　使用插入菜单　　　　　　　　　　图 9-39　使用插入面板

② 在的"插入 FLV"对话框中，从"视频类型"下拉菜单中选择"累进式下载视频"如图 9-40 所示，或"流视频"如图 9-41 所示。

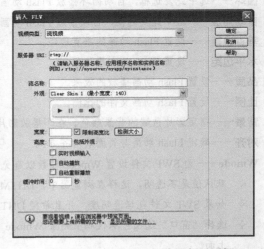

图 9-40　"插入 FLV"累进式下载视频对话框　　　图 9-41　"插入 FLV"流视频对话框

累进式下载视频——将 FLV 文件下载到站点访问者的硬盘上，然后播放。但是，与传统的"下载并播放"视频传送方法不同，累进式下载允许在下载完成之前就开始播放视频文件。

　　　　URL——指定 FLV 文件的相对路径或绝对路径。

　　　　外观——指定视频组件的外观。所选外观的预览会显示在"外观"弹出菜单的下方。

　　　　宽度　高度——以像素为单位指定 FLV 文件的宽度（或高度）。若要确定 FLV 文件的准确宽度，请单击"检测大小"按钮。如果无法确定宽度，则必须输入宽度（或高度）值。

　　　　包括外观——是 FLV 文件的宽度和高度与所选外观的宽度和高度相加得出的和。

　　　　限制高宽比——保持视频组件的宽度和高度之间的比例不变。默认情况下会选择此选项。

　　　　自动播放——指定在 Web 页面打开时是否播放视频。

　　　　自动重新播放——指定播放控件在视频播放完之后是否返回起始位置。

　　流视频——对视频内容进行流式处理，并在可确保流畅播放的很短的缓冲时间后在网页上播放该内容。

　　　　服务器 URL——以 rtmp://www.example.com/app_name/instance_name 的形式指定服务器、应用程序和实例名称。

　　　　流名称——指定想要播放的 FLV 文件的名称（例如，myvideo.flv）。扩展名 .flv 是可选的。

　　　　外观——指定视频组件的外观。所选外观的预览会显示在"外观"弹出菜单的下方。

　　　　宽度　高度——以像素为单位指定 FLV 文件的宽度。若要确定 FLV 文件的准确宽度，请单击"检测大小"按钮。如果无法确定宽度（或高度），则必须输入宽度（或高度）值。

　　　　包括外观——是 FLV 文件的宽度和高度与所选外观的宽度和高度相加得出的和。

　　　　限制高宽比——保持视频组件的宽度和高度之间的比例不变。默认情况下会选择此选项。

　　　　实时视频输入——指定视频内容是否是实时的。如果选择了"实时视频输入"，则 Flash Player 将播放从 Flash® Media Server 流入的实时视频流。实时视频输入的名称是在"流名称"文本框中指定的名称。注意：如果选择了"实时视频输入"，组件的外观上只会显示音量控件，因为无法操纵实时视频。此外，"自动播放"和"自动重新播放"选项也不起作用。

　　　　自动播放——指定在 Web 页面打开时是否播放视频。

　　　　自动重新播放——指定播放控件在视频播放完之后是否返回起始位置。

　　　　缓冲时间——指定在视频开始播放之前进行缓冲处理所需的时间（以秒为单位）。默认的缓冲时间设置为 0，这样在单击了"播放"按钮后视频会立即开始播放。

　　③ 单击"确定"按钮，将 FLV 文件添加到网页上。在页面上可看到插入的 Flash 视频，如图 9-42 所示。预览的效果如图 9-43 所示。

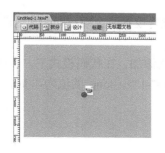　　　　

　　　　图 9-42　在页面中插入 FLV　　　　　　　图 9-43　在浏览器中预览 FLV

　　在页面中插入 FLV 文件时，Dreamweaver 会插入检测用户是否拥有正确的 Flash Player 版本的代码。如果没有，则页面会显示默认的替代内容，提示用户下载最新版本。可以随时更改此替代内容，方法同 SWF。

9.3　在网页中添加声音

在浏览音乐网站时经常看到一些网站上提供音频播放器，可以在线欣赏音乐。在 Dreamweaver CS5 中提供了专门的插件可以实现此功能。在网页中添加声音有两种方式：一是插入音频的形式，浏览者可以通过播放器控制音频；二是添加背景音乐的形式，在加载页面时自动播放音频。

9.3.1　插入音频

在网页中插入音频时，考虑到下载速度、声音效果等因素，一般采用 rm 或 mp3 格式。

插入音频时可将声音直接集成到页面中，但只有访问者具有所选声音文件的适当插件后，声音才可以播放。如果希望将声音用作背景音乐，或希望控制音量、播放器在页面上的外观或者声音文件的开始点和结束点，则可插入音频文件，否则可以采用链接音频的形式。链接到音频文件是将声音添加到网页的一种简单而有效的方法。这种集成声音文件的方法可以使访问者选择是否要收听该文件。

插入音频的操作步骤如下。

步骤

① 在"设计"视图中，将插入点放置在要插入音频的位置。

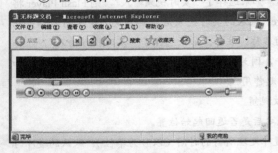

图 9-44　播放器预览效果

② 选择"插入"｜"媒体"｜"插件"命令。或在"插入"面板的"常用"类别中，单击"媒体"按钮，然后从弹出菜单中选择"插件"图标。

③ 浏览音频文件，然后单击"确定"按钮。

④ 通过在属性检查器的宽度和高度中输入数值，或者在"文档"窗口中调整插件占位符的大小来确定音频控件在浏览器中的显示尺寸。如图 9-44 所示为播放器预览效果。

9.3.2　添加背景音乐

背景音乐顾名思义就是在加载页面时，自动播放预告设置的音频，可以预先设定播放一次或重复播放等属性。

添加背景音乐的方法有多种，这里介绍用代码方式添加。在代码模式下，在\<body\>\</body\>之间输入代码：\<bgsound src="音频文件的路径"　loop="-1"\>。loop 的值为-1 时，背景音乐可自动播放，如：\<bgsound src="sjb.mp3" loop="-1"\>。

9.4　插入其他多媒体元素

除了 SWF 和 FLV 文件之外，还可以在 Dreamweaver 文档中插入 QuickTime 或 Shockwave 影片、Java applet、ActiveX 控件或其他音频或视频对象。

9.4.1 插入 Shockwave 影片

Shockwave 是由 Macromedia（开发 Flash 技术的公司）开发的多媒体播放器系列。通过 Shockwave 播放和收看文件，效率更高，效果更好。同 Flash 一样，Shockwave 也需要插件支持。

Shockwave 电影可以集动画、位图、视频和声音于一体，并将它们合成一个交互式界面。下面介绍如何插入 Shockwave 影片。

步骤

① 在"文档"窗口中，将插入点放置在要插入 Shockwave 影片的地方。

② 选择"插入"｜"媒体"｜ "Shockwave"命令，或在"插入"栏的 "常用"类别中，单击"媒体"按钮，然后从菜单中选择 Shockwave 图标。

③ 在显示的对话框中，选择一个影片文件，即可在文档中插入 Shockwave 影片，如图 9-45 所示。

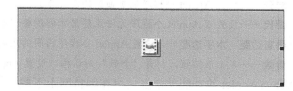

图 9-45 插入 Shockwave 影片

④ 选中此影片标记，在如图 9-46 所示的"属性"面板中，设置其相关属性。

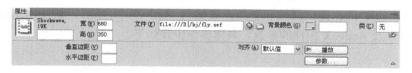

图 9-46 Shockwave 影片属性面板

Shockwave——指定电影的名称，以便在脚本中可以识别。

宽 高——设置影片的宽度和高度。

文件——指定 Shockwave 电影文件的路径。

对齐——确定电影和页面的对齐方式。

垂直边距 水平边距——在电影的四周添加以像素为单位的空间。

播放——单击该按钮，可以观察到 Shockwave 影片的播放效果。

参数——单击该按钮，在打开的对话框中可输入其他参数以传递给影片。

9.4.2 插入 Applet

Java 是一种允许嵌入 Web 页中的应用程序编程语言，Applet 是在 Java 的基础上演变而成的能够嵌入到网页中可以执行一定任务的应用程序中。当创建 Applet 后，用户便可以用 Dreamweaver 将它插入到 HTML 文档中，Dreamweaver 使用 Applet 标签来标志对程序文件的引用。插入 Applet 的操作步骤如下。

步骤

① 将光标放到要插入 Applet 的位置。

② 选择"插入"｜"媒体"｜"Applet"命令，或单击"插入"面板上"常规"｜"媒体"｜ Applets 按钮，打开"选择文件"对话框，从对话框中选择扩展名为.class 的文件。

③ 选中插入到页面中的 Applet 图标，打开属性面板，如图 9-47 所示。

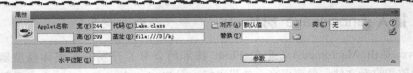

图 9-47　Applet "属性" 面板

④ 在 Applet "属性" 面板中可以进行如下设置。

宽　高——设置 Applet 小程序的宽度和高度。

代码——指定包含 Applet 小程序的代码文件。

基址——指定包含选定 Applet 小程序的文件夹。

对齐——设置 Applet 小程序在页面中的对齐方式。

替代——设置当 Applet 小程序无法正确显示时的替代显示文本。

垂直边距　水平边距——设置 Applet 小程序四周的距离。

参数——单击该按钮，打开 "参数" 对话框，设置 Applet 相关的参数。

Java Applet 的功能非常多，可在因特网上下载。

9.4.3　插入 ActiveX 控件

ActiveX 控件是可以充当浏览器插件的可重复使用的组件。ActiveX 对象的作用是向访问者浏览器中的 ActiveX 控件提供属性和参数。在插入 ActiveX 对象后，请使用属性检查器设置 object 标签的属性及 ActiveX 控件的参数。具体操作步骤如下。

步骤

① 将光标放到要插入 ActiveX 对象的位置。

② 选择 "插入" | "媒体" | "ActiveX" 命令，或单击 "插入" 面板上 "常规" | "媒体" | "ActiveX" 按钮 ，即可在文档中插入 ActiveX 控件。

③ 选中 ActiveX 对象图标，打开它的 "属性" 面板，如图 9-48 所示。

图 9-48　ActiveX 控件 "属性" 面板

④ 在 ActiveX "属性" 面板中可以进行如下设置。

ActiveX——指定 ActiveX 控件的名称。

宽　高——指定 ActiveX 控件的宽度和高度。

ClassID——为浏览器标志 ActiveX 控件。在文本框中输入一个值或从下拉式菜单中选择一个值。在加载页面时，浏览器使用此 ID 来确定与该页面关联的 ActiveX 控件所需的 ActiveX 控件的位置。如果浏览器未找到指定的 ActiveX 控件，则它将尝试从 "基址" 指定的位置中下载它。

嵌入——在 ActiveX 控件的 Object 标签中添加 Embed 标签。

源文件——设定 ActiveX 控件文件所在的位置。

对齐——设置 ActiveX 控件的对齐方式。

垂直边距　水平边距——指定 ActiveX 控件四周的边距。

基址——指定包含 ActiveX 控件的 URL。

ID——定义可选的 ActiveX ID 参数。

数据——指定要加载到 ActiveX 控件的数据文件。

替代图像——设置图像后，当浏览器不支持仅用于 Object 标签时，即显示该图像。

▶　播放　——播放 ActiveX 控件。

参数...　——在打开的对话框中可设置 ActiveX 控件的参数。

9.4.4　插入插件

如果要插入的对象不是 Shockwave、Applet 或 ActiveX 对象，则可以使用插入插件来完成媒体对象的插入。典型的插件包括 RealPlayer 和 QuickTime，同时一些内容文件也包括 mp3 和 QuickTime 影片。

插入插件的具体操作步骤如下。

🐋　**步骤**

① 在"文档"窗口中，将插入点放置在要插入媒体对象的位置。

② 选择"插入"｜"媒体"｜"插件"命令，或在"插入"栏的"常用"类别中，单击"媒体"按钮，然后从菜单中选择插件图标🟦。

③ 完成"选择文件"对话框，然后单击"确定"按钮，如图 9-49 所示。

④ 选中此插件，在其"属性"面板中，设置其相关属性，如图 9-50 所示。

图 9-49　插入插件　　　　　　　　　图 9-50　插入插件"属性"面板

插件——指定媒体对象的名称，以便在脚本中可以识别。

宽　高——设置媒体对象的宽度和高度。

源文件——指定媒体对象文件的路径。

插件 URL——指定 pluginspace 属性的 URL。输入站点的完整 URL，用户可通过此 URL 下载插件。如果浏览页面的用户没有插件，浏览器将尝试从此 URL 下载插件。

对齐——确定媒体对象与页面的对齐方式。

垂直边距　水平边距——在媒体对象的四周添加以像素为单位的空间。

边框——指定环绕插件四周的边框的宽度。

播放——单击该按钮，可以观察到 Shockwave 影片的播放效果。

参数——单击该按钮，在打开的对话框中可输入其他参数以传递给影片。

9.5　扩展插件

Dreamweaver CS5 提供了方便的外部插件接口，那就是扩展插件管理器。Dreamweaver 扩展插件管理器是 Dreamweaver 的一个免费小工具，它使用的文件通常是以.mxp 结尾的小程序或小脚本，只要通过扩展插件管理器安装后就可以在 Dreamweaver 中使用，方便、快捷。这些插件都是网页设计高手针对 Dreamweaver 开发的，专门用来扩充 Dreamweaver 的功能，通过集成的插件可以在网页上实现许多原本非常复杂的技术，从而避免了大量源代码的编写和调试工作，同时用户只需简单地进行一些设置，就可以设计出高水平的网页。

9.5.1　安装扩展插件

在 Dreamweaver 安装好后，扩展插件管理器就随之安装在了，功能扩展管理器是一个独立的应用程序，可用于安装和管理 Adobe 应用程序中的功能扩展。可通过"开始"|"程序"|"Adobe Extension Manager CS5"命令，或从 Dreamweaver 主菜单中选择"窗口"|"应用程序栏"|"扩展管理器"命令，如图 9-51 所示。打开功能扩展管理器，如图 9-52 所示。

图 9-51　启动功能扩展管理器命令　　　　图 9-52　打开功能扩展管理器

Dreamweaver CS5 扩展插件文件的扩展名是.mxp，功能扩展在应用之前需先安装。安装管理功能扩展，可以采用以下方法。

① 下载功能扩展文件。浏览器可能会让用户选择是直接从站点打开并安装它，还是将它保存到磁盘。

图 9-53　选择扩展插件文件

② 如果直接从站点打开功能扩展，则功能扩展管理器将自动处理安装。

③ 如果将功能扩展文件保存到磁盘，最好将功能扩展包文件保存到计算机上 Dreamweaver 应用程序文件夹内的 Downloaded Extensions 文件夹中。

④ 双击功能扩展包文件，或打开功能扩展管理器并选择"文件"|"安装功能扩展"命令。

⑤ 在弹出的"选取要安装的扩展"对话框中，选择扩展插件文件.mxp，如图 9-53 所示 。

⑥ 单击"确定"按钮，在弹出的安装

协议框中，单击"接受"按钮，如图 9-54 所示。功能扩展将被安装在 Dreamweaver 中。

9.5.2　使用扩展插件

安装成功之后，就可以在 Dreamweaver 的菜单中通过相应的命令来调用插件。Dreamweaver 插件一般有三大类：对象、命令、行为。这几种插件的命令会出现在 Dreamweaver 菜单的不同部分。

对象——将出现在"插入"菜单或"插入"栏中。

命令——将出现在"命令"菜单下。

行为——在行为面板的动作列表中。

一般的插件使用起来很简单，但有些插件只有在一定的前提条件下才能使用。例如，针对层的插件，可能要求先在页面里插入层；针对表单的插件，可能要求先在页面里插入一些表单对象。遇到这种插件，最好先仔细阅读插件的使用说明。

图 9-54　接受安装协议

9.6　实战演练

1. 实战效果

通过在网页中插入 Flash 文件和 Applet 控件来完善网页，使网页具有动感效果。最终效果如图 9-55 所示。

图 9-55　实战效果

2. 实战要求

① 添加 Flash 文件。

② 添加 Applet 小程序。

③ 添加背景音乐。

3．操作提示

（1）准备页面

🐬 步骤

① 从素材中的 ch9 文件夹下复制全部内容到本地计算机的 dmt 文件夹中。

② 启动 Dreamweaver CS5，打开 dmt 文件夹中的网页文件 index1.html。

（2）插入 Flash

🐬 步骤

① 将鼠标置于第 2 行的表格左侧单元格内，单击选中"插入"面板的"常用"类别"媒体"按钮右侧的下拉按钮·，在弹出的选项中选择"Flash"。

② 在弹出的对话框中选择 images 文件夹中的文件 leftmenu.swf，单击"确定"按钮，效果如图 9-56 所示。

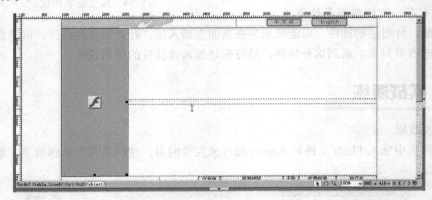

图 9-56　插入 leftmenu.swf 后的效果

③ 用同样的方法，在右侧单元格中插入 Flash 文件 photo.swf，效果如图 9-57 所示。

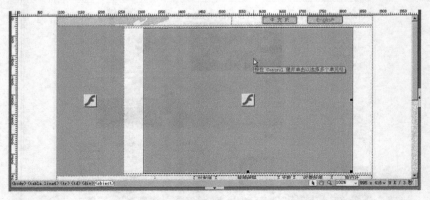

图 9-57　插入 photo.swf 后的效果

（3）插入 Applet 小程序

🐬 步骤

① 将鼠标置于如图 9-58 所示要添加 Applet 小程序的单元格中。

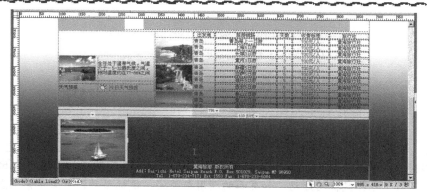

图 9-58　将光标置于单元格内

② 单击"媒体"按钮右侧的下拉按钮，在弹出的选项中选择 Applet 按钮。

③ 在弹出的对话框中选择 Applet 控件 Lake.class，这个控件主要使图像具有像湖水一样的波动效果，同时在"属性"栏中设置其宽度为 609 像素、高为 120 像素，如图 9-59 所示。

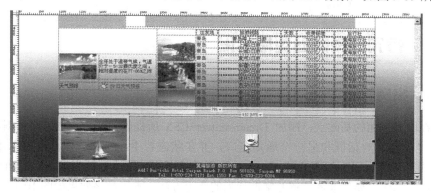

图 9-59　添加 Applet 控件

④ 选中 Applet 占位符，在"属性"栏中单击"参数"按钮，弹出如图 9-60 所示的对话框。在"参数"一栏中输入 image，在"值"一栏中指定图像的路径 images\banner_5.jpg，单击"确定"按钮。

至此已经完成了网页的制作，然后将网页另存为文件 index.html 即可。

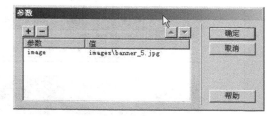

图 9-60　设置参数

本章小结

在本章中详细介绍了如何使用声音、视频、Applet、ActiveX 控件和插件这些多媒体元素来美化网页。详细讲解了各媒体元素的插入及设置方法，以及第三方插件的安装和使用，使读者了解如何扩展 Dreamweaver CS5 的功能。

第10章 行 为

如果想要使网页更"聪明"的话，就要使用"行为"来感知外界的信息并做出相应的响应。这些外界信息包括鼠标的活动，如页面的调用与关闭、鼠标移动到页面元素上点击元素或移开元素，以及焦点的改变和键盘的情况等，对不同的页面内容有不同的事件。

本章重点:
- 行为由事件和动作两部分组成
- 在网页中添加行为
- 为事件选择合适的动作

10.1 "行为"使网站更智能化

10.1.1 案例综述

本例将在原有页面的基础上，添加 Dreamweaver CS5 所提供的行为，当访问者浏览网页时，会同时弹出"欢迎"对话框和另一个通知窗口，并在状态栏中显示文字"欢迎进入本站!"。另外，利用行为还可使页面中的图片被拖动，单击则转换图片，使原本较为呆板的页面更加生动、丰富起来。通过本例主要使读者了解并掌握行为的使用方法。本例最终效果如图 10-1 所示。

图 10-1 实例效果

10.1.2　案例分析

行为的关键在于 Dreamweaver CS5 中提供了很多动作，其实就是标准的 JavaScript 程序，每个动作可以完成特定的任务。这样，如果用户所需要的功能在这些动作中，那么就不需要自己编写 JavaScript 程序了。

添加行为时要分 3 个步骤进行。

① 选择对象。

② 添加动作。

③ 调整事件。

10.1.3　实现步骤

1．准备页面

步骤

① 从素材文件夹复制全部内容到本地计算机的 xw 文件夹中。

② 启动 Dreamweaver CS5，并将 xw 文件夹设置为站点根文件夹。打开 xw 文件夹中的网页文件 index.htm。

2．设置"弹出信息"

步骤

① 在标签栏中选中<body>标签，如图 10-2 所示。

② 选择菜单"窗口"|"行为"命令，打开"行为"面板。

③ 单击"行为"面板上的"添加行为"按钮，弹出"行为"菜单，选择"弹出信息"选项，如图 10-3 所示。

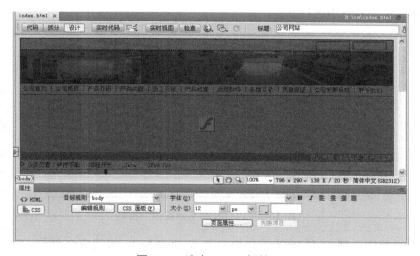

图 10-2　选中<body>标签

图 10-3　行为菜单中的
"弹出信息"选项

④ 弹出"弹出信息"对话框，在"消息"文本框中输入文本"欢迎光临软件下载之家！希望您一直关注我们，谢谢！"，如图 10-4 所示。

⑤ 单击"确定"按钮，在"行为"面板中显示了"弹出信息"项。单击左侧列表箭头按钮，弹出选项列表，在其中选择 onLoad 选项，表示载入当前网页时弹出信息框，完成后"行为"面板如图 10-5 所示。

图 10-4　输入"弹出信息"文本　　　　　　图 10-5　完成设置后的"行为"面板

3．打开浏览器窗口

在打开网站首页的同时，弹出一个小型的浏览器窗口，在窗口中显示另外一个页面的内容，如通知或广告，这种效果常用于各大门户网站。

步骤

① 新建一个 HTML 网页，在 HTML 文档左上角插入一个 AP Div 元素，并输入通知文字，如图 10-6 所示，将文件保存为 Window.htm。

② 进入主窗口页面 index.htm 的编辑窗口。

③ 在标签栏选中<body>标签，作为对象。

④ 单击"行为"面板上的"添加行为"按钮 ，弹出"行为"菜单，选择"打开浏览器"选项，在弹出的如图 10-7 所示的对话框中进行设置。

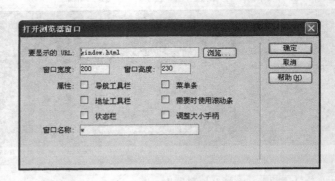

图.10-6　新建弹出页面　　　　　　图 10-7　"打开浏览器窗口"窗口

⑤ 单击"浏览"按钮，选择刚才制作好的弹出窗口的页面 window.htm，设置窗口宽度、窗口高度，选择是否在弹出窗口中显示导航工具栏、地址工具栏、状态栏、菜单条。另外，需要时显示滚动条，指定如果内容超出可视区域应该显示滚动条。调整大小手柄使用户能够调整窗口的大小。窗口名称是新窗口的名称。

⑥ 最后，在"行为"面板中调整事件为 onLoad。

4. 设置状态栏文本

🐬 **步骤**

① 在"行为"面板中单击"添加行为"按钮 ➕，在弹出的菜单中选择"设置文本"｜"设置状态栏文本"选项，如图 10-8 所示。

② 在弹出的"设置状态栏文本"的对话框中的"消息"栏中写入"欢迎进入本站！"，如图 10-9 所示。在"行为"面板中设置事件为 onLoad。

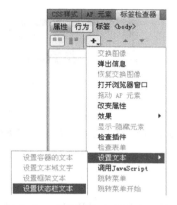

图 10-8　"设置状态栏文本"选项

图 10-9　"设置状态栏文本"对话框

5. 设置文本域文本

🐬 **步骤**

① 选中网页表单中"用户名"后面所对应的"文本域"，在"行为"面板中单击"添加行为"按钮 ➕，在弹出的菜单中选择"设置文本"｜"设置文本域文字"选项。

② 随后弹出"设置文本域文字"对话框，在"文本域"下拉框中选择"文本 textfield1（用户名后面所对应的"文本域"名称），在"新建文本"栏中输入文本"请输入用户名"，如图 10-10 所示。

③ 单击"确定"按钮，在"行为"面板中设置事件为 onMouseOver，即当光标移到该文本域上时，则显示提示文字"请输入用户名"。

④ 按 F12 键预览其效果。

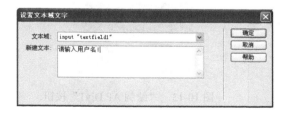

图 10-10　"设置文本域文字"对话框

6. 创建图像交换功能

交换图像行为的功能是将一个图像和另一个图像进行交换，当用户把鼠标放置在页面图像上方的时候，该图像会换成另一幅图像。

🐬 **步骤**

① 选择广告空间中的图像，在"属性"面板最左侧的文本框中为该图像输入一个名称 img1，单击"行为"面板中"添加行为"按钮 ➕，在弹出的菜单中选择"交换图像"选项。

② 弹出"交换图像"对话框，在"图像"栏中选择当前图像，在"设定原始档"栏中单击

"浏览"按钮，找到 images 文件夹中的图像 604x97.jpg，如图 10-11 所示。

③ 单击"确定"按钮，此时回到"行为"面板，将会看到同时添加了一个"恢复交换图像"动作项，可以看出，两者是成对出现的。

④ 设置相应的事件，这里设置"交换图像"的事件为 onMouseOver，"恢复交换图像"的事件为 onMouseOut，如图 10-12 所示。

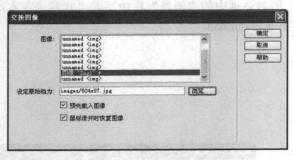

图 10-11　设置完后的"交换图像"对话框　　图 10-12　添加交换图像的"行为"面板

7. 将 AP 元素设置为可拖动

步骤

① 在"插入"栏中选择"布局"选项，在"布局"栏中单击"绘制 AP Div"按钮，如图 10-13 所示。

② 在编辑窗口的任何位置处绘制一个 AP Div1，在"属性"栏中将其宽度设置为 120 像素，高度为 100 像素，并在 AP Div1 层中插入图片 CAMP6.jpg，如图 10-14 所示。

图 10-13　"绘制 AP Div1"按钮　　　　　　图 10-14　插入图片

③ 选中<body>标签，单击"行为"面板上的"添加行为"按钮，在下拉菜单中选择"拖动 AP 元素"选项，如图 10-15 所示。

　提示

在这里如果选中的是 AP 元素，则"拖动 AP 元素"在菜单中呈现为灰色，这是因为 AP 元素在两个 4.0 版本的浏览器中都不接受事件，所以必须选择一个不同的对象，如<body>标签或链接标签。

④ 在打开的对话框中，有"基本"与"高级"两个选项卡，默认状态为"基本"选项卡设置状态。在"AP 元素"下拉框中选择要添加行为的层，本例为"Layer 1"，如图 10-16 所示。

⑤ 指定访问者可以向哪个方向拖动 AP 元素（水平、垂直或任意方向），也就是说访问者应该将 AP 元素拖动到的目标；指定如果 AP 元素在目标一定数目的像素范围内是否靠齐目标，以及当 AP 元素接触到目标时应该执行的操作和其他更多的选项。

10-15　在菜单中选择"拖动 AP 元素"选项 　　　　图 10-16　选择"拖动 AP 元素"名称

⑥ 单击"确定"按钮，并在"行为"面板中的左侧下拉列表中选择 onMouseDown，也就是当鼠标按下并未释放时可以拖动该元素。

到此网页已经设置完成，按 F12 键预览其效果。

10.2　行为概述

一般来说，行为是动作和触发该动作的事件的结合体。每个行为包括一个动作（Action）和一个事件（Event）。任何一个动作都需要一个事件激发它，它们两个是相辅相成的一对。动作是一段先已编好的 JScript 代码，这些代码在特定事件被激发时执行。例如：鼠标单击网页中某一特定对象时，就播放一段音乐或弹出一个指定大小的窗口。

Dreamweaver 内置了 20 多个行为，登录 Macromedia 官方网站可以获取更多的行为。

10.2.1　"行为"面板

在 Dreamweaver CS5 中，对行为的添加和控制主要通过"行为"面板来实现。选择"窗口"|"行为"命令，打开"行为"面板，如图 10-17 所示。

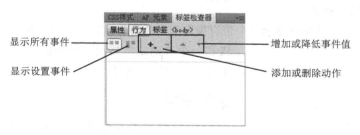

图 10-17　"行为"面板

在面板上分别有 6 个按钮，其主要作用如下。

显示设置事件按钮 ▤▤——仅显示附加到当前文档的那些事件。"显示设置事件"是默认的视图，如图 10-18 所示，它是一个网页已添加行为时"行为"面板的显示效果。

显示所有事件按钮 ▤▤——按字母降序显示所有事件，也包括网页中已设置的事件，如图 10-19 所示。

添加行为按钮 ＋▾——单击"添加行为"按钮，会出现一个添加动作菜单，如图 10-20 所示，其中包含可以附加到当前所选元素的所有行为。当从该菜单中选择一个动作时，将出现一个对话框，在该对话框中可以指定附加动作的相关参数。如果动作呈灰色显示，说明该动作不能附加在所选页面元素上。

页面添加的行为会显示在"行为"列表框中，当单击行为列表框中所选事件名称旁边的箭头按钮时，会出现一个下拉菜单，其中包含可以触发该动作的所有事件，如图 10-21 所示。根据所选对象的不同，显示的事件也有所不同。

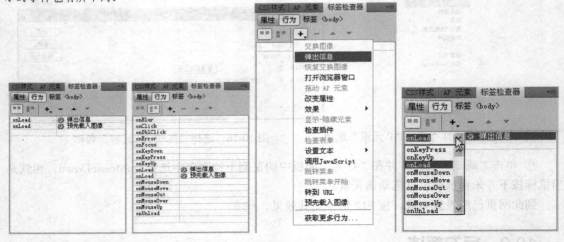

图 10-18　显示设置事件　图 10-19　显示所有事件　图 10-20　添加动作菜单　图 10-21　更改事件下拉选项

删除事件按钮 ──删除列表中所选的事件和动作。

增加事件值按钮　**降低事件值按钮** 将特定事件的所选动作在行为列表中向上或向下移动。给定事件的动作是以选定的顺序执行的，可以为选定的事件更改动作的顺序，例如更改 onLoad 事件的多个动作的发生顺序，但是所有 onLoad 动作在行为列表中都靠在一起。对于不能在列表中上下移动的动作，箭头按钮将被禁用。

10.2.2　应用内置 JavaScript 行为

通过"行为"面板上的"添加行为 " 按钮，可以将行为附加到整个文档，也可以附加到链接、图像、表单元素或多种其他 HTML 元素中的任何一种。

1．"弹出信息"行为

使用"弹出信息"动作将显示一个带有指定消息的警告窗口，该警告窗口包含 JavaScript 警告和一个"确定"按钮。使用此动作只能提供信息，而不能为用户提供选择。

图 10-22　"添加行为"按钮下拉菜单

步骤

① 选择对象并打开"行为"面板。单击"添加行为"按钮 ，打开下拉菜单，如图 10-22 所示。在其中可以根据需要选择行为。

② 从"添加行为"菜单中选择"弹出信息"。打开"弹出信息"对话框，如图 10-23 所示。

③ 在"消息"域中输入在"信息"框中将要显示的信息文字。

④ 设置完成后单击"确定"按钮。

⑤ 检查"行为"面板中默认事件是否是所需的事件，如果不是，从弹出式菜单中选择另一个事件。

2."打开浏览器窗口"行为

使用"打开浏览器窗口"行为可在一个新的窗口中打开 URL。可以指定新窗口的属性（包括其大小）、特性（是否可以调整大小、是否具有菜单栏等）和名称。

步骤

① 将光标定位到页面中，打开"行为"面板。

② 单击按钮 ，并从"添加行为"菜单中选择"打开浏览器窗口"命令。打开"打开浏览器窗口"对话框，如图 10-24 所示。

图 10-23　"弹出信息"对话框

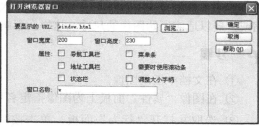

图 10-24　"打开浏览器窗口"对话框

③ 在上图所示对话框中可以进行如下设置。

要显示的 URL——单击"浏览"按钮选择一个新窗口中出现的网页文件，或直接输入一个要在新窗口中打开的网址。

窗口宽度　窗口高度——指定窗口的宽度和高度（以像素为单位）。

属性

　　导航工具栏——浏览器导航按钮（包括"后退"、"前进"、"主页"和"重新载入"）。

　　地址工具栏——包括地址文本框的浏览器选项。

　　状态栏——位于浏览器窗口底部的区域，在该区域中显示消息。

　　菜单条——浏览器窗口上显示菜单的区域。如果要让访问者能够从新窗口导航，应该设置此选项。

　　需要时使用滚动条——指定如果内容超出可视区域应该显示滚动条。如果不设置此选项，则不显示滚动条。如果"调整大小手柄"选项也关闭，则访问者将不能看到超出窗口原始大小以外的内容。

　　调整大小手柄——指定用户可以调整窗口的大小，方法是手动调整窗口的右下角或单击右上角的最大化按钮。

窗口名称——指新窗口的名称。

④ 设置完成后单击"确定"按钮。

⑤ 检查"行为"面板中默认事件是否是所需的事件。如果不是，从弹出式菜单中选择另一个事件。

3."设置文本"行为

使用 Dreamweaver 内置的"设置文本"行为可以动态地设置容器、文本域、框架，以及状态栏中的文本。由于"设置层文本"、"设置框架文本"、"设置文本域文本"、"设置状态栏文本" 4 个行为的添加方法相似，这里以"设置状态栏文本"为例，介绍如下。

步骤

① 选择一个对象并打开"行为"面板。

② 单击按钮 **+**，并从"添加行为"菜单中选择"设置文本"｜"设置状态栏文本"（或"设置层文本"、"设置框架文本"、"设置文本域文本"）命令。打开"设置状态栏文本"对话框，如图 10-25 所示。

③ 在"消息"文本框中输入相应的信息。

4. "交换图像"行为

"交换图像"行为通过更改 img 标签的 src 属性将一个图像和另一个图像进行交换。使用此行为创建"鼠标经过图像"和其他图像效果（包括一次交换多个图像）。插入"鼠标经过图像"会自动将一个"交换图像"行为添加到页面中。

使用该行为必须用一幅与原始图像一样大的图像来交换原来的图像，否则交换的图像将被压缩或扩展以适应原始图像的尺寸，这样会影响图像的显示效果。

步骤

① 在文档中插入图像。

② 在图像"属性"面板上为图像指定名称（在以后指定图像时易于辨认）。

③ 选取并打开"行为"面板，单击按钮 **+** 并从"动作"下拉列表中选择"交换图像"选项，打开如图 10-26 所示的对话框。

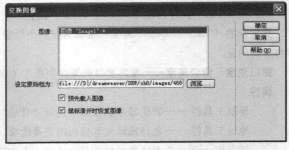

图 10-25 "设置状态栏文本"对话框　　　　图 10-26 "交换图像"对话框

④ 在"交换图像"对话框中可以进行如下设置。

图像——选取需要改变其源文件的图像。

设定原始档为——选取新的图像文件，或在"设定原始档为"域中输入新图像的文件路径和名称。

预先载入图像——提高图像显示效果。

⑤ 设置完成后单击"确定"按钮，在"行为"面板中选择适当的事件。

在添加了"交换图像"行为后，可以看到同时也就有了"恢复交换图像"行为，"交换图像"和"恢复交换图像"经常是成对出现的。

5. "转到 URL"行为

使用"转到 URL"行为可以在当前窗口或指定窗口中打开一个新页。此操作尤其适用于通过一次单击更改两个或多个框架的内容。例如，可以为按钮添加链接，或当鼠标放到图像上时跳转到新的页面等。

步骤

① 选择要添加该行为的对象。

② 选取并打开"行为"面板，单击按钮 **+** 并从"动作"下拉列表中选择"转到 URL"，打

开如图 10-27 所示的对话框。

③ 在"转到 URL"对话框中可以进行如下设置。

打开在——显示新的 URL 的窗口，默认是"主窗口"。

"浏览"按钮——选择要打开的文档，或在 URL 域中输入要打开文档的路径和名称。

④ 设置完成后单击"确定"按钮，在"行为"面板中选择适当的事件触发该动作。

6．"显示-隐藏元素"行为

"显示-隐藏元素"行为可显示、隐藏或恢复一个或多个页面元素的默认可见性。此行为用于在用户与页进行交互时显示信息。例如，当用户将鼠标指针移到某图像上时，可以显示一个页面元素，此元素给出有关该图像的详细信息。

添加"显示-隐藏元素"行为的具体操作步骤如下。

🐋　步骤

① 在文档窗口创建要附加该行为的元素，然后在元素中放置要隐藏/显示的图像或文字。

② 打开"行为"面板，单击按钮 ➕ 并从"动作"下拉列表中选择"显示-隐藏元素"，打开如图 10-28 所示的对话框。

图 10-27　"转到 URL"对话框　　　　　图 10-28　"显示-隐藏元素"对话框

　提示 --

> 如果"显示-隐藏元素"不可用，则您可能已选择了一个 AP 元素。因为 AP 元素不接受 4.0 版浏览器中的事件，所以必须选择另一个对象，例如 <body> 标签或某个链接 (<a>) 标签。

③ 在"显示-隐藏元素"对话框中可以进行如下设置。

元素——在列表中选择要更改其可见性的元素。

显示——单击"显示"按钮可以显示该元素。

隐藏——单击"隐藏"按钮可以隐藏该元素。

默认——单击"默认"按钮恢复 AP 元素的默认可见性。

④ 单击"确定"按钮，检查默认事件是否是所需的事件。如果不是，可以从弹出式菜单中选择适合的事件。

7．"拖动 AP 元素"行为

"拖动 AP 元素"行为允许访问者拖动 AP 元素。使用此行为创建拼图游戏、滑块控件和其他可移动的界面元素，可以指定访问者向哪个方向拖动 AP 元素（水平、垂直或任意方向），访问者应将该 AP 元素拖动到哪个目标，如果 AP 元素在目标范围内是否将 AP 元素靠齐目标，当 AP 元素接触到目标时应该执行的操作和其他更多选项。

添加"拖动 AP Div 元素"行为的具体操作步骤如下。

步骤

① 在"标签"选择器上选择<body>标签。这里不要选择 AP 元素，因为 AP 元素在版本较低的浏览器中不能接受事件。

② 选取并打开"行为"面板，单击按钮 **+**，并从"动作"下拉列表中选择"拖动 AP 元素"选项，打开"拖动 AP 元素"对话框，该对话框包括"基本"与"高级"两个选项卡，默认状态为"基本"，打开如图 10-29 所示的对话框。

根据需要可以进行如下设置。

AP 元素——选择要拖动的 AP 元素。

移动——包含"限制"或"不限制"两个选项。不限制移动适用于拼图游戏和其他拖放游戏，对于滑块控件等适合选择限制移动。

放下目标——在"左"和"上"域中为拖放目标输入以像素为单位的值。

取得目前位置——用层的当前位置自动设置"放下目标"、"靠齐距离"文本框。

靠齐距离——输入一个以像素为单位的值，确定访问者必须放目标多近，才能将层靠齐到目标。

③ 如果要进一步定义 AP 元素的拖动控制点、在拖动 AP 元素时跟踪 AP 元素的移动，以及当放下 AP 元素时触发一个动作，可单击"高级"选项卡，继续进行"高级"选项卡中各选项的设置，如图 10-30 所示。

图 10-29　"拖动 AP 元素"对话框的"基本"选项卡　　　图 10-30　"拖动层"对话框的"高级"选项卡

根据需要可以进行如下设置。

拖动控制点——在其下拉列表中包括"整个元素"与"元素内区域"两个选项，默认选项为"整个元素"。如果选择"元素内区域"选项，则指定访问者必须单击 AP 元素的特定区域才能拖动元素，要求输入左坐标和上坐标，以及拖动控制点的宽度和高度。

拖动时——如果 AP 元素在被拖动时应该移动到堆叠顺序的顶部，则选择"留在最上方"。如果选择此选项，则在后面的下拉菜单中选择是否将保留在最前面或将其恢复到它在堆叠顺序中的原位置。在"呼叫JavaScript"域中输入 JavaScript 代码或函数名称，在拖动 AP 元素时会反复执行该代码或函数。

放下时——在第二个"呼叫 JavaScript"域中输入 JavaScript 代码或函数名称，以在放下 AP 元素时执行该代码或函数。如果只有在 AP 元素到大目标时才执行该 JavaScript，则选择"只有在靠齐时"选项。

④ "拖动 AP 元素"对话框设置完成后，单击"确定"按钮。

⑤ 检查"行为"面板中默认事件是否是所需的事件。如果不是，从弹出式菜单中选择合适的事件。

8. "调用 JavaScript"行为

"调用 JavaScript"行为在事件发生时执行自定义的函数或 JavaScript 代码行。（可以自己编写 JavaScript，也可以使用 Web 上各种免费的 JavaScript 库中提供的代码。）

步骤

① 选择一个对象，然后从"行为"面板"添加行为"菜单中选择"调用 JavaScript"。

② 准确输入要执行的 JavaScript，或输入函数的名称。

例如，若要创建一个"后退"按钮，可以输入 if (history.length > 0){history.back()}。如果已将代码封装在一个函数中，则只需输入该函数的名称（例如 hGoBack()）。

③ 单击"确定"按钮，验证默认事件是否正确。

9．"改变属性"行为

使用"改变属性"行为可更改对象某个属性（例如 Div 的背景颜色或表单的动作）的值。

提示 --

只有在非常熟悉 HTML 和 JavaScript 的情况下才使用此行为。

 步骤

① 选择一个对象，然后从"行为"面板的"添加行为"菜单中选择"改变属性"选项。

② 弹出的"改变属性"对话框如图 10-31 所示，从"元素类型"菜单中选择某个元素类型，以显示该类型的所有标识的元素。

③ 从"元素 ID"菜单选择一个元素。

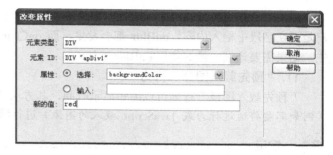

图 10-31　"改变属性"对话框

④ 从"属性"菜单中选择一个属性，或在文本框中输入该属性的名称。

⑤ 在"新的值"域中为新属性输入一个新值。

⑥ 单击"确定"按钮，验证默认事件是否正确。

10．"检查表单"行为

"检查表单"行为可检查指定文本域的内容以确保用户输入的数据类型正确。通过 onBlur 事件将此行为附加到单独的文本字段，以便在用户填写表单时验证这些字段，或通过 onSubmit 事件将此行为附加到表单，以便在用户单击"提交"按钮时同时计算多个文本字段。将此行为附加到表单可以防止在提交表单时出现无效数据。

 步骤

① 若要在用户提交表单时检查多个域，请在"文档"窗口左下角的标签选择器中单击<form> 标签并选择"窗口"|"行为"命令。

② 从"添加行为"菜单中选择"检查表单"命令。

③ 弹出如图 10-32 所示的"检查表单"对话框。可执行下列操作之一。

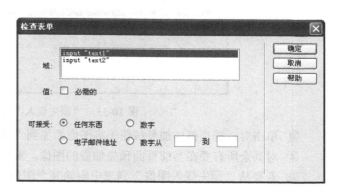

图 10-32　"检查表单"对话框

　　◇　如果要验证单个域，请从"域"列表中选择已在"文档"窗口中选择的相同域。

　　◇　如果要验证多个域，请从"域"列表中选择某个文本域。

④　如果该域必须包含某种数据，则选择"必需"选项。

⑤　选择下列"可接受"选项之一。

任何东西——检查必需域中包含有数据，数据类型不限。

电子邮件地址——检查域中包含一个 @ 符号。

数字——检查域中只包含数字。

数字从——检查域中包含特定范围的数字。

⑥　如果选择验证多个域，请对要验证的任何其他域重复第④步和第⑤步。

⑦　单击"确定"按钮。

　　如果在用户提交表单时检查多个域，则 onSubmit 事件自动出现在"事件"菜单中。如果要分别验证各个域，则检查默认事件是否是 onBlur 或 onChange。如果不是，请选择其中一个事件。

　　当用户从该域移开焦点时，这两个事件都会触发"检查表单"行为。不同之处在于：无论用户是否在字段中输入内容，onBlur 都会发生，而 onChange 仅在用户更改了字段的内容时才会发生。如果需要该域，最好使用 onBlur 事件。

11．"预先载入图像"行为

　　"预先载入图像"行为可以缩短显示时间，其方法是对在页面打开之初不会立即显示的图像（例如那些将通过行为或 JavaScript 载入的图像）进行缓存。

提示

　　"交换图像"行为会自动预先加载在"交换图像"对话框中选择"预先载入图像"选项时所有高亮显示的图像，因此当使用"交换图像"时不需要手动添加"预先载入图像"。

步骤

①　选择一个对象，然后从"行为"面板的"添加行为"菜单中选择"预先载入图像"命令。

②　弹出"预先载入图像"对话框，如图 10-33 所示，单击"浏览"选择一个图像文件，或在"图像源文件"框中输入图像的路径和文件名。

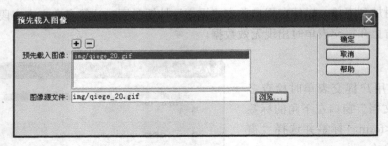

图 10-33　"预先载入图像"对话框

③　单击对话框顶部的加号按钮 将图像添加到"预先载入图像"列表中。

④　对其余所有要在当前页面预先加载的图像，重复第②步和第③步。

⑤　若要从"预先载入图像"列表中删除某个图像，请在列表中选中该图像，然后单击减号按钮 。

⑥ 单击"确定"按钮，验证默认事件是否正确。

10.3　实战演练

1．实战效果

本章介绍了 Dreamweaver CS5 提供的几种常用行为，为使读者能够充分理解各种行为的作用并掌握行为的添加方法，在此利用几个已完成的页面，为其添加适当的行为，从而使页面产生交互的效果。

2．实战要求

在本章实战演练中，将为几个页面添加以下行为。

① 利用行为为网页添加"弹出信息"和"打开浏览器"功能。

② 添加拖动层行为。

③ 利用行为设置层文本和文本域文字。

3．制作提示

（1）利用行为为网页添加"弹出信息"和"打开浏览器"功能

① 打开文件 behaviors1.htm。

② 选中第 1 行中的第一个图像，在行为面板中添加"弹出信息"行为，事件为 onclick，如图 10-34 所示。

③ 选中第 1 行中的第二个图像，在行为面板中添加"打开浏览器"行为，调整事件为 onDblclink，如图 10-35 所示。

（2）在线穿衣——添加拖动 AP Div 元素行为

① 在 Dreamweaver 站点中新建文件，并在文档窗口中将其打开。

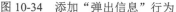
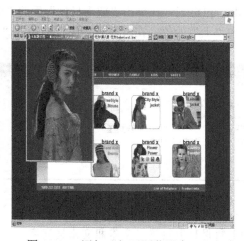

图 10-34　添加"弹出信息"行为　　　　　图 10-35　添加"打开浏览器窗口"行为

② 打开"插入"面板，单击"布局"类别中的"绘制 AP Div"按钮。将鼠标移动至页面文档中进行绘制 3 个 AP Div 元素，如图 10-36 所示，分别用来插入"模特"、"上衣"和"裤子"图像。

③ 将鼠标光标定位在第 1 个 Div"层"内。打开"插入"面板的"常用"选项卡，单击"图像"按钮。在弹出的"选择图像源文件"对话框中，通过浏览选择站点内的图像文件

ch10\images\boy.jpg，在第 2 个"层"内插入 ch10\images\S1.jpg，在第 3 个"层"内插入 ch10\images\K1.jpg

④ 拖动三个 AP Div 元素，摆放好位置，将它们组合为一个穿好上衣、裤子的小人，如图 10-37 所示。

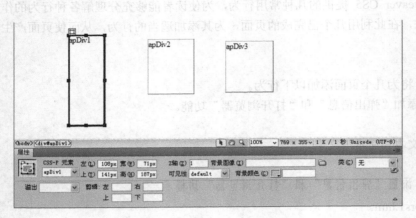
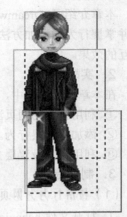

图 10-36　绘制三个 AP Div　　　　　　　图 10-37　将三个 Div 层摆放好位置

⑤ 然后设置"上衣"图像和"裤子"图像所在的 Div 层的拖动行为，将鼠标定位在网页中空白处，打开"行为"面板，单击"添加行为"按钮，在弹出的菜单中选择"拖动 AP Div 元素"命令。

⑥ 在弹出的如图 10-38 所示的"拖动 AP Div 元素"对话框中，设置如下：在"AP 元素"中选择"div apDiv2"；在单击"放下目标"后的"取得目前位置"按钮可以获得当前 AP Div 所在的"左"和"上"的值。在"靠齐距离"中输入"50"像素接近放下目标。单击"确定"按钮完成行为的添加。

⑦ 重复上一步骤，添加 Div "apDiv3"的"拖动 AP 元素"行为，同时单击"取得目前位置"按钮。

按 F12 键预览可看到拖动上衣和裤子且当上衣和裤子移动至模特附近"50"像素范围内时，图像自动吸附的效果。

图 10-38　"拖动 AP 元素"对话框

（3）利用行为设置层文本和文本域文字

① 打开文件 behaviors3.htm。

② 选中 apDiv1，添加"设置层文本"行为，为 apDiv2 设置文本"她真好:>"，选择事件为 onClick。

③ 再次选中 apDiv1，添加"设置层文本"行为，为 apDiv2 设置文本"一款经典跑车"，选择事件为 onMouseOut。

④ 选中文本域，添加"设置文本域文字"行为，当鼠标在文本域上停留时，显示文字"欢

迎光临！您有什么疑问请与我们联系"，而当在文本域上单击鼠标时，文本域清空，如图 10-39
所示。

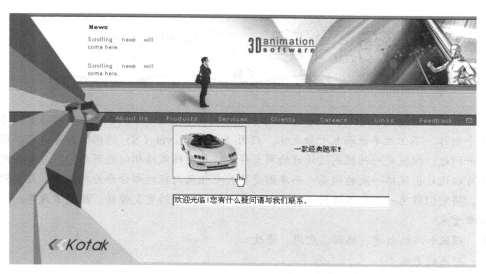

图 10-39 添加"设置层文本"和"文本域文字"行为

本章小结

本章详细介绍了行为的常用功能，例如，在新的浏览器窗口显示放大图像、创建可拖动 AP
元素、检查浏览器和表单、设置文本和显示弹出式菜单等。

第 11 章　模板和库

通常在一个网站中会有几十，甚至几百个风格相似的页面，对于这种类型的网页，每个页面都逐个制作，不但效率低而且十分乏味。应用 Dreamweaver CS5 的模板和库，可以很好地解决这一问题。模板是一种预先设计好的网页样式，在制作风格相似的页面时，只要套用这种模板便可以设计出风格一致的网页。而库则是将具有相同内容的部分存为库元素，在用到这些部分时，将它们作为一个整体进行调用即可，这也避免大量的重复劳动，提高了效率。

本章重点：

- 模板和库的创建、编辑、应用、修改
- 站点的更新

11.1　应用模板制作相似网页——美文随笔

11.1.1　案例综述

本例通过模板设计出网页的整体风格、布局，当制作各个分页时，通过模板来创建，而当修改模板时，应用该模板的网页都将随之改变，这使网页的制作形成一种批量生产的形式，大大提高了工作效率。实例效果如图 11-1 所示。

通过本例的学习将使读者掌握创建模板的方法、学会创建基于模板的网页文档、修改模板并更新网页。

11.1.2　案例分析

在网站中，常常有很多布局风格相似的 Web 页面，在制作中，可利用模板来设计其相同部分，不同之处留为可编辑区域，在具体制作网页时，再将具体内容填入可编辑区域。

观察如图 11-2 所示的页面，上半部共有 3 部分的内容在不同页面是不同的，分别是标题、作者名和文章内容，将它们定义为可编辑区域。下半部的三行图片处理方式相同，可使用模板的重复区域进行设

图 11-1　实例效果

计，而左侧的新闻列表，也可以重复区域来制作。

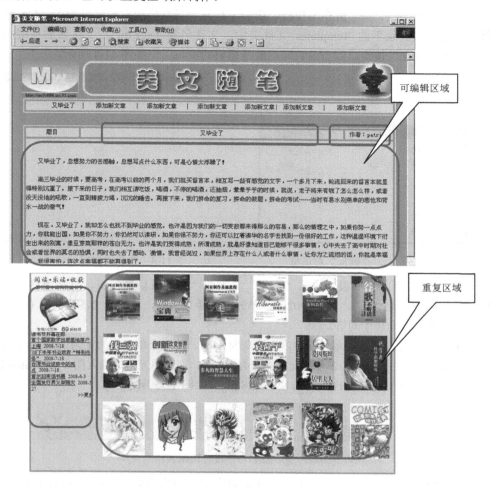

图 11-2　模板中的可编辑区域及重复区域

11.1.3　实现步骤

1．制作模板

制作模板和制作一个普通的页面完全相同，只是不需要把页面的所有部分都制作完成，仅仅需要制作出导航条、标题栏等各个页面的公有部分，而把中间可变化的区域作为可编辑区域留下来，在具体制作各个网页时再来制作。为了避免编辑时误操作而导致模板中的元素变化，模板中的内容默认为不可编辑，只有把某个区域或者某段文本设置为可编辑状态之后，在由该模板创建的文档中才可以改变这个区域。

模板的制作过程可分为两步进行，即基本页面的制作和插入模板区域。

（1）基本页面的制作

步骤

① 创建站点 mb，站点根目录为 D:\mb，站点默认图像文件夹为 D:\mb\images。在站点中新建页面，选择"修改"|"页面属性"命令，打开"页面属性设置"对话框，设置页面标题为

"美文随笔"，背景色为#AF99F2（淡紫色），文本色为#000080（深紫色）。

② 选择"文件"|"另存为模板"命令，打开"另存模板"对话框如图 11-4 所示，将模板保存到站点根目录下的 Templates 文件夹中，文件名为 page.dwt，文件名的后缀由系统自动加上。单击"保存"按钮，则当前页面已经是模板的窗口了，如图 11-4 所示。

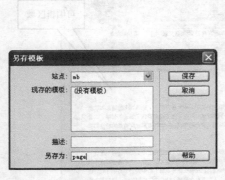

图 11-3　"另存模板"对话框　　　　　图 11-4　模板编辑窗口

③ 打开"插入"面板，单击"常用"分类的"插入表格"按钮，打开表格参数的设置对话框，插入 1×3 的表格 T1，宽为 902px，单元格间距为 4px，填充为 0，边框为 0。将表格属性中的对齐方式设置为居中对齐。

④ 将光标定位在表的单元格中，设置高为 84px，第 1 个单元格的宽为 115px，在单元格中插入图片 ch11\img\logo.png；第 2 个单元格的宽为 639px，在此单元格中插入图片 ch11\img\banner.png；在第 3 单元格插入图片 ch11\img_11240K28.jpg，如图 11-5 所示。

图 11-5　设置顶部表格

⑤ 另起一行，制作导航栏。插入 1×1 的表格 T2，设置宽为 902px，边框为 1px，间距为 4px。

⑥ 将光标定位在表的单元格中，设置高为 18px，边框色、背景色为#DECEFF（淡粉紫），设置"水平"为居中对齐。输入文章标题，中间用竖线间隔。因为模板中的文章内容尚未确定，暂用"添加新文章"替代，以后再作修改，如图 11-6 所示。

图 11-6　添加文章标题

⑦ 另起一行，插入 1×1 的表格 T3，设宽为 902px，设单元格高为 23px，用于拉开标题与正文的间隔。

⑧ 另起一行，制作正文部分。插入 3×1 的表格 T4，设宽为 902px，单元格间距为 4px，填充为 0，边框为 1px。设置单元格背景色为#DECEFF（淡粉紫），单元格边框色为#DECEFF（淡粉紫）。

⑨ 设第 1 行单元格高为 11px，拆分第 1 行为 3 列，从左到右宽度分别为 153px，597px，128px，选中各单元格，设置水平对齐为居中。在第 1 个单元格中输入"题目"，第 3 个单元格中输入"作者："将字体大小设置为 9pt，如图 11-7 所示。

图 11-7　制作主体内容的框架

⑩ 在表格 T4 下方，插入 1×1 的表格 T5，设宽为 902px，单元格间距为 4px，填充为 0，边框为 1px。设置单元格高为 17px，背景色为#DECEFF（淡粉紫），单元格边框色为#DECEFF（淡粉紫）。该单元格用于放置版权信息，因为其内容是固定不变的，因此可在制作模板时直接输入，将字体大小设置为 9pt，如图 11-8 所示。

图 11-8　版权信息

⑪ 打开 CSS 面板，新建.bk 类样式，存于样式表 style.css 中，在规则定义对话框中选择分类为边框，设置边框为 solid（实线），1px，白色。

⑫ 分别选中表格 T2、T3、T4，应用类样式.bk，为表格设置外边框。

（2）插入模板区域

在该例中，T4 表格的第 1、2 行中的标题、作者及文章内容部分可通过插入可编辑区域，使这些单元格插入内容，而第 2 行中只制作了一行的表格，后面的内容通过创建重复区域来实现。

● 创建可编辑区域

步骤

① 将光标定位在表格 T4 正文表格的第 1 行第 2 个单元格中，单击鼠标右键，从弹出的快捷菜单中选择"模板"|"新建可编辑区域"命令，此时会打开一个"新建可编辑区域"对话框，如图 11-9 所示，将可编辑区域命名为"title"。

图 11-9　"新建可编辑区域"对话框

② 将光标定位在第 3 个单元格中的"作者："后面，用同样的方法定义一个可编辑区域，命名为"author"，再将光标定位在第 2 行的单元格中，定义一个名为"content"的可编辑区域。定义完成后，效果如图 11-10 所示。

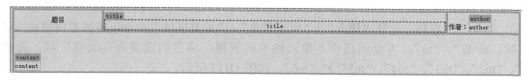

图 11-10　制作好的可编辑区域

● 创建重复区域=

步骤

① 将光标定位在表格 T4 的正文表格的第 2 行中，插入 1×3 的表格 T6，宽为 100%，第 1 列宽为 154px，第 2 列宽为 13px（用于间隔），第 3 列宽为 732px，如图 11-11 所示。

图 11-11　插入 T6 表格

② 在 T6 表格的第 1 个单元格中插入 4×1 的表格 T7，在第 1 个单元内插入图片占位符，大小为 135×90；选中图片，单击鼠标右键，在快捷菜单中选择"模板" | "新建可编辑区域"命令，名为 tupian，将其设为可编辑；在第 2 单元格输入图片注释文字，选中该文字也将其设为可编辑区域，名为 rem；在第四单元格输入"》》更多"，将字号设置为 9pt。制作如图 11-12 所示页面内容。

③ 将光标定位在第三单元格中，从菜单中选择"插入" | "模板对象" | "重复表格"命令，此时会打开一个"插入重复表格"对话框，设置重复区域名为"wen"，其他设置如图 11-13 所示。

④ 单击"确定"按钮后，在第 3 单元格中嵌入 1×1 表格，并将该表格创建为重复区域，同时在此区域中创建了可编辑区域，如图 11-14 所示。

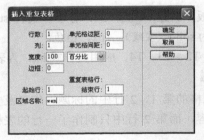

图 11-12　制作 T7 中的页面内容　　　　图 11-13　创建重复表格和可编辑区域

⑤ 在 T6 表格的第 3 列中插入 1×6 的表格 T8，宽为 723，如图 11-15 所示。

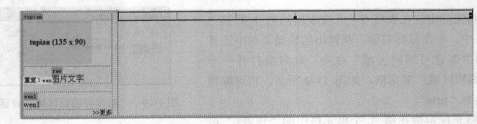

图 11-15　插入 T8 表格

⑥ 在各单元格中分别插入 1×1 表格，宽为 98%，将其对齐设置为水平居中，插入图片和文字，如图 11-16 所示。

⑦ 选中 T8 表格，选择"插入" | "模板对象" | "重复区域"命令，将该表格创建成可重复区域，命名为"tu"；再分别选中各单元格中的表格，将它们设置为可编辑区域，命名为"tu1"、"tu2"、"tu3"、"tu4"、"tu5"和"tu6"，如图 11-17 所示。

⑧ 设置完成后，单击"文件" | "保存"命令，保存模板文件，如图 11-18 所示为制作好的

模板页面。

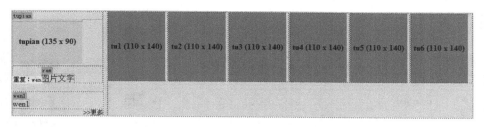

图 11-16　插入 T8 表格中的内容

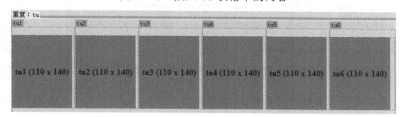

图 11-17　创建重复区域和可编辑区域

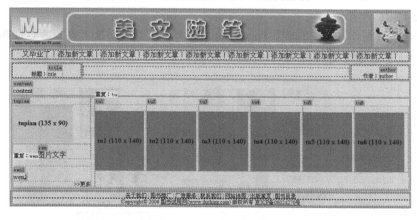

图 11-18　定义了重复区域和可编辑区域的模板

2．创建基于模板的网页文档

步骤

① 新建页面。在"文件"面板中单击"资源"选项卡，打开"资源"面板，单击面板左侧的"模板"按钮，选中刚才完成的 page.dwt 模板，将其拖入页面编辑窗口，此时页面的周围围绕着黄色的边框。这时，光标为不可单击状，这是因为在页面中引用模板时，模板的非可编辑部分是不能进行任何编辑的。

② 在可编辑区域中，可以添加制作任何元素。将光标定位在名为 title 的可编辑区域中，输入"《边城》续写"；将光标定位在名为 author 的可编辑区域中，输入"荆棘鸟"；将光标定位在名为 content 的可编辑区域中，输入"《边城》续写"的全文。将网页保存为 Page1.html，如图 11-19 所示。

③ 双击左侧可编辑区域 tupian 中的图片占位符，在选择图片对话框中选择图片 img\pc1.jpg；在可编辑区域 rem 中输入图片的注释文字；在重复区域中，单击"重复：wen"处的+加号按钮，增加一个表格，由于该表格同时定义了可编辑性，所以可以修改其中的内容，增

加及修改后的结果如图 11-20 所示。

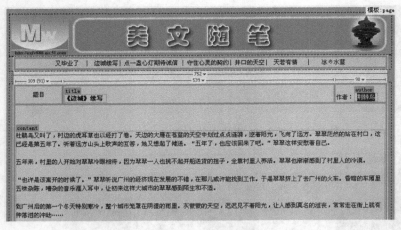

图 11-19　在可编辑区域中添加文字内容　　　　　　　　11-20　制作重复区域内容

④ 用同样的方法可制作"重复区域：tu"部分，增加表格并更换其中的图片和文字，完成后其效果如图 11-21 所示。

⑤ 用同样方法制作 Page2.html，Page3.html 页面，标题分别是"点一盏心灯期待诚信"和"守住心灵的契约"，作者分别是"刘舸"和"孙悦刚"。

图 11-21　重复区域内容的制作

3．修改模板并更新

在模板中导航栏并没有起到作用，下面进行修改，使其链接到相应的页面。

　　步骤

① 在"资源"面板中，选中 Page 模板，双击进入模板编辑状态。

② 将导航栏中的"添加新文章"替换为各文章名称"边城续写"、"点一盏心灯期待诚信"和"守住心灵的契约"，并分别创建超链接到 Page1.html，Page2.html 和 Page3.html，如图 11-22 所示。

③ 保存所修改的模板文件，保存完成后，会弹出一个对话框，询问是否要将改变应用到所有引用这个模板的页面中去，如图 11-23 所示，单击"更新"按钮，则 Dreamweaver 自动更新

所有用到这个模板的文件。

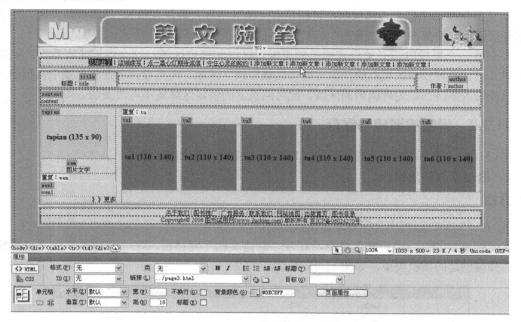

图 11-22　修改模板中的链接

④ 更新完成后，弹出一个对话框，显示这个模板有三个页面引用，报告页面更新情况，如图 11-24 所示。

图 11-23　更新提示　　　　　　　　　　图 11-24　"更新页面"对话框

⑤ 为了验证文件是否被改变，可重新打开 Page1.html 或 Page2.html，Page3.html，按 F12 键预览，验证其超链接。

 提示

　在模板中，可用 CSS 样式来设置格式，如超链接等，从而使基于该模板的所有网页都具此特性。

11.2　使用模板

11.2.1　模板的基本特点

1．可以生成大批风格相近的网页

模板可以帮助设计者把网页的布局和内容分离，快速制作大量风格布局相似的 Web 页面，使网页设计更规范，制作效率更高。

2．一旦模板修改将自动更新使用该模板的一批网页

从模板创建的文档与该模板保持链接状态（除非以后分离该文档），当模板改变时，所有使用这种模板的网页都将随之改变。

在创建一个模板时，必须设置模板的可编辑区域和锁定区域，这个模板才有意义。在编辑模板时，设计者可以修改模板的任何可编辑区域和锁定区域。而当设计者在制作基于模板的网页时，只能修改那些标记为可编辑的区域，此时网页上的锁定区域是不可改变的。

11.2.2　模板的创建与保存

可以从新建空白模板创建模板，也可以利用现成的网页来创建模板。

1．通过菜单创建模板

🐬 **步骤**

① 在"文件"面板中选择要创建模板的站点。

② 选择"文件"|"新建"命令，打开"新建文档"对话框，在"空白页"或"空模板"中，选择需创建的模板类型，如图 11-25 所示。

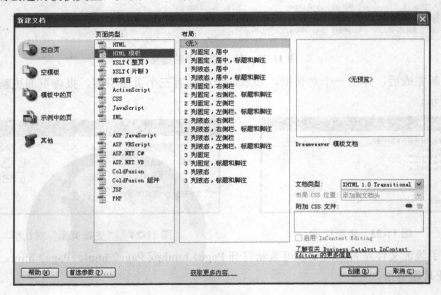

图 11-25　通过菜单创建模板

③ 单击"创建"按钮后，即创建一个空白模板。这时，在标题栏中标明当前页是一个模板。

2．通过"资源"面板创建模板

🐬 **步骤**

① 在"文件"面板中选择要创建模板的站点。

② 选择"窗口"|"资源"命令，打开"资源"面板，选定面板左侧的"模板"按钮，单击"添加"按钮，如图 11-26 所示，创建模板。

3．利用现成网页创建模板

🐬 **步骤**

① 选择"文件"|"打开"命令，打开欲作为模板的网页。

② 选择"文件"|"另存为模板"命令，系统弹出"另存模板"对话框，如图 11-27 所示。

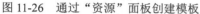

图 11-26 通过"资源"面板创建模板

图 11-27 "另存模板"对话框

③ 在"站点"下拉列表框中选定该模板所在站点，在"现存的模板"列表框中显示的是当前网站中已经存在的模板，在"另存为"文本框中输入新建模板的名称，单击"保存"按钮。此时新建的模板文件会保存在本地站点的 Templates 文件夹中。

新建模板时，必须明确模板是建在哪个站点中，模板文件都保存在本地站点的 Templates 文件夹中，如果该 Templates 文件夹在站点中尚不存在，Dreamweaver CS5 将在保存新建模板时自动创建该文件夹。模板文件的扩展名为.dwt。

11.2.3 模板区域

创建模板时可指定基于模板的文档中的哪些区域可编辑（或可重复等），方法是在模板中插入模板区域。创建模板时，可编辑区域和锁定区域都可以更改。但是，在基于模板的文档中，模板用户只能在可编辑区域中进行更改，无法修改锁定区域。

模板区域共有以下 3 种类型：

可编辑区域——基于模板的文档中的未锁定区域。它是模板用户可以编辑的部分。模板在制作时可以将模板的任何区域指定为可编辑的。要让模板生效，它应该至少包含一个可编辑区域；否则，将无法编辑基于该模板的页面。

重复区域——文档中设置为重复的布局部分。例如，可以设置重复一个表格行。通常重复部分是可编辑的，这样模板用户可以编辑重复元素中的内容，同时使设计本身处于模板创作者的控制之下。在基于模板的文档中，模板用户可以根据需要使用重复区域控制选项添加或删除重复区域的副本。

可选区域——在模板中指定为可选显示的部分，用于保存有可能在基于模板的文档中出现的内容（如可选文本或图像）。在基于模板的页面上，模板用户通常控制是否显示内容。

1．创建可编辑区域

可编辑区域控制在基于模板的页面中用户可以编辑哪些区域。

步骤

① 在已创建的模板文件中编辑网页，其布局、制作方法与普通网页的创作完全一致。

② 将插入点放在想要插入可编辑区域的地方。

③ 选择"插入"|"模板对象"|"可编辑区域"命令，如图 11-28 所示。或在插入栏中选择"模板"，然后单击"可编辑区域"选项，如图 11-29 所示。

④ 在"新建可编辑区域"对话框中，输入该区域的名称，单击"确定"按钮。

可编辑区域在模板中由高亮度显示的矩形边框围绕，该边框使用在参数选择中设置的高亮颜色，该区域左上角的选项卡显示该区域的名称。

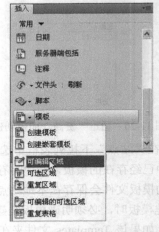

图 11-28　使用"插入"菜单创建可编辑区域　　图 11-29　使用"插入"面板创建可编辑区域

 提示

> 采用表格布局的模板定义可编辑区域时，可将整个表格或表格的某个单元格定义为可编辑区域，但是不能同时将多个单元格定义为一个单独的可编辑区域。

> AP 元素和 AP 元素中的内容是不同的元素，当 AP 元素设为可编辑区域时，在应用该模板编辑文档时，可改变 AP 元素的位置和 AP 元素中的内容。而将 AP 元素的内容设为可编辑区域时，则只能改变 AP 元素中的内容而不能改变 AP 元素的位置。

2. 创建可重复区域

重复区域是可以根据需要在基于模板的页面中复制任意次数的模板部分。使用重复区域，可以通过重复特定项目来控制页面布局，例如目录项、说明布局或者重复数据行（如项目列表），如图 11-30 所示。

创建重复区域的操作，一定要在可编辑区域内，否则将不能进行"重复区域"的定义。

创建重复区域的具体操作步骤如下：

图 11-30　创建重复区域

步骤

① 在"文档"窗口选择想要设置为重复区域的文本或内容。

② 选择"插入记录"｜"模板对象"｜"重复区域"命令。

③ 在属性面板的"名称"文本框中为模板区域输入唯一的名称。（不能对一个模板中的多个重复区域使用相同的名称）

④ 单击"确定"按钮。重复区域被插入到模板中。

3. 创建可选区域

可选区域是模板中的区域，用户可将其设置为在基于模板的文档中显示或隐藏。当想要为在文档中显示内容设置条件时，请使用可选区域。

插入可选区域以后，既可以为模板参数设置特定的值，也可以为模板区域定义条件语句（If...else 语句）。可以使用简单的真/假操作，也可以定义比较复杂的条件语句和表达式。如有必要，可以在以后对这个可选区域进行修改。模板用户可以根据定义的条件在其创建的基于模板的文档中编辑参数并控制是否显示可选区域。

步骤

① 在"文档"窗口中，将插入点置于要插入可选区域的位置。

② 选择"插入"|"模板对象"|"可编辑的可选区域"命令。或在"插入"面板的"常用"类别中，单击"模板"按钮，然后从弹出的菜单中选择"可编辑的可选区域"选项。

③ 输入可选区域的名称。如果要设置可选区域的值，请单击"高级"选项卡，然后单击"确定"按钮。

4．修改模板区域

对于页面中已设置的模板区域，可进行修改或删除操作。

步骤

① 在"文档"窗口中，选择"区域"选项卡。

② 选择"修改"|"模板"|"删除模板标记"选项。

③ 对于"可选区域"，在选中其标识后，在"属性"面板中单击"编辑"按钮进行修改。

11.2.4　创建基于模板的网页

在完成了模板设计后，即可让空文档或已包含内容的文档应用模板。

1．使用菜单方式

步骤

① 选择"文件"|"新建"命令，在弹出的"新建文档"对话框中，单击"模板"标签，打开"从模板新建"对话框，在左侧的"模板用于"列表框中，选择新建的网页页面存放的站点，当选中某个站点后，在"站点×××"列表中将显示出该站点中已存在的模板，此时在右边的预览窗口中会显示选中的模板，从中选择欲采用的模板，如图 11-31 所示。

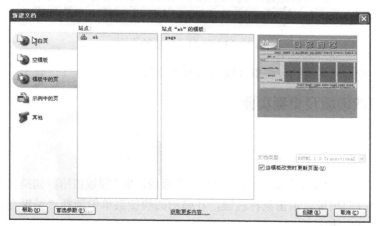

图 11-31　"新建文档"对话框

② 选中"当模板改变时更新页面"复选框，当模板被修改后，用此模板创建的网页也会被

修改。

③ 单击"创建"按钮，此时在网页编辑窗口建立了一个由模板生成的网页，设计者可根据需要在可编辑区域输入相关内容。

2. 使用"资源"面板方式

🐬 **步骤**

① 首先新建页面，然后通过"窗口"菜单打开"资源"面板。

② 选择面板中的模板资源，如图 11-32 所示。

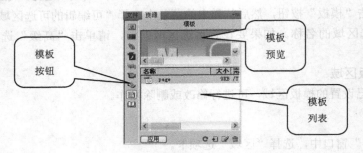

图 11-32　模板"资源"面板

③ 选中欲采用的模板，单击"应用"按钮，或将选中的模板拖到编辑窗口中，如图 11-33 所示，应用了模板的文档在右上角会标明模板的名称。

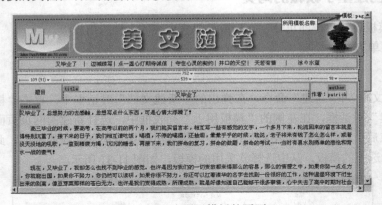

图 11-33　应用了模板的页面

④ 在应用了模板的文档的可编辑区域内编辑相关内容。

11.2.5　修改模板及更新页面

1. 修改模板

🐬 **步骤**

① 选择"窗口"｜"资源"命令，打开"资源"面板，单击模板按钮▤切换到"模板"资源。

② 选中要修改的模板后单击鼠标右键，在弹出的快捷菜单中选择"编辑"命令，或双击该模板，可打开要修改的模板。

③ 单击鼠标右键，在弹出的快捷菜单中选择"模板"｜"新建可编辑区域"或"删除模板标记"以添加或删除可编辑区域。

④ 模板修改完成后，选择"文件"|"保存"命令，保存模板。

2．更新页面

保存模板时，Dreamweaver CS5 会询问是否更新所有基于此模板的网页，如图 11-34 所示。单击"更新"按钮，进行与模板相关联的页面的更新，如图 11-35 所示。

图 11-34　是否更新基于此模板的网页　　　　　　图 11-35　"更新页面"对话框

 提示

也可以使用"修改"|"模板"|"更新页面"命令。或"模板"资源窗口右上角的按钮，选择"更新站点"命令，Dreamweaver 在该模板所在的站点中更新基于模板的所有网页文档。

经过更新过程后，整个网站中使用了该模板文件的页面都会自动更新，大大提高了网站批量创建页面和更新的效率。

11.3　使用库

库可以显示已创建的便于放在网页上的单独"资源"或"资源"副本的集合，这些资源又被称之为库项目。在网页制作时可将库项目的一个副本直接插入网页中，同时还插入了对该库项目的引用，保证了对该库项目修改后，引用该库项目的网页能自动更新，从而可以方便地实现整个网站各页面上与库项目相关的内容一次性更新。模板使用的是整个网页，而库文件只是网页上的局部内容。

11.3.1　创建库项目

库文件的作用是将网页中常常用到的对象转化为库文件，然后作为一个对象插入到其他网页中，这样就能够通过简单地插入操作创建页面内容了。网页文档 body 部分中的文本、表格、表单、Java Apple、插件、ActiveX 元素、导航条和图像等元素都可添加为库项目，创建库项目的方式有两种。

1．将选定内容创建为库项目

① 选择"窗口"|"资源"命令，打开"资源"面板，单击面板左侧的库按钮，打开"库"资源。

② 在"文档"窗口中，选择文档要另存为库项目的内容。

③ 将选定内容拖到"资源"面板的"库"类别中，或者单击"资源"面板的"库"类别底部的新建库项目按钮，一个库项目被创建，此时网页文档下方的属性检查器也变为"库项目"检查器，如图 11-36 所示。

④ 为新的库项目输入一个名称。

2．创建一个空白库项目

步骤

① 选择"窗口"|"资源"命令，出现"资源"面板，选择面板左侧的"库"类别。

② 在"资源"面板中，单击"库"类别底部的新建库项目按钮 。
③ 一个新的库项目被添加到面板上的列表中，如图 11-37 所示。

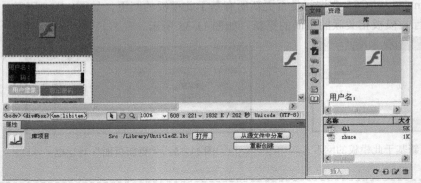

图 11-36　选定内容后创建库项目　　　　　　　　　图 11-37　创建空白库项目

④ 为新的库项目输入一个名称。
⑤ 双击该库项目，在文档窗口进行编辑。

11.3.2　插入库项目

当向页面添加库项目时，将把实际内容及对该库项目的引用一起插入文档中。

步骤

① 将文本光标定位于"文档"窗口中。
② 在"资源"面板上选择面板左侧的"库"类别。
③ 将一个库项目从"资源"面板拖动到"文档"窗口中，或选择一个库项目，然后单击面板底部的"插入"按钮。插入库项目后，会在"文档"窗口的下方出现"库项目"属性检查器，如图 11-38 所示。

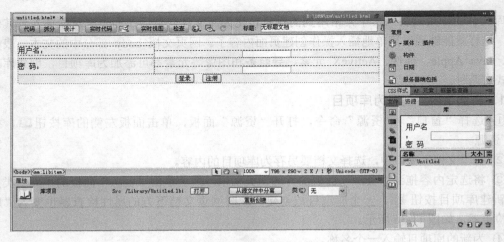

图 11-38　"库项目"属性检查器

使用属性检查器可以断开文档中的项目与库之间的连接，从而使文档中的库项目可编辑。单击"从源文件中分离"按钮，可以断开文档中的项目和库之间的连接，从而使库项目可编辑。

11.3.3 修改库项目和更新站点

当修改库项目时，可以更新使用该项目的所有文档。

1．修改库项目

步骤

① 选中页面中的库项目，如图 11-39 所示。

② 在"属性"面板中单击"打开"按钮，如图 11-40 所示。

图 11-39 选中页面的库项目

图 11-40 库项目"属性"面板

③ 修改库项目，修改完成后保存。

④ 在随后弹出的"更新库项目"对话框中，单击"更新"按钮，如图 11-41 所示。

⑤ 选择更新的范围，更新完成后单击"关闭"按钮，如图 11-42 所示。

图 11-41 提示是否更新使用该库项目

图 11-42 "更新页面"对话框

图 11-43 "更新当前页"命令

2．更新整个站点或所有使用特定库项目的文档

选择"修改"|"库"|"更新页面"命令。

3．更改当前文档以使用所有库项目的当前版本

选择"修改"|"库"|"更新当前页"命令，更新当前文档，如图 11-43 所示。

11.4 资源管理

在本章前面已经介绍了 Dreamweaver CS5 的"资源"面板的一些用法，在网页设计中充分利用"资源"面板的功能可以统一管理整个站点的资源，避免反复查找某些网页元素，大大提高网页设计的效率，获得事半功倍的效果。

选择"窗口"|"资源"命令，或直接按 F11 键，可打开"资源"面板，如图 11-44 所示。

在该面板的左侧显示的一排按钮是"资源"面板所要管理的对象，在"资源"面板右侧窗口的具体列表中将显示选中的管理对象。设计者在对象列表框中每选取一种对象，"资源"面板预览窗口中就会自动显示该对象。

图 11-44 "资源"面板

"资源"面板提供了两种查看资源的方式。

"站点"列表——显示站点的所有资源，包括在该站点的所有文档中使用的颜色和 URL。

"收藏"列表——仅显示明确选择的资源。

这两个视图不用于"模板"和"库"类别。大部分"资源"面板操作在这两个列表中的工作方式相同。不过，有几个任务只能在"收藏"列表中执行。资源面板中有以下资源。

图像 📷——GIF、JPEG 或 PNG 格式的图像文件。

颜色 🎨——文档和样式表中使用的颜色，包括文本颜色、背景颜色和链接颜色。

URL 🔗——当前站点文档中使用的外部链接，包括 FTP、Gopher、HTTP、HTTPS、JavaScript、电子邮件（mailto），以及本地文件（file://）链接。

SWF 📄——任何 Adobe Flash 版本的文件。"资源"面板仅显示 SWF 文件（压缩的 Flash 文件），而不显示 FLA（Flash 源）文件。

Shockwave 🎬——任何 Adobe Shockwave 版本的文件。

影片 🎞️——QuickTime 或 MPEG 文件。

脚本 📜——JavaScript 或 VBScript 文件。HTML 文件中的脚本（而不是独立的 JavaScript 或 VBScript 文件）不出现在"资源"面板中。

模板 📋——多个页面上使用的主页面布局。修改模板时会自动修改附加到该模板的所有页面。

库 📖——在多个页面中使用的设计元素。当修改一个库项目时，所有包含该项目的页面都将得到更新。

11.5　实战演练

1. 实战效果

如图 11-45 所示。

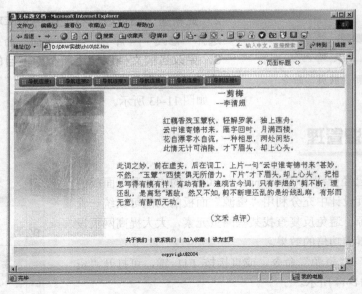

图 11-45　使用库项目创建页面

2. 制作要求

① 使用定义好的库项目来创建网页。

② 修改库项目并更新网页。

3. 操作提示

① 新建站点"库"。将素材文件夹下 ch11 文件夹中所提供的库文件复制到 F:\，将其设置为站点的根目录。

② 新建一个页面，把该页面保存为 03.htm。

③ 打开"资源"面板，单击库按钮 📖 ，打开"库"面板。

④ 把库面板中的"top"库项目拖入页面，如图 11-46 所示。

⑤ 将光标定位在页面标题库项目的下面，插入一个 1 行 3 列的表格，在"属性"面板中把该表格的高度设为 255px，把 3 个单元格的宽度分别设为（从左到右）145px，25px，570px，如图 11-47 所示。

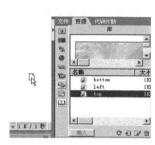

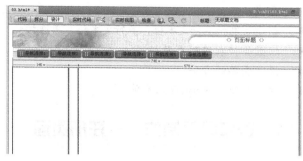

图 11-46　插入库项目 top　　　　　　　　图 11-47　插入表格并设置其属性

⑥ 从"库"面板中把"left"库项目插入最左边的单元格中，并设为顶端对齐，如图 11-48 所示。

⑦ 可以在右边的单元格内输入文本，如图 11-49 所示。

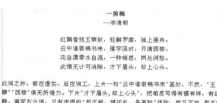

图 11-48　将库项目 left 拖入左边单元格　　　图 11-49　在右边的单元格中输入文本

⑧ 从"库"面板中把"bottom"库项目拖入表格的下面。

⑨ 按 F12 键，预览页面效果。

本章小结

本章主要学习了模板和库项目的使用。模板和库项目在网页设计和制作过程中，是为设计出风格一致的网页所使用的一种辅助工具，为网站的更新和维护提供了极大的便捷，仅修改网站的模板即可完成对整个网站中页面的统一修改。使用库项目可以完成对网站中多个相同模块的修改。

第12章 表 单

表单的作用是获取 Web 站点访问者的信息。访问者可以使用诸如文本域、列表框、复选框，以及单选按钮之类的表单对象输入信息，然后单击某个按钮提交这些信息，这些信息会被特定程序及时处理。

本章重点：

■ 创建表单和单行文本框、多行文本框、单选按钮、复选框、下拉式列表等多种表单元素
■ 设置各种表单对象属性
■ 提交表单的方法
■ 插入及使用 Spry 验证表单

12.1 表单页面制作——注册页面

表单是一个专业网站必不可少的内容，也是一个网站是否具有交互功能的重要体现。通过表单可以得到访问者的反馈信息，例如，进行各种网上调查、注册登记、收发订单等。

12.1.1 案例综述

本例介绍的是一个注册页面的制作过程。如图 12-1 所示是一个表单综合应用的典型实例，通过客户端的信息输入并单击"注册"按钮，可以把用户输入的信息发送到服务器端或网页设计者指定的邮箱中。

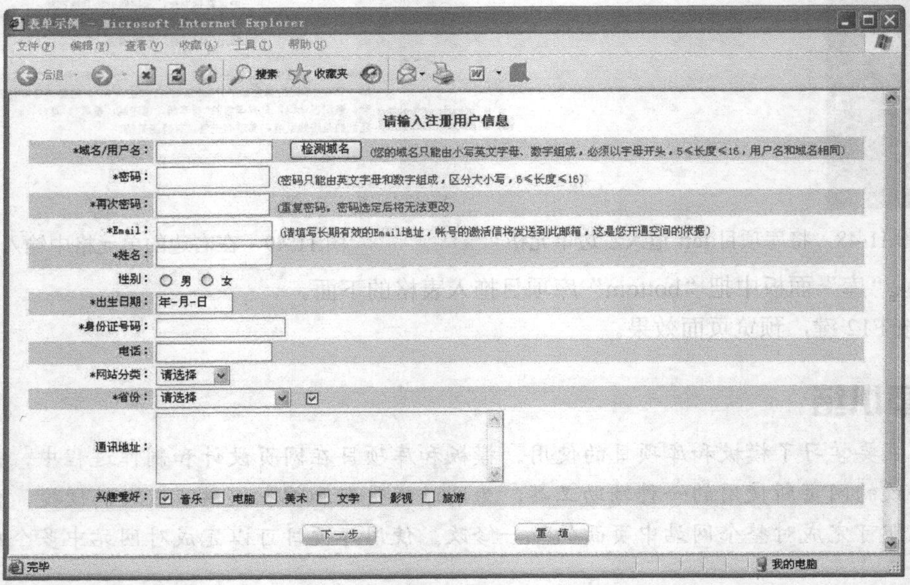

图 12-1　注册新用户表单网页

通过本例的制作，使读者学会创建一个表单网页的方法，理解表单和表单域的概念，掌握插入并设置各种表单对象的方法。

12.1.2　案例分析

表单从用户收集信息，并将这些信息提交给服务器进行处理。例如通过网页登录邮箱时需填写用户名和密码，然后进行提交，并由服务器反馈信息，这个过程就是一个表单提交和反馈信息的过程。当访问者将信息输入 Web 站点表单并单击"提交"按钮时，这些信息将被发送到服务器，服务器端脚本或应用程序在该处对这些信息进行处理，回复用户，或基于该表单内容执行一些操作来进行响应。因此表单的制作由两部分组成，即表单页面的制作及后台处理程序的设定。这里只介绍前者，后者留待第 16 章动态网站的开发中再详细介绍。

通常在表单页面中有多个表单对象，在制作时先插入一个表单，作为这些对象的容器，然后再逐个创建这些表单对象，如文本域、密码域、单选按钮、复选框、下拉列表、按钮、图像域等，而这些对象在表单内的定位，采用表格工具进行布局。

12.1.3　实现步骤

1. 创建表单

步骤

① 新建 HTML 页面，将光标定位在需要创建表单的位置。

② 单击"插入"|"表单"|"表单"命令，或单击"插入"面板的"表单"类别中的表单按钮，如图 12-2 所示。也可以直接将"插入"面板上的"表单"按钮拖动到文档的相应位置上。页面中显示的红色虚线框就是插入的表单。

图 12-2　插入表单

提示

表单是其他表单对象的容器，所有的表单对象都必须插入到红色的虚线框内，即表单范围内。如在

插入表单时弹出如图 12-3 所示对话框，则需选择"查看"|"可视化助理"|"不可见元素"，将不可见元素显示出来。

2．利用表格进行布局

步骤

① 根据页面布局的需要，在表单中插入一个 14 行 2 列，宽度为 700px 的表格，其他均为 0。将表格属性中的对齐设为居中对齐。

② 合并表格的第 1 行，并设置单元格高度为 30px，输入文字"请输入注册用户信息"，文号为 14px，红色，并水平居中。

图 12-3　提示显示不可见元素

③ 第 1 行以下各行高度设置为 20px，第 1 列宽度设置为 120px，如图 12-4 所示分别在表格中输入相应的提示文字。

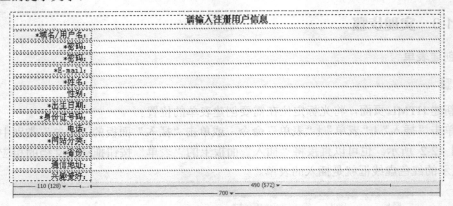

图 12-4　在表单中用表格进行布局

④ 设置标题单元格的水平对齐为居中，粗体。设置提示文字水平对齐为右对齐，新建.bj 新 CSS 样式，设置其背景色为蓝（#D3DFFE）白相间的形式，把各行区分开。

3．插入表单对象

（1）插入文本域

步骤

① 单击插入面板的"表单"类型中的文本字段 　 按钮，分别在表格的第 1 列的"域名/用户名"和"姓名"所对应的第 2 列单元格内插入文本字段，在弹出的辅助功能属性框里，可以选择标签位置等设置，也可采用默认，单击"确定"按钮。

② 在属性面板中设置用户名文本框的"字符宽度"为 16，"最大字符数"为 16；姓名文本框的"字符宽度"为 16，如图 12-5 所示。

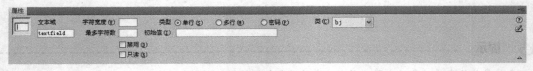

图 12-5　设置文本域属性

（2）插入文本区域

步骤

将光标定位在文本"地址"的右侧单元格内，选择"插入"｜"表单"｜"文本区域"命令，插入文本区域，在其属性检查器中设置行数为 5，如图 12-6 所示。

图 12-6　设置文本区域属性

（3）插入 Spry 验证文本域

步骤

① 将光标定位于文本"E-mail" 的右侧单元格内，选择"插入"｜"表单"｜"Spry 验证文本域"命令，这时会提示保存当前文档之后，插入 Spry 验证文本域。验证文本域与文本域的区别在于在提交之前，先根据设置验证数据是否符合要求，从而确保了有效数据的输入。

② 单击新插入的 Spry 验证文本域上的蓝色标志将其选中，在其属性检查器中，将"类型"设置为"电子邮件地址"，"预览状态"选择初始。如图 12-7 所示。同样的在"身份证号码" 和"电话"、"出生年月"提示文字右侧单元格内，也插入 Spry 验证文本域。

图 12-7　设置 Spry 验证文本域属性

③ 设置各 Spry 验证文本域的属性，见表 12-1。

表 12-1　各文本框属性设置表

文　本　框	字　符　宽　度	最大字符数	预览状态	类型	必需的
出生年月	16	8	初始	日期	是
E-mail	16		初始	邮箱	
身份证号码	18	18	初始	整数	是
电话	16		初始	整数	

（4）插入 Spry 验证密码和插入 Spry 验证确认

步骤

① 在表格的第 1 列的"密码"右侧的单元内，单击"插入"面板的"Spry"类型中的"Spry 验证密码"按钮，插入 Spry 验证密码构件，设置"最小字符数"为 6，"最大字符数"为16，"预览状态"为必填，如图 12-8 所示。

② 表格的第 1 列的"再次密码" 右侧的单元内，单击"插入"面板的"Spry"类型中的"Spry 验证确认"按钮，插入 Spry 验证确认构件， 设置"最小字符数"为 6，"最大字符数"为9，将"验证参照对象"指定为前面插入的密码文本域，如图 12-9 所示。

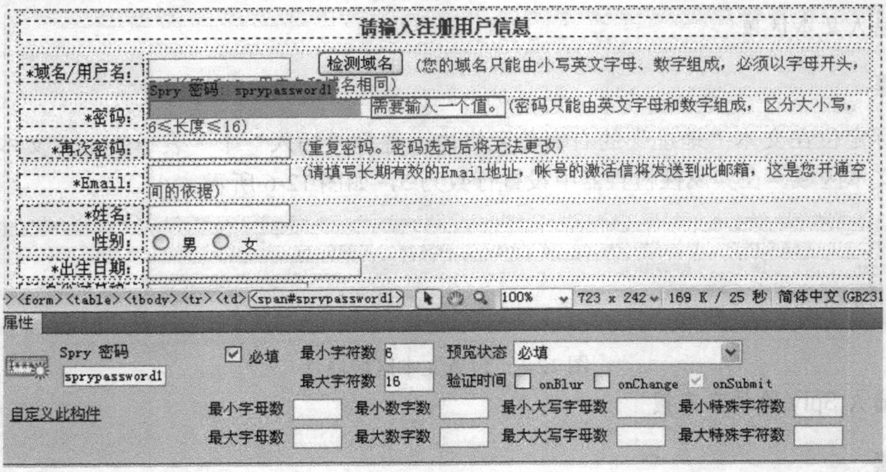

图 12-8　插入 Spry 验证密码

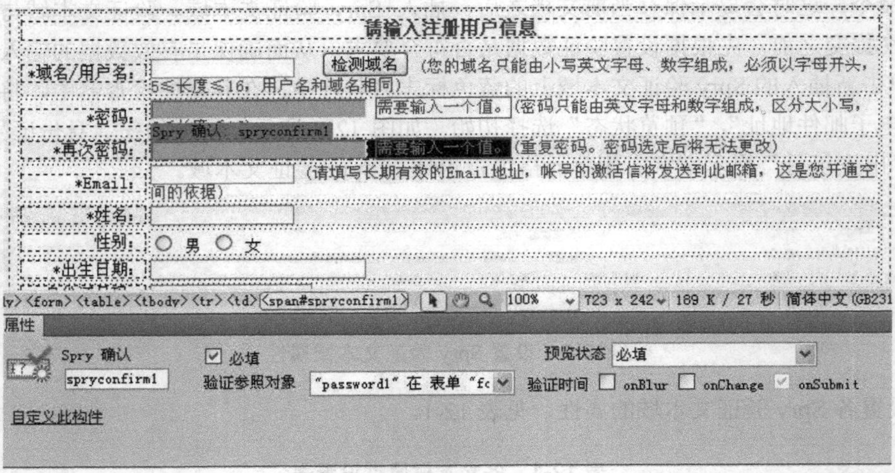

图 12-9　插入 Spry 验证确认

（5）插入单选按钮（组）

步骤

① 在"性别"右侧的单元格内，单击"插入" | "表单" | "单选按钮组"命令，在单选按钮组对话框中，输入标签文字"男"、"女"和相应的值 0 和 1，点击+可添加选项，选择布局使用换行符，如图 12-10 所示。

② 单击"确定"按钮，插入一个单选按钮组。

（6）插入"Spry 验证复选框"

步骤

① 将光标定位在"兴趣爱好"后的单元格中，单击"插入"面板的"Spry"类型中的"Spry 验证复选框"按钮 ☑，在弹出的"输入标签辅助功能属性"对话框中输入复选框的标签文字"音乐"，"位置"选择"在表单项后"，如图 12-11 所示。单击"确定"按钮，插入"Spry 验证复选框"。

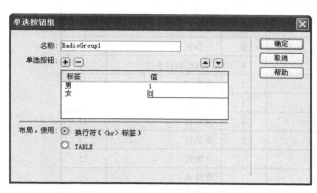

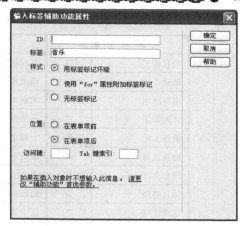

图 12-10　"单选按钮组"对话框　　　　图 12-11　"输入标签辅助功能属性"对话框

② 单击新插入的复选框，在复选框属性面板中设置"选定值"为"yingyue"，"初始状态"为"已勾选"。

③ 再将光标放到"Spry 复选框"的蓝色框内，单击"插入"工具栏的"表单"类型"复选框"按钮，重复插入"电脑"、"美术"、"文学"、"影视"、"旅游"复选框。

④ 分别选中各复选框，在其属性面板中将"选定值"分别设为"diannao"、"meishu"、"wenxue"、"yingshi"、"lvyou"，初始状态为"未选中"，如图 12-12 所示。

图 12-12　设置复选框属性

⑤ 单击"Spry 复选框"左上角的蓝色标签，在"属性"面板中设置其验证选择数为最少 1 个，最多 6 个，如图 12-13 所示

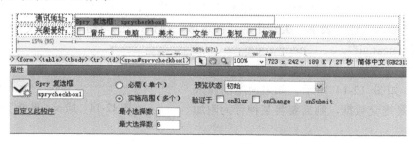

图 12-13　设置"Spry 复选框"属性

（7）插入列表/下拉菜单

 步骤

① 在"网站分类"和"省份"右侧的单元格中分别插入"列表/菜单"。

② 在其属性面板中设置"列表值"，具体设置见表 12-2。在"初始化时选定"列表中选择"请选择"作为表单下载时的初始选项，以起到提示的作用。

表 12-2 "网站分类"和"省份"下拉列表"列表值"

网站分类		省 份			
项目标签	值	项目标签	值	项目标签	值
请选择	0	请选择	0	广东省	19
电脑网络	1	北京市	1	广西壮族自治区	20
休闲娱乐	2	天津市	2	海南省	21
情感天地	3	上海市	3	四川省	22
游戏世界	4	重庆市	4	贵州省	23
汽车房产	5	河北省	5	陕西省	24
体育健康	6	山西省	6	甘肃省	25
法律法规	7	辽宁省	7	青海省	26
文化艺术	8	吉林省	8	西藏自治区	27
医药卫生	9	江苏省	9	内蒙古自治区	28
教育科研	10	浙江省	10	宁夏回族自治区	29
旅游交通	12	安徽省	12	新疆维吾尔自治区	30
新闻时事	12	福建省	12	中国香港特别行政区	31
投资理财	12	江西省	12	中国澳门特别行政区	32
公司企业	14	山东省	14	中国台湾地区	33
政治军事	15	河南省	15	其他	34
校园生活	16	黑龙江省	16		
个人主页	17	湖北省	17		
其他类型	18	湖南省	18		

（8）插入图像域及按钮

步骤

① 创建"下一步"和"重填"两个图像按钮。在以上各表单对象所在表格的下方，换行插入一个 1 行 2 列的表格，将光标定位在第 1 个单元格中，选择"插入"｜"表单"｜"图像域"，或单击"插入"栏"表单"类别中的"图像域"按钮，在"选择图像源文件"对话框中，选择按钮图像（next.gif）。

② 用同样的方法，在第 2 个单元格中添加"重填"按钮，如图 12-14 所示。如果使用图像来执行任务而不是提交数据，则需要将某种行为附加到表单对象。

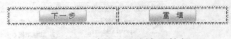

图 12-14 插入"重填"按钮

③ 将光标定位"域名/用户名"右侧的单元格中，选择"插入"｜"表单"｜"按钮"，插入按钮，在其属性面板在值文本框中输入"检测域名"作为按钮的标签文字，动作选择"无"，如图 12-15 所示。以后可通过行为或程序链接到相应的处理程序。

图 12-15 设置按钮属性

4．设置表单属性

选定表单，在其属性面板的"动作"中指定后台处理程序 form.asp（假设该文件已创建），在"方法"中选择"POST"方式。

保存文档，按 F12 键预览页面。

12.2　表单概述

12.2.1　什么是表单

在生活中表单无处不在，如银行里的存款单、商店里的购物单等，在 Internet 上也同样存在大量的表单，其主要用途是为了实现浏览网页的用户与 Internet 服务器之间的交互。表单可以提供空白区域或选项，可以输入文字或进行选择。

一般来说，表单中包含多种对象。例如，文本框用于输入文字，按钮用于在留言簿上发表意见或用于提交信息到服务器的处理程序，复选框用于在多个选项中选择多项，单选按钮用于在多个选项中选择其一，列表框显示选项列表等，所有这些都与常见的 Windows 应用程序非常相似。

12.2.2　如何创建表单

在 Dreamweaver 中使用相关面板和命令插入表单及各种表单对象。选择"插入"｜"表单"命令，如图 12-16 所示。或在"插入"面板选择"表单"选项，将其切换到"表单"分类，如图 12-17 所示。可以看到，各种表单对象都罗列在这个面板中，只需单击对应的图标按钮或将此按钮拖入编辑窗口内的相应位置，就可以在页面中插入表单对象，

图 12-16　"插入"栏的"表单"对象面板

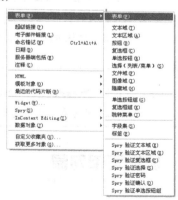

图 12-17　插入表单命令

12.2.3　插入表单

表单是表单对象的容器，将其他表单对象添加到表单中，便于正确处理数据。

选择主菜单"插入"｜"表单"｜"表单"命令，或选择"插入"面板中"表单"类别，单击表单按钮，即可在页面中插入表单。插入表单后，将在文档窗口中出现红色框虚线，如图 12-18 所示。

图 12-18　插入一个空白表单

插入表单后，Dreamweaver 会自动生成<form></form>标签。如果没有插入空白表单，就直接在文档中插入表单对象，Dreamweaver 会出现一个提示框，如图 12-19 所示，提示"是否"添加表单标签，单击"是"按钮，Dreamweaver 即会自动为插入的表单对象添加上表单标签。

图 12-19　"是否添加表单标签"提示框

12.2.4　设置表单属性

在设置表单属性之前应先选择表单。单击表单轮廓或文档窗口下方的标签栏中的<form>标签以选定表单，在文档窗口下方会出现其属性面板，如图 12-20 所示。

图 12-20　表单属性面板

在属性面板中可以设置表单的下列属性。

表单 ID——在该域中输入表单的名称。

动作——在该域中指定处理表单信息的脚本或应用程序。单击浏览按钮 🗀，查找并选择脚本或应用程序，或直接输入脚本或应用程序的 URL。

方法——在该下拉列表中选择处理表单数据的方式。

　　POST：此方式将表单值封装在消息主体中发送。

　　GET：此方式将提交的表单值追加在 URL 后面发送给服务器。

　　默认：选择浏览器的默认方式，通常是 GET 方式。

 提示 ---

　虽然使用 GET 方式传送数据效率高，但是传送的信息大小限制在 8192 个字符，所以，大块数据不宜采用 GET 方式传送。而且用此方式传送信息是不安全的。当处理一些保密信息时不能使用 GET 方式。

12.3　添加表单对象

插入表单后，就可以添加表单对象了。添加表单对象时首先要将光标放置在希望在表单中出现的位置，在"插入"栏的"表单"选项中选择对象，插入表单对象。

在表单中根据需要将其他表单对象添加到表单中，可以使用换行符、段落标记、表格等设置表单的格式。不能在表单中插入另一个表单，但是可以在一个页面中包含多个表单。

12.3.1　添加文本域

文本域是表单元素里应用较多的一个对象，可以在文本域中输入任何类型的文本、字母或数字。文本域有 3 种类型：单行文本域、多行文本域、密码域，如图 12-21 所示。输入的文本可以显示为单行、多行、星号和黑点"·"，其中，在密码域中输入的文本将显示为"·"。

1. 插入文本域

 步骤

① 将文本光标定位于表单轮廓内。

② 输入标签文字"账号"。

③ 选择"插入"|"表单"|"文本域"命令，或单击"插入"栏中"表单"选项的文本域按钮 。弹出"输入标签辅助功能属性"对话框，如图 12-22 所示。

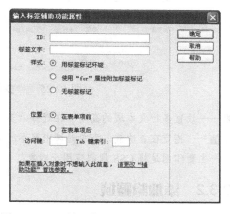

图 12-21　3 种文本域　　　　　　　图 12-22　"输入标签辅助功能属性"对话框

④ 在"输入标签辅助功能属性"对话框中可输入文本框的提示文字，以及样式、位置、快捷键和 Tab 键的访问顺序等，也可忽略，直接单击"确定"按钮。可看到在光标位置插入文本域，如图 12-23 所示。

图 12-23　插入文本域

2. 设置文本域属性

文本域插入后，在"文档"窗口下方会自动出现属性面板，如图 12-24 所示。

图 12-24　"文本域"属性面板

在文本域属性面板中可以进行如下设置。

文本域——输入文本域的名称，即变量名，以便在后台处理程序中提取或传送其中的信息。

字符宽度——设置最多可显示的字符数。此数字决定了文本域的宽度。

最多字符数——设置单行文本域中最多可输入的字符数。例如，将邮政编码限制为 6 位数，将密码限制为 8 位数等。如果输入超过最大字符数时，则表单产生警告声。

类型——指定域的类型为单行、多行还是密码域。

　　单行——将产生一个 type 属性设置为 text 的 input 标签。"字符宽度"设置映射为 size 属性，"最多字符数"设置映射为 maxlength 属性。例如，

<input name= "textfield2" type="text" size="8" maxlength="6" />

密码——当在"密码"文本域中输入时，输入内容显示为项目符号或星号，以使其不被他人看到。此时将产生一个 type 属性设置为 password 的 input 标签。"字符宽度"设置映射为 size 属性，"最多字符数"设置映射为 maxlength 属性。例如，

<input name="textfield2" type="password" size="8" maxlength="6" />

多行——将产生一个 textarea 标签。"字符宽度"设置映射为 cols 属性，"行数"设置映射为 rows 属性。当选择"多行"时，文本域属性如图 12-25 所示。

图 12-25 "多行文本域"属性面板

行数——设置多行文本域的高度（在选择"多行"选项时才可用）。

初始值——指定在首次载入表单时域中显示的值。

类——主要作用是将 CSS 规则应用于对象。

12.3.2 添加隐藏域

隐藏域对于站点访问者来说是不可见的，是放置在文档中收集或发送信息的不可见元素，隐藏域信息在表单提交时被传送给服务器。

1．插入隐藏域

 步骤

① 在"设计"视图中，将文本光标定位于表单轮廓内。

② 选择"插入"|"表单"|"隐藏域"命令，或单击"插入"栏的"表单"选项中的隐藏域按钮 ，即可插入隐藏域，如图 12-26 所示。

图 12-26 插入隐藏域

2．设置隐藏域属性

隐藏域插入后，单击隐藏域标识，出现隐藏域属性面板，如图 12-27 所示。

图 12-27 隐藏域属性面板

隐藏区域——为该域指定一个唯一的名称。

值——在该文本框中输入为该域指定的值。

12.3.3 添加复选框

复选框可以使用户在多个选项中进行多重选择。

1．插入复选框

 步骤

① 将光标置于表单中。

② 选择"插入"|"表单"|"复选框"命令，或单击"插入"面板的"表单"选项中的"复选框"按钮☑，或将该按钮拖放到文档编辑窗口中。在弹出的"输入标签辅助功能属性"对话框中输入复选框的标识文字，并设置相应选项，单击"确定"按钮后，在文档编辑窗口中出现复选框，如图 12-28 所示。

图 12-28　插入复选框

2．设置复选框属性

选择已插入的复选框，在文档窗口的属性面板中可以设置该复选框的属性，如图 12-29 所示。

图 12-29　复选框属性面板

复选框名称——在该域中指定复选框对象的名称。

选定值——在该域中输入当选择该复选框时要传送给服务器的值。

初始状态——在该域中确定在浏览器中载入表单时，该复选框是否被选中。

12.3.4　添加单选按钮

使用单选按钮，用户只能从一组选项中选择一个选项。

1．插入单选按钮

 步骤

① 将光标置于表单中。

② 选择"插入"|"表单"|"单选按钮"命令，或单击"插入"面板的"表单"选项中的单选按钮图标▣，或将该按钮拖放到文档编辑窗口中。在弹出的"输入标签辅助功能属性"对话框中输入单选按钮的标识文字及相应选项，单击"确定"按钮后，在文档编辑窗口中出现单选按钮，如图 12-30 所示。

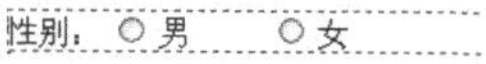

性别：○ 男　　○ 女

图 12-30　插入单选按钮

2．设置单选按钮的属性

当单选按钮被插入后，在文档窗口的属性面板中可以设置该单选按钮的属性，如图 12-31 所示。

图 12-31　单选按钮属性面板

单选按钮——在该域中为该对象指定一个名称。对于单选按钮组，如果希望这些选项为互斥选项，必须共用同一个名称。此名称不能包含空格或特殊字符。

　　选定值——在该域中输入当选择该单选按钮时要传送给服务器的值。

　　初始状态——在该域中指定在浏览器中载入表单时，该单选按钮是否被选中。

12.3.5　添加单选按钮组/复选框组

插入单选按钮组/复选框组的操作步骤如下。

步骤

① 将光标置于表单中。

② 选择"插入"|"表单"|"单选按钮组"（或复选框组）命令，或单击"插入"面板的"表单"选项中的单选按钮组按钮（或复选框组按钮），或将该按钮拖放到文档编辑窗口中。

③ 在弹出的如图 12-32 所示的"单选按钮组"。（或如图 12-33 所示的"复选框组"）对话框中，完成以下设置。

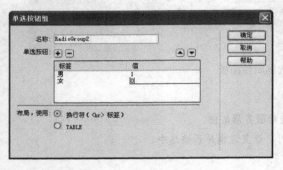
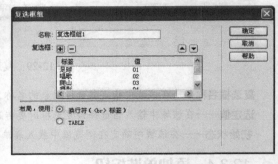

图 12-32　"单选按钮组"对话框　　　　　　图 12-33　"复选框组"对话框

　　名称——输入单选按钮组（或复选框组）的名称。

　　加号（+）按钮/减号（-）——向该组添加一个单选按钮（或"复选框"）。为新按钮输入标签和选定值。

　　向上或向下——箭头重新排序这些按钮。

　　选取值等于——输入一个等于该单选按钮值（或复选框）的值。

　　布局格式——可以使用换行符或表格来设置这些按钮的布局。

④ 单击"确定"按钮后，插入完成的单选按钮组如图 12-34 所示（或复选框组如图 12-35 所示）。

12-34　插入的单选按钮组　　　图 12-35　插入的复选框组

　　单选按钮组/复选框组中各按钮的属性设置，与单个单选按钮/复选框设置方法相同，这里不再赘述。

12.3.6　添加列表/菜单

用户可以在滚动列表或下拉菜单中进行选择，在滚动列表中用户可以选择多个选项，在下拉菜单中只能选择一个选项。滚动列表和下拉菜单如图 12-36 和图 12-37 所示。

图 12-36　滚动列表　　　　　　　　　图 12-37　下拉菜单

1．插入列表/菜单

① 将光标置于表单中。

② 选择"插入"｜"表单"｜"列表/菜单"命令，或单击"插入"面板的"表单"类别中的列表/菜单按钮，或将该按钮拖放到文档编辑窗口内。在弹出的"输入标签辅助功能属性"对话框中设置相应选项，单击"确定"按钮后，在文档编辑窗口中出现下拉菜单，如图 12-38 所示。

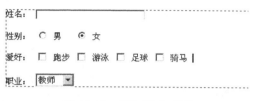

图 12-38　插入列表/菜单

2．设置列表/菜单属性

当列表/菜单被插入后，在文档窗口的属性面板中，可以设置该列表/菜单的属性，如图 12-39 所示。

图 12-39　"列表/菜单"属性面板

列表/菜单——在该域中为该对象指定一个名称，该名称必须是唯一的。

类型——指定该菜单是单击时下拉的菜单，还是显示一个列有项目的可滚动列表。

　　　　菜单——表单在浏览器中显示时仅有一个选项可见。若要显示其他选项，必须单击向下箭头。

　　　　列表——表单在浏览器中显示时列出部分或全部选项，或允许选择多个菜单项。

高度——当选择了"列表"类型时该项才可使用，用于设置列表中可显示的选项数，当"列表"框中的选项超过其高度时，会显示一个列有项目的可滚动列表。在该域中输入当选择该单选按钮时要传送给服务器的值。如图 12-40 所示。

初始化时选定——确定在浏览器中载入表单时，该选项是否出现在列表框中的行首。例如，当选取"教师"为初始化时选定值后，"教师"就出现在列表框的行首。

选定范围——用于指定是否允许从列表中多选（在选择了"列表"类型时可用）。

列表值——单击"列表值"按钮，打开"列表值"对话框，如图 12-41 所示。

在列表值对话框中可以设置列表选项。

项目标签——输入在列表中显示的文本。

值——输入当用户选取该项目时要发送给服务器的文本或数据。

加号+、减号-按钮——在列表中增加或删除项目。

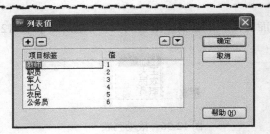

图 12-40　可滚动列表　　　　　　　　图 12-41　"列表值"对话框

12.3.7　添加按钮

插入按钮可控制表单的操作。使用按钮可将表单数据提交到服务器，或重置该表单。标准表单按钮通常有"提交"、"重置"、"无" 3 种类型。

1. 插入按钮

步骤

① 将光标置于表单区域中。

② 选择主菜单中的"插入" | "表单" | "按钮"命令，或单击"插入"栏"表单"类别中的按钮图标 ，或将该按钮拖放到文档编辑窗口中。在弹出的"输入标签辅助功能属性"对话框中设置相应选项，单击"确定"按钮后，在文档编辑窗口中出现"提交"等按钮，如图 12-42 所示。

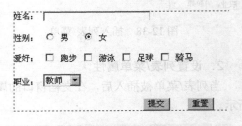

图 12-42　插入按钮

2. 设置按钮的属性

当按钮被插入后，会出现按钮的属性面板，如图 12-43 所示。

图 12-43　"按钮"对象属性面板

通过该属性面板可以方便地对按钮属性进行设置。

按钮名称——在该域中指定按钮名称。

值——在该域中输入在按钮上出现的标签文本。

动作——在该域中可设置 3 种不同类型的按钮，如图 12-44 所示。

图 12-44　三种按钮状态

　　　　提交表单——选择该项时，按钮的标签文本变为"提交"，当单击该按钮时将提交表单数据进行处理，该数据将被提交到表单的"操作"属性中指定的页面或脚本中。

　　　　重设表单——选择该项时，按钮的标签文本变为"重设"，重设表单的作用是当单击该按钮时将清除该表单的内容。

　　　　无——选择该项时，该按钮的标签文本变为"按钮"，这种普通按钮的作用在于可以自己指定单击该按钮时要执行的操作，这些操作可以通过添加行为等方式进行设置。

12.3.8　添加图像域

通过使用"插入图像域"可以创建漂亮的图像按钮来替代普通的按钮。

1. 插入图像域

插入的图像域同"提交"按钮一样，具有提交表单的功能。插入图像域的操作方法如下。

步骤

① 将光标置于表单中。

② 选择"插入"｜"表单"｜"图像域"命令，或单击"插入"栏"表单"类别中的图像域图标 ，或将该按钮拖放到文档编辑窗口内。此时，在文档编辑窗口中出现"选择图像源文件"对话框，如图 12-45 所示。

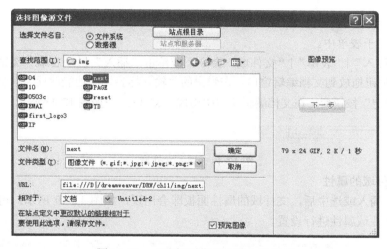

图 12-45　"选择图像源文件"对话框

③ 在"选择图像源文件"对话框中为该按钮选择图像，然后单击"确定"按钮后，出现"输入标签辅助功能属性"对话框。

④ 在弹出的"输入标签辅助功能属性"对话框中设置相应选项，单击"确定"按钮后，一个图像域便出现在表单中，如图 12-46 所示。

图 12-46　插入图像域

2. 设置图像域的属性

当图像域被插入后，会出现图像域的属性面板，可以通过该属性面板方便地对图像域属性进行修改，在图像域属性面板中，可以根据需要设置其属性，如图 12-47 所示。

图 12-47　图像域属性面板

图像区域——在该域中指定图像域名称。

源文件——在该域中指定该按钮使用的图像。

替换——用于输入描述性文本，一旦图像在浏览器中载入失败，将显示这些文本。

对齐——设置图像在文档中的对齐方式。

编辑图像——单击该按钮可以启动外部编辑器编辑图像。

12.3.9　添加文件域

文件域使用户可以选择其计算机上的文件，并将该文件上传到服务器。用户可以手动输入要上传的文件路径，也可以使用"浏览"按钮定位并选择文件。文件域由一个文本框和一个按钮组成，单击按钮浏览磁盘文件，在文本框中显示打开文件的路径。

1．插入文件域

步骤

① 将光标置于表单中。

② 选择"插入"|"表单"|"文件域"命令，或单击"插入"栏"表单"类别中的文件域图标，或将该按钮拖放到文档编辑窗口。在弹出的"输入标签辅助功能属性"对话框中设置相应选项，单击"确定"按钮后，在文档编辑窗口中出现"文件域"，如图 12-48 所示。

图 12-48　插入文件域

2．设置文件域的属性

当文件域被插入或选中后，文件域的属性面板即会出现，如图 12-49 所示。可以通过该属性面板方便地对文件域属性进行设置。

图 12-49　"文件域"属性面板

在"文件域"属性面板中，可以根据需要设置其属性。

文件域名称——在该域中指定文件域的名称。

字符宽度——在该域中指定希望最多可显示的字符数。

最多字符数——指定域中最多可容纳的字符数。如果通过"浏览"按钮来定位文件，则显示出文件名和路径的字符可超过指定的"最多字符数"的值，但是，如果尝试输入文件名和路径，则文件域中只允许输入"最多字符数"值所指定的字符数。

提示

如果要使用文件域，表单的"方式"必须设置为 POST，访问者可以将文件上传到在表单"动作"域中所设置的地址。

12.3.10　创建跳转菜单

跳转菜单可建立 URL 与弹出式菜单列表中的选项之间的关联。通过从列表中选择一项，可以链接到任何指定的 URL。

1. 插入跳转菜单

 步骤

① 将光标置于表单中。选择"插入"|"表单"|"跳转菜单"命令，或单击"插入"面板的"表单"类别中的跳转菜单按钮，或将该按钮拖放到文档编辑窗口中。此时，出现"插入跳转菜单"对话框，如图 12-50 所示。

② 关于对话框的设置，前面超链接中已介绍过，完成对话框设置后，单击"确定"按钮，跳转菜单便插入文档中，如图 12-51 所示。再为跳转菜单输入标签文字。

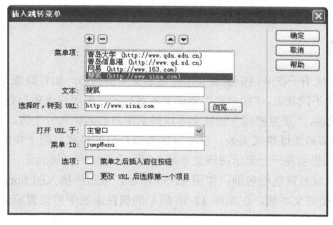

图 12-50　"插入跳转菜单"对话框

图 12-51　插入一个跳转菜单

2. 设置跳转菜单的属性

当跳转菜单被插入后，跳转菜单的属性面板即会出现，可以通过该属性面板方便地对跳转菜单属性进行设置，如图 12-52 所示，其设置方式与列表/菜单域的设置相似。

图 12-52　跳转菜单属性面板

12.4　Spry 验证表单

在用户填写表单时，对填入的内容加以限制可以保证有用数据录入。Spry 验证表单就是在创建表单元素的同时又丰富了表单验证功能，例如文本字段内容验证为"电子邮件地址"格式或"网址 URL"格式等，这些均能在页面中即时验证提醒显示。这在使用前面所讲的普通表单时，实现这样的功能则要通过在表单上添加"检查表单"行为得以实现，而使用 Spry 验证表单，可在添加表单元素的同时，完成对其相关的约束设置。

插入 Spry 验证表单域构件的方法与普通表单相同，具体步骤为：

步骤

① 将光标定位在需要插入 Spry 验证表单域的位置。

② 选择菜单栏"插入"|"Spry"|"Spry 验证**域"，或在"插入"面板的"Spry"类别中单击"Spry 验证**域"按钮。

③ 完成"输入标签辅助功能属性"对话框，单击"确定"按钮。

④ 若插入验证文本域的位置不在表单中，则会弹出信息提示框提示"是否添加表单标签"，如图 12-53 所示。

图 12-53　　"是否添加表单标签"提示框

12.4.1　Spry 验证文本域

Spry 文本域是一个文本域，该域用于在网站中输入文本时显示文本的状态，如有效或无效。如图 12-54 所示是验证文本域的几种不同状态，"用户名"验证文本域提示注册用户该项为必填项；"密码"验证文本域为正常的激活状态，"重复密码"验证文本域提示用户必须输入一个值，"电子邮箱"验证文本域提示用户输入的邮箱地址格式无效，出生日期要符合日期格式，而"年龄"则不能超出定义的范围，否则这些错误提示将一一显示在该文本域之后，直至填写正确为止。

插入 Spry 验证文本域后，文本域被蓝色框包围，如图 12-55 所示，单击所插入的 Spry 验证表单域左上角的蓝色标签，选定该验证文本域，在如图 12-56 所示的属性面板中可设置验证表单域的各项属性。

图 12-54　验证文本域的不同状态

图 12-55 插入的 Spry 验证文本域

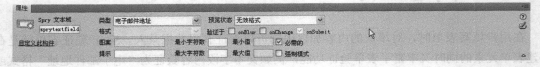

图 12-56　Spry 验证文本域的属性面板

Spry 验证文本域"属性"面板各项的具体含义如下：

类型——可以为验证文本域构件指定不同的验证类型。例如，如果文本域将接收信用卡号，则可以指定信用卡验证类型。

格式——在"类型"菜单中选择一个验证类型。如果适用的话，可从"格式"弹出菜单中选择一种格式。大多数验证类型都会使文本域要求采用标准格式。但是，某些验证类型允许选择文本域将接受的格式种类。表 12-3 列出了"属性"面板使用的验证类型和格式。

表 12-3　验证类型及格式列表

验证类型	格　　式
无	无需特殊格式。
整数	文本域仅接受数字。
电子邮件	文本域接受包含 @ 和句点（.）的电子邮件地址，而且 @ 和句点的前面和后面都必须至少有一个字母。
日期	格式可变。可以从属性检查器的"格式"弹出菜单中进行选择。
时间	格式可变。可以从属性检查器的"格式"弹出菜单中进行选择。（"tt"表示 am/pm 格式，"t"表示 a/p 格式。）
信用卡	格式可变。可以从属性检查器的"格式"弹出菜单中进行选择。可以选择接受所有信用卡，或者指定特定种类的信用卡（MasterCard、Visa 等）。文本域不接受包含空格的信用卡号，例如 4321 3456 4567 4567。
邮政编码	格式可变。可以从属性检查器的"格式"弹出菜单中进行选择。
电话号码	文本域接受美国和加拿大格式，如(000) 000-0000，或自定义格式的电话号码。如果选择自定义格式，请在"模式"文本框中输入格式，例如，000.00(00)。
社会安全号码	文本域接受 000-00-0000 格式的社会安全号码。
货币	文本域接受 1,000,000.00 或 1.000.000,00 格式的货币。
实数/科学记数法	验证各种数字：数字（如 1）、浮点值（如，12.123）、以科学记数法表示的浮点值（如，1.212e+12、1.221e-12，其中 e 用作 10 的幂。）
IP 地址	格式可变。可以从属性检查器的"格式"弹出菜单中进行选择。
URL	文本域接受 http://xxx.xxx.xxx 或 ftp://xxx.xxx.xxx 格式的 URL。
自定义	可用于指定自定义验证类型和格式。在属性检查器中输入格式模式（并根据需要输入提示）。

预览状态——选择要查看的状态。例如，如果要查看处于"有效"状态的构件，请选择"有效"。

验证于——可以设置验证发生的时间，包括站点访问者在构件外部单击时、键入内容时或尝试提交表单时。

　　onBlur（模糊）——当用户在文本域的外部单击时验证。

　　onChange（更改）——当用户更改文本域中的文本时验证。

　　onSubmit（提交）——当用户尝试提交表单时验证。

图案——当类型为自定义时，可定义此项。

提示——由于文本域有很多不同格式，因此，提示用户需要输入哪种格式会比较有帮助。例如，验证类型设置为"电话号码"的文本域将只接受 (000) 000-0000 形式的电话号码。可以输入这些示例号码作为提示，以便用户在浏览器中加载页面时，文本域中将显示正确的格式。

最小字符数（或最大字符数）——在"最小字符数"或"最大字符数"框中输入一个数字。例如，在"最小字符数"框中输入 3，那么，只有当用户输入三个或更多个字符时，该构件才通过验证。此选项仅适用于"无"、"整数"、"电子邮件地址"和"URL"验证类型。

最小值（或最大值）——在"属性"面板中的"最小值"或"最大值"框中输入一个数字。例如，如果在"最小值"框中输入 3，那么，只有当用户在文本域中输入 3 或者更大的值（4、5、6 等）时，该构件才通过验证。此选项仅适用于"整数"、"时间"、"货币"和"实数/科学记数法"验证类型。

必需的——默认情况下，用 Dreamweaver 插入的所有验证文本域构件都要求用户在将构件发布到 Web 页之前输入内容。但是，也可以将填写文本域设置为对于用户是可选的。在"属性"面板中，根据自己的喜好选择或取消选择"必需"选项。

强制模式——可以禁止用户在验证文本域构件中输入无效字符。例如，如果对具有"整数"验证类型的构件集选择此选项，那么，当用户尝试输入字母时，文本域中将不显示任何内容。

12.4.2　Spry 验证文本区域

Spry 验证文本区域也是一个文本区域，该区域在用户输入几个文本句子时显示文本的状态，如有效或无效。如果文本区域是必填域，而用户没有输入任何文本，该构件将返回一条消息，提示用户必须输入相应的信息。

插入的 Spry 验证文本区域构件如图 12-57 所示。

单击所插入的 Spry 验证文本区域左上角的蓝色标签，即可选定该文本区域，这时"属性"面板中显示该验证文本区域的相关属性，Spry 验证文本区域的"属性"面板如图 12-58 所示。

图 12-57　插入"Spry 验证文本区域"

图 12-58　Spry 验证文本区域的属性面板

Spry 验证文本区域"属性"面板各项的具体含义如下：

预览状态——选择要查看的状态。

验证于——可以设置验证发生的时间，包括站点访问者在构件外部单击时、输入内容时或尝试提交表单时。

最小字符数（或最大字符数）——在"属性"面板中的"最小字符数"或"最大字符数"框中输入一个数字。例如，如果在"最小字符数"框中输入 20，那么，只有当用户在文本区域中输入 20 个或更多字符时，该构件才通过验证。

计数器——可以添加字符计数器，以便当用户在文本区域中输入文本时知道自己已经输入了多少字符或者还剩多少字符。默认情况下，当添加字符计数器时，计数器会出现在构件右下角的外部。

必需的——用户可以将填写文本区域设置为对于用户是可选的。在"属性"面板中，根据自己的喜好选择或取消选择"必需"选项。

提示——可以向文本区域中添加提示（例如，"请在此处键入描述"），以便让用户知道他们应当在文本区域中输入哪种信息。当用户在浏览器中加载页面时，文本区域中将显示添加的提示文本。

12.4.3　Spry 验证复选框

Spry 验证复选框构件是 HTML 表单中的一个或一组复选框，该复选框在用户选择（或没有选择）复选框时会显示构件的状态（有效或无效）。例如，可以向表单中添加验证复选框构件，该表单可能会要求用户进行三项选择。如果用户没有进行所有这三项选择，该构件会返回一条消息，声明不符合最小选择数要求。如图 12-59 所示。

　　插入的 Spry 验证复选框后　当页面中需插入一组复选框时，在插入第一个 Spry 复选框构件后，将光标置于构件的蓝色框内最末端，再继续添加复选框（普通），直至完成，如图 12-60 所示。

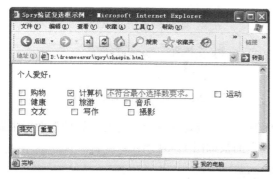

图 12-59　验证复选框

图 12-60　插入多个复选框到 Spry 复选框区域

　　单击所插入的 Spry 验证复选框左上角的蓝色标签，即可选定该验证复选框，这时"属性"面板中将显示该验证复选框的相关属性，Spry 验证复选框的"属性"面板如图 12-61 所示。

图 12-61　Spry 验证复选框的属性面板

　Spry 验证复选框"属性"面板各项的具体含义如下：

必需——指定该验证复选框为必选项。

强制范围——默认情况下，验证复选框构件设置为"必需"。但是，如果在页面上插入了许多复选框，则可以指定选择范围。

　最小选择数（最大选择数）——在选择"强制范围"后，则可输入浏览网页时可以选择的复选框个数。例如，如果单个验证复选框构件的 <span> 标签内有六个复选框，而且希望确保用户至少选择三个复选框，则可以为整个构件设置最小选择数为 3。

实施范围——选择验证复选框构件的状态。

验证于——可以设置验证发生的时间，包括站点访问者在构件外部单击时、输入内容时或尝试提交表单时。

12.4.4　Spry 验证选择

　　Spry 验证选择是一个下拉列表，该列表在用户进行选择时会显示构件的状态，如有效或无效。例如，可以插入一个包含状态列表的验证选择构件，这些状态按不同的部分组合，并用水平线分隔。如果意外选择某条分界线而不是某个状态，则验证选择构件会返回一条消息，提示该选择无效。

　　不同状态的验证选择构件如图 12-62 所示。

　　其中，"选择城市"下的验证选择构件为"有效"状态，"选择行业类别"下的验证选择构件为"无效"状态，"选择信息发布时间"下的验证选择构件为"必需"状态。

插入 Spry 验证选择如图 12-63 所示。

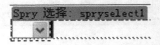

图 12-62　不同状态的 Spry 验证选择　　　　图 12-63　插入 Spry 验证选择

单击所插入的 Spry 验证选择左上角的蓝色标签，即可选定该选择，这时"属性"面板中显示该验证选择的相关属性，Spry 验证选择的"属性"面板如图 12-64 所示。

图 12-64　Spry 验证选择的属性面板

Spry 验证选择"属性"面板各项的具体含义如下：

预览状态——选择要查看的状态

验证于——可以设置验证发生的时间，包括站点访问者在构件外部单击时、键入内容时或尝试提交表单时。

不允许——空值或无效值。

　　　空值——默认情况下，用 Dreamweaver 插入的所有验证选择构件都要求用户在将构件发布到 Web 页之前，选择具有相关值的菜单项。但是也可以禁用此选项。

　　　无效值——可以指定一个值，当用户选择与该值相关的菜单项时，该值将注册为无效。例如，如果指定-1 是无效值，并将该值赋给某个选项标签，则当用户选择该菜单项时，该构件将返回一条错误消息。

12.4.5　Spry 验证密码

Spry 验证密码构件是一个密码文本域，可用于强制执行密码规则（例如，字符的数目和类型）。该构件根据用户的输入提供警告或错误消息。

图 12-65　插入 Spry 验证选择

插入 Spry 验证密码如图 12-65 所示。

单击所插入的 Spry 验证密码左上角的蓝色标签，即可选定该构件，这时"属性"面板中显示该验证密码的相关属性，Spry 验证密码的"属性"面板如图 12-66 所示。

图 12-66　Spry 验证密码的属性面板

Spry 验证密码"属性"面板各项的具体含义如下：

预览状态——选择要查看的状态

验证时间——可以设置验证发生的时间，包括站点访问者在构件外部单击时、输入内容时或尝试提交表单时。

必填——根据自己的喜好选择或取消选择"必需"选项。

最小/最大字符数——指定有效的密码所需的最小和最大字符数。

最小/最大字母数——指定有效的密码所需的最小和最大字母（a、b、c 等）数。

最小/最大数字数——指定有效的密码所需的最小和最大数字（1、2、3 等）数。

最小/最大大写字母数——指定有效的密码所需的最小和最大大写字母（A、B、C 等）数。

最小/最大特殊字符数——指定有效的密码所需的最小和最大特殊字符（!、@、# 等）数。

12.4.6　Spry 验证确认

验证确认构件是一个文本域或密码表单域，当用户输入的值与同一表单中类似域的值不匹配时，该构件将显示有效或无效状态。例如，可以向表单中添加一个验证确认构件，要求用户重新输入他们在上一个域中指定的密码。如果用户未能完全一样地输入他们之前指定的密码，构件将返回错误消息，提示两个值不匹配。

插入 Spry 验证确认如图 12-67 所示。

单击所插入的 Spry 验证确认左上角的蓝色标签，即可选定该构件，这时"属性"面板中显示该验证密码的相关属性，Spry 验证确认的"属性"面板如图 12-68 所示。

图 12-67　插入 Spry 验证确认

图 12-68　Spry 验证确认的属性面板

Spry 验证确认"属性"面板各项的具体含义如下：

预览状态——选择要查看的状态

验证时间——可以设置验证发生的时间，包括站点访问者在构件外部单击时、输入内容时或尝试提交表单时。

必填——根据自己的喜好选择或取消选择"必需"选项。

验证参照对象——选择将用作验证依据的文本域。

12.4.7　Spry 验证单选按钮组

验证单选按钮组构件是一组单选按钮，可支持对所选内容进行验证。该构件可强制从组中选择一个单选按钮。

插入 Spry 验证单选按钮组如图 12-69 所示。

单击所插入的 Spry 验证单选按钮组左上角的蓝色标签，即可选定该构件，这时"属性"面板中显示该验证单选按钮组的相关属性，Spry 验证单选按钮组的"属性"面板如图 12-70 所示。

图 12-69　插入 Spry 验证单选按钮组

图 12-70　Spry 验证单选按钮组的属性面板

Spry 验证验证单选按钮组"属性"面板各项的具体含义如下：

预览状态——选择要查看的状态

验证时间——可以设置验证发生的时间，包括站点访问者在构件外部单击时、输入内容时或尝试提交表单时。

必填——根据自己的喜好选择或取消选择"必需"选项。

空值——如果用户选择具有空值的单选按钮，则浏览器将返回"请进行选择"错误消息，如图 12-71 所示。

无效值——　如果用户选择具有无效值的单选按钮，则浏览器将返回"请选择一个有效值"错误消息。

图 12-71　选择空值按钮时提示"请进行选择"

12.5　实战演练

1．实战效果

实战效果如图 12-72 所示。

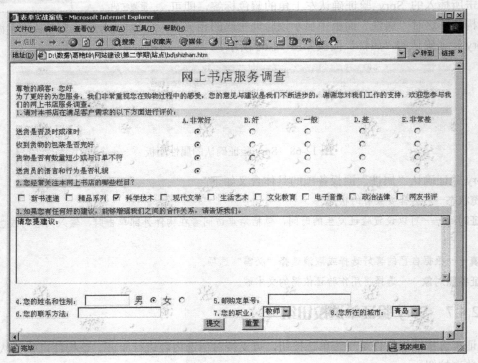

图 12-72　实战效果

2．制作要求

① 在网页上创建一个网上书店服务问卷调查的表单，表单包含单选按钮、复选框、单行文本框、多行文本框、下拉式列表等普通表单及 Spry 表单对象，可根据需求确定采用表单对象。

② 表单中的表单元素用表格定位。

③ 对表单中的标题及标识文字进行格式设置。

④ 对表单及表单对象的属性进行设置。

3．操作提示

① 新建 HTML 网页，设置页面背景，插入表单。

② 在表单中插入 12 行 1 列表格，宽 770，高 460，表格边框色为#993300。

③ 在各行中输入标识文字，并设置单元格及文字的相关属性。

④ 在表单最后一行插入两个按钮。即"提交"和"重设"按钮。

⑤ 在各单元格中插入合适的表单对象。

⑥ 设置表单属性，设置"表单名称"为"表单实例"；"方法"为 POST；在"动作"文本框中输入"mailto：+收件人的电子邮件地址"，表示浏览网页时填写的表单内容将以电子邮件的方式发送给服务器。

⑦ 以 szbd.htm 为文件名保存文件，按 F12 键预览网页。

本章小结

在本章中，主要介绍了网络信息交互工具—表单。表单技术是建立动态网站的重要工具之一，利用表单技术能充分发挥网络的有利条件，使信息能够及时交互。

第13章 使用 Spry 构件

Spry 框架是一个 JavaScript 库，Web 设计人员使用它可以构建能够向站点访问者提供更丰富体验的 Web 页。有了 Spry 框架，就可以使用 HTML、CSS 和极少量的 JavaScript 将 HTML 或 XML 数据合并到 HTML 文档中，创建构件（如折叠构件和菜单栏），向各种页面元素中添加不同种类的效果。

本章重点：
- Spry 构件的插入方法及其作用
- 用 Spry 数据集显示数据

13.1 用 Spry 构件布局页面

13.1.1 案例综述

Spry 功能不仅增加了页面的布局形式，简化并增强了表单的验证功能，还与 XML 数据相结合，方便构造动态数据显示。本例就将这些新功能集合到一个网页中，使读者从中体会 Spry 构件的无穷魅力。本例最终效果如图 13-1 所示。

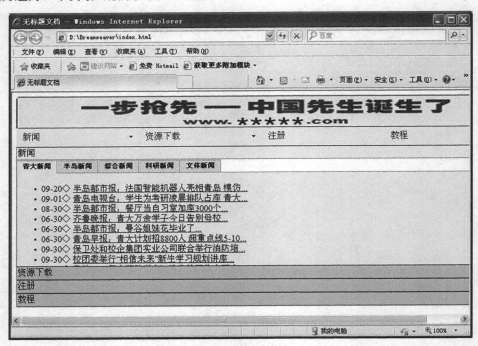

图 13-1 案例效果

13.1.2　案例分析

该案例主要用于展示 Spry 构件的各种功能，其页面布局由四个部分组成，分别为：①页眉部分——表格中插入 Banner 图片；②导航部分——表格中插入 Spry 菜单栏；③主要信息栏——表格中插入多种 Spry 构件；④页尾部分——版权信息。

13.1.3　实现步骤

1．页面头部制作

步骤

① 创建新站点 Spry，设置其站点根目录为 D:\dreamweaver\spry，默认图像文件夹为 D:\dreamweaver\spry\img。

② 在站点中创建网页文件 index.htm。

③ 插入 1×1 表格 T1，宽为 900px，边框、单元格边距、间距均设为 0，将单元格对齐方式设置为"水平居中"，如图 13-2 所示。

④ 在单元格中插入 Banner 图片 36woso28.gif。

2．导航栏制作（插入 Spry 菜单栏）

步骤

① 将光标置于表格 T1 之后，再次插入 1×1 表格 T2，宽为 900 像素，边框、单元格边距、间距均设为 0，将表格对齐方式设置为"居中对齐"，用于制作导航栏。

② 将光标置于表格 T2 的单元格中，选择"插入"工具栏的"Spry"类型中的"Spry 菜单栏"按钮，插入水平方向菜单栏，如图 13-3 所示。

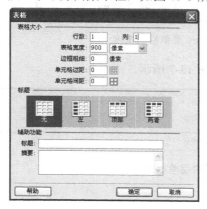
图 13-2　插入表格

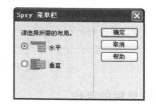
图 13-3　插入"Spry 菜单栏"

③ 在页面可看到已插入的水平方向的菜单栏，如图 13-4 所示。

图 13-4　插入"Spry 菜单栏"

④ 单击插入的"Spry 菜单栏"左上角的蓝色标签，在"属性"面板中设置菜单栏各项目的名

称及下级子菜单的名称，如图 13-5 所示。其中，顶级菜单和下级子菜单中的项目都可通过单击 + 和 - 按钮进行添加和删除，并可通过"向上"或"向下" ▲ ▼ 按钮调整顺序。

图 13-5　设置"Spry 菜单栏"属性

⑤ 这里"项目 1"、"项目 2"、"项目 3"、"项目 4"分别改为"新闻"、"资源下载"、"注册"和"教程"，并设置"新闻"菜单的子菜单为"国际"和"国内"；"资源下载"的子菜单为"图片下载"、"视频下载"和"其他下载"；"教程"、"注册"没有下级子菜单。

⑥ 选中其中一个菜单，可以看到下面的标签 <li>，在 CSS 面板中，双击打开 ul.MenuBarHorixontal li 的 CSS 规则定义对话框中，将其 Width 属性值改为 25%（*按照表格宽度 4 等分*），如图 13-6 所示。

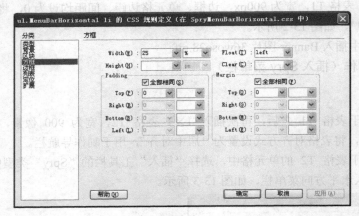

图 13-6　自定义 Spry 菜单栏的宽度

⑦ 修改后的菜单栏的宽度与表格同宽，如图 13-7 所示。

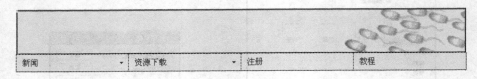

图 13-7　修改后的菜单栏的宽度

3．主要信息栏的制作
（1）插入"Spry 折叠式"标签

🐬 **步骤**

① 将光标放到 T2 后面，再插入 1×1 表格 T3，宽 900px。边框、单元格边距、间距均设为 0，将单元格对齐方式设置为"居中对齐"。

② 将光标置于单元格中，单击"插入"工具栏的"Spry"类型中的"Spry 折叠式"按钮，插入"Spry 折叠式"标签，如图 13-8 所示。

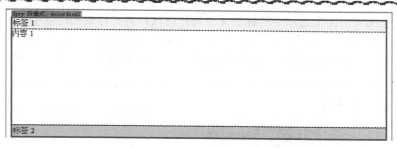

图 13-8　插入"Spry 折叠式"标签

③ 单击该 Spry 构件的蓝色标签选择该构件，在其"属性"面板中可添加或删除折叠式标签的数目，并调整折叠标签的顺序。在设计视图分别修改标签文字为"新闻"、"资源下载"和"注册"，如图 13-9 所示。

图 13-9　"Spry 折叠式"标签属性设置

④ 将鼠标指针移到要在"设计"视图中打开的面板的选项卡上，然后单击出现在该选项卡右侧的眼睛图标，进行各自内容的编辑，具体内容参照以下步骤。

（2）插入"Spry 选项卡式面板"

 步骤

① 单击折叠式中"新闻"标签，将光标放在内容位置，删除"内容 1"文字。

② 将光标放在单元格中，单击"插入"工具栏的"Spry"类型中的"Spry 选项卡式面板"按钮，插入"Spry 选项卡式面板"，如图 13-10 所示。

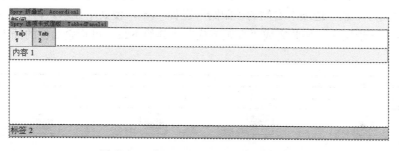

图 13-10　插入"Spry 选项卡式面板"

③ 单击该 Spry 构件的蓝色标签选择该构件，在其"属性"面板中可添加或删除选项卡的数目，并设置默认打开的选项卡，如图 13-11 所示。

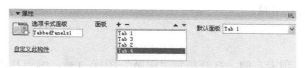

图 13-11　"Spry 选项卡式面板"属性设置

④ 在设计视图对页面上选项卡的标签文字进行修改，将光标放在选项卡上时单击，随后出现的"眼睛"图标 社畜，这时，可对该选项卡的内容进行编辑。这里只把素材文件夹中的 sucai.html 文件的相关内容粘贴到选项卡面板中即可，如图 13-12 所示。将对齐设为"左对齐"。

图 13-12　编辑选项卡标签及内容

（3）插入"Spry 可折叠面板"

🐬 **步骤**

① 单击"资源下载"标签后，显示"眼睛"图标 社畜，编辑内容。选中"内容 2"，单击"插入"工具栏的"Spry"类型中的"Spry 可折叠面板"按钮 ，插入"Spry 可折叠面板"，如图 13-13 所示。

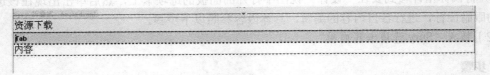

图 13-13　在"Spry 折叠式"内容中嵌套"Spry 可折叠面板"

② 将选项卡的标签"Tab"改为"图片下载"，在内容栏里插入 1×4 表格，分别插入相应提示文字及图标，分别创建这些文字或图片到素材文件夹中的图片素材包文件的超链接。

③ 单击"图片下载"选项卡右侧的"眼睛"图标 社畜，使其不显示。再次插入"Spry 可折叠面板"，重复上一步操作，如此完成"视频下载"、"其他下载"可折叠面板的插入，如图 13-14 所示。

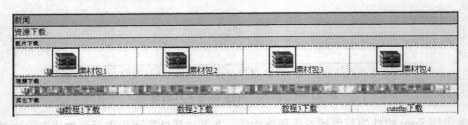

图 13-14　插入"Spry 可折叠面板"

（4）使用 Spry 验证表单域

🐬 **步骤**

① 单击"注册"选项卡右侧，打开显示"眼睛"图标 社畜，编辑其内容。将"内容 3"文字删除，插入表单，将对齐方式设置为"居中对齐"，插入 8×2 表格 T4，宽为 500px。调整其列宽如图 13-15 所示。

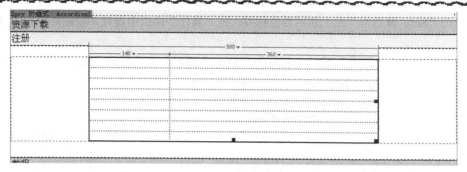

图 13-15　插入表格布局

② 在第 1 列中分别输入表单的提示文字:"姓名"、"密码"、"重复密码"、"出生年月"、"电子邮箱"、"爱好"、"职业"、"简历"。

③ 在"姓名"、"密码"、"重复密码"、"出生年月"、"电子邮箱"后面的单元格中,单击"插入"工具栏的"Spry"类型中的"Spry 验证文本域"按钮 ,分别插入"Spry 验证文本域"。

④ 选中"姓名"的"Spry 验证文本域",在"属性"面板中设置其为"必需的";选中"密码"和"重复密码"的"Spry 验证文本域",在"属性"面板中设置其为"必需的",且"最小字符数"为 6,"最大字符数"为 10;选中"出生年月"的"Spry 验证文本域",在"属性"面板中设置其类型为"日期";选中"电子邮箱"的"Spry 验证文本域",在"属性"面板中设置其类型为"电子邮件地址",如图 13-16 所示。

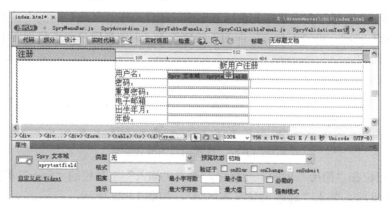

图 13-16　设置各验证文本域的验证需求

⑤ 将光标定位在"爱好"后的单元格中,单击"插入"工具栏的"Spry"类型中的"Spry 验证复选框"按钮 ,插入"Spry 验证复选框",如图 13-17 所示。

图 13-17　插入"Spry 验证复选框"

⑥ 再将光标放到"Spry 复选框"的蓝色框内,单击"插入"工具栏的"表单"类型"复选框"按钮,重复插入"音乐"、"爬山"、"足球"、"写作"、"摄影"复选框,如图 13-18 所示。

图 13-18　插入多个"Spry 验证复选框"

⑦ 单击"Spry 复选框"左上角的蓝色标签，在"属性"面板中设置其验证需求如图 13-19 所示。

⑧ 将光标定位在"职业"后的单元格中，单击"插入"工具栏的"Spry"类型"Spry 验证选择"按钮 ，插入"Spry 验证选择"，如图 13-20 所示。

图 13-19　设置"Spry 验证复选框"属性　　　　　图 13-20　插入"Spry 验证选择"

⑨ 鼠标单击新插入的列表框，在"属性"面板显示"列表/菜单"属性，如图 13-21 所示。单击"列表值"按钮 列表值... ，打开"列表值"对话框，添加职业选项。其中，用一横线意在分隔，将其值定义为-1。

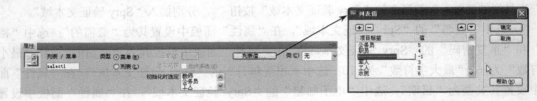

图 13-21　添加列表值

⑩ 单击"Spry 选择"左上角的蓝色标签选择该构件，在"属性"面板中设置该列表的验证需求，如图 13-22 所示。将"不允许"中的无效值设为-1，则当用户在下拉列表中一旦选择分隔横线时，会提示无效。

图 13-22　设置列表的验证需求

⑪ 将光标定位在"简历"后的单元格中，单击"插入"工具栏的"Spry"类型的"Spry 验证文本区域"按钮 ，插入"Spry 验证文本区域"，如图 13-23 所示。

图 13-23　插入"Spry 验证文本区域"

⑫ 选中"Spry 文本区域"，在"属性"面板中设置其验证需求，如图 12-24 所示。

图 13-24　"Spry 文本区域"的"属性"面板

⑬ 光标定位在表格的后面，插入"提交"按钮和"重置"按钮。

4．制作页面尾部

在表格 T3 后面插入与之同宽 1×1 表格，对齐方式设置为居中对齐，在单元格中输入版权信息。

至此，该页面的制作已全部完成了，按 F12 键预览，即可看到精彩的 Spry 效果。若上网助手等软件拦截则应予取消。

13.2 Spry 构件

Spry 框架支持一组用标准 HTML、CSS 和 javaScript 编写的可重用控件。在利用 Dreamweaver 制作网页时，可以方便地插入这些控件，然后设置控件的样式。常用的 Spry 控件有：Spry 菜单栏、Spry 选项卡式面板、Spry 折叠式、Spry 可折叠面板。

Spry 构件由以下几个部分组成：

构件结构——用来定义构件结构组成的 HTML 代码块。

构件行为——用来控制构件如何响应用户启动事件的 JavaScript。

构件样式——用来指定构件外观的 CSS。

Spry 框架中的每个构件都与唯一的 CSS 和 JavaScript 文件相关联。CSS 文件中包含设置构件样式所需的全部信息，而 JavaScript 文件则赋予构件功能。当 Dreamweaver 界面插入构件时，Dreamweaver 会自动将这些文件链接到页面，以便构件中包含该页面的功能和样式。与给定构件相关联的 CSS 和 JavaScript 文件根据该构件命名，在已保存的页面中插入构件时，Dreamweaver 会在站点中创建一个 SpryAssets 目录，并将相应的 JavaScript 和 CSS 文件保存到其中。

13.2.1 Spry 菜单栏

Spry 菜单栏可以用在网页的导航中，一般导航可分为横向导航和纵向导航，Spry 菜单栏也同样提供了这两种布局方式。

1．插入 Spry 菜单栏

插入 Spry 菜单栏的操作步骤如下。

步骤

① 在"插入"栏的"Spry"类型中单击"Spry 菜单栏"按钮，或选择"插入"|"Spry"|"Spry 菜单栏"命令。

② 在弹出的"Spry 菜单栏"对话框中选择"水平"或"垂直"单选项，如图 13-25 所示。

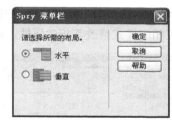

图 13-25 选择菜单栏样式

③单击"确定"按钮，在页面插入点位置插入"Spry 菜单栏"，如图 13-26 所示。

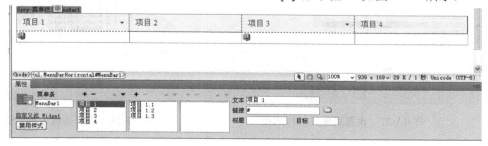

图 13-26 插入"Spry 菜单栏"

2．编辑 Spry 菜单栏属性

使用菜单栏的"属性"面板，可以向菜单栏中添加菜单项或从中删除多余的菜单项，改变菜单项的顺序，给菜单项设置超链接等。

步骤

① 单击插入在页面"Spry 菜单栏"左上角的蓝色选项卡表示选中该"Spry 菜单栏"。

② 打开"属性"面板，可以单击"菜单项"列表框中的具体菜单项，在"文本"文本框中编辑输入文本，即重新定义该列表项的内容。

③ "Spry 菜单栏"支持"三级"菜单项。选择最左侧"菜单项"列表框中任一菜单项，在其后的"菜单项"中单击"添加菜单项"按钮即表示为该菜单项添加了"子菜单"。

④ 同样，选择"子菜单"所在"菜单项"列表框中的任一菜单项，在其后的"菜单项"中单击"添加菜单项"按钮即表示新添加的菜单项为"第三级菜单"。

⑤ "菜单项"列表框中的所有菜单项均可选择后单击"删除菜单项"按钮，将其与"子菜单"同时删除。"菜单项"列表框中的所有菜单项还可以单击"上移项"或"下移项"按钮进行菜单项的显示排序。

⑥ 在"链接"文本框中输入链接的目标页面地址，或者单击"浏览"按钮以浏览相应的文件。

⑦ 目标属性指定要在何处打开所链接的页面。当单击某菜单项时，在新浏览器窗口中打开所链接的目标页面。若 Spry 菜单栏应用在了框架网页，则可在目标属性中选择相应的框架作为目标。

3．编辑 Spry 菜单栏样式

Spry 提供了好几种样式可以选择，可以根据自己的实际需要选择。设置方法如下，先选中要设置的菜单（单击选中），然后在"属性"面板中选择"样式"，如图 13-27 所示。

尽管使用"属性"面板可以简化对菜单栏的编辑，但它并不支持自定义的样式设置。在插入 Spry 菜单后，在 CSS 面板中可看到已自动形成了多个 CSS 样式，如图 13-28 所示。在其中选定相应样式修改其相关属性，自定义菜单项的样式。

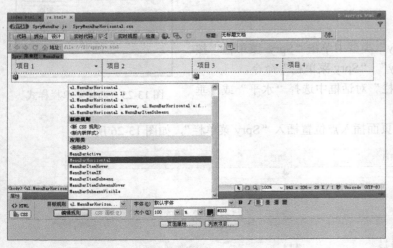

图 13-27　设置菜单栏的样式图　　　　　　图 13-28　CSS 面板中的 CSS 样式

13.2.2　Spry 选项卡式面板

Spry 选项卡式面板是一组面板，用来将内容存储到紧凑的空间中。单击面板上的标签来隐藏或显示存储在选项卡式面板中的内容，单击不同的选项卡面板会相应地将之打开。在给定时间内，选项卡式面板中只有一个内容面板处于打开状态。如图 13-29 所示的选项卡面板中，选项卡"体育"处于打开状态，而其他的选项卡面板均处于关闭状态。

图 13-29　打开"体育"选项卡面板

1．插入选项卡式面板

步骤

① 选择菜单栏的"插入" | "Spry" | "Spry 选项卡面板"命令，或在"插入"面板的"Spry"类别中单击"Spry 选项卡式面板"按钮 。

② 对于插入到网页中的"Spry 选项卡式面板"，单击左上角的蓝色区域即表示选择了该"Spry 选项卡式面板"，进行编辑操作，如图 13-30 所示。

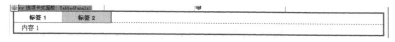

图 13-30　插入"Spry 选项卡式面板"

2．设置选项卡面板属性

步骤

① 在"文档"窗口中单击选项卡左上角的蓝色区域选择该"Spry 选项卡式面板"。

② 在"属性"面板中，单击"添加面板"按钮 或"删除面板"按钮 ，如图 13-31 所示。

图 13-31　Spry 选项卡式面板属性栏

③在"属性"面板中，从"默认面板"下拉列表中选择默认情况下要打开的面板。

④在"属性"面板中，通过"在列表中向上移动面板"按钮 和"在列表中向下移动面板"按钮 对页面中的"Spry 选择卡"进行左右排序。

3．编辑选项卡面板

对于插入到网页中的"Spry 选项卡式面板"，单击左上角的蓝色区域即表示选择了该"Spry 选项卡式面板"，然后可对其进行编辑操作。

步骤

① 将鼠标定位在选项卡标题所在区域即可对该标题进行编辑操作。

② 对于插入到页面中各"Spry 选项卡式面板"所对应的内容，鼠标移动到相应的"Spry 选项卡"标题时，会显示"单击以显示面板内容"按钮 ，单击该按钮即可显示面板内容，如图 13-32 所示。

图 13-32　选择选项卡面板以编辑其内容

③ 面板中所插入的内容与普通网页内容操作无异，如插入文本、图像、表格等。

13.2.3　Spry 折叠式

"Spry 折叠式"同样是一组面板，用来将内容存储到紧凑的空间中。单击面板上的标签来隐藏或显示存储在可折叠面板中的内容。当访问者单击不同的选项卡时，折叠构件的面板会相应地展开或收缩。在折叠构件中，每次只能有一个内容面板处于打开且可见的状态。如图 13-33 所示显示了一个折叠构件，其中的第一个面板处于展开状态。

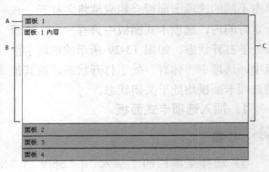

图 13-33　显示一个折叠构件

1．插入"Spry 折叠式"

步骤

① 选择菜单栏的"插入"|"Spry"|"Spry 折叠式"命令，或在"插入"面板的"Spry"类别中单击"Spry 折叠式"按钮 🔳 。

② 对于插入到网页中的"Spry 折叠式"，单击左上角的蓝色区域即表示选择了该"Spry 折叠式"，然后可对其进行编辑操作，如图 13-34 所示。

图 13-34　对"Spry 折叠式"属性进行编辑

2．设置 Spry 折叠式属性

步骤

① 在"文档"窗口中选择一个折叠构件。

② 在"属性"面板中，单击"面板"旁边的加号（+）按钮或减号（-）按钮，可添加或删除折叠面板。

③ 在"属性"面板中，通过"在列表中向上移动面板"按钮 和"在列表中向下移动面板"按钮 对页面中的面板进行上下排序。

3．编辑 Spry 折叠式

步骤

① 将鼠标指针移到要在"设计"视图中打开的面板的选项卡上，然后单击出现在该选项卡右侧的眼睛图标。

② 在"文档"窗口中选择一个折叠构件，然后在"属性"面板的"面板"菜单中选择要进行编辑的面板。

"Spry 折叠式"与"Spry 选项卡式面板"有异曲同工之处，可理解为一个垂直方向折叠显示内容，另一个水平方向折叠内容。同时，"Spry 折叠式"在网页浏览中切换不同内容时还具有"动画"效果。

13.2.4　Spry 可折叠面板

可折叠面板构件是一个面板，可将内容存储到紧凑的空间中。用户单击构件的选项卡即可隐藏或显示存储在可折叠面板中的内容。如图 13-35 所示显示了一个处于展开和折叠状态的可折叠面板构件。

图 13-35　展开与未展开的"Spry 可折叠面板"

1．插入"Spry 可折叠面板"

步骤

① 选择菜单栏的"插入"｜"Spry"｜"Spry 可折叠面板"命令，或在"插入"面板的"Spry"类别中单击"Spry 可折叠面板"按钮 。

② 对于插入到网页中的"Spry 可折叠面板"，单击左上角的蓝色区域即表示选择了该"Spry 可折叠面板"，然后可对其进行编辑操作，如图 13-36 所示。

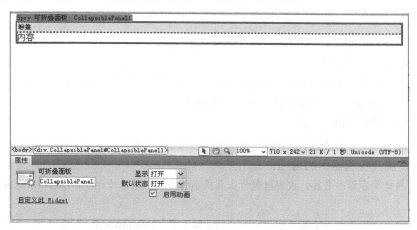

图 13-36　对"Spry 可折叠面板"进行编辑

2．打开或关闭可折叠面板

打开或关闭可折叠面板的方法如下。

① 将鼠标指针移到要在"设计"视图中打开的面板的选项卡上，然后单击出现在该选项卡右侧的眼睛图标，如图 13-37 所示。

图 13-37　打开或关闭可折叠面板

② 在"文档"窗口中选择一个折叠构件，然后在"属性"面板中，从"显示"下拉列表中选择"打开"或"已关闭"选项。

3．设置可折叠面板的默认状态

步骤

① 在"文档"窗口中选择一个可折叠面板构件。

② 在"属性"面板中，从"默认状态"弹出菜单中选择"打开"或"已关闭"选项。

4．启用或禁用可折叠面板的动画

默认情况下，如果启用某个可折叠面板构件的动画，单击该面板的标签时，面板将缓缓地平滑打开和关闭。如果禁用动画，则可折叠面板会迅速打开和关闭。

步骤

① 在"文档"窗口中选择一个可折叠面板构件。

② 在"属性"面板中，勾选或撤选"启用动画"复选框即可。

13.2.5　Spry 工具提示构件

当用户将鼠标指针悬停在网页中的特定元素上时，Spry 工具提示构件会显示其他信息。用户移开鼠标指针时，其他内容会消失。此外，还可以设置工具提示使其显示较长的时间段，以便用户可以与工具提示中的内容交互。

1．插入"Spry 工具提示构件"

步骤

① 选择菜单栏的"插入"|"Spry"|"Spry 工具提示"命令，或在"插入"面板的"Spry"类别中单击"Spry 工具提示"按钮。

② 对于插入到网页中的"Spry 工具提示"，单击左上角的蓝色区域即表示选择了该"Spry 工具提示"，然后可对其进行编辑操作，如图 13-38 所示。

2．设置工具提示构件选项

单击工具提示构件的蓝色选项卡以选择该选项卡，在 Spry 工具提示属性面板中根据需要设置工具提示构件属性检查器中的选项。

名称——工具提示容器的名称。该容器包含工具提示的内容。默认情况下，Dreamweaver 将 Div 标签用作容器。

触发器——页面上用于激活工具提示的元素。默认情况下，Dreamweaver 会插入 Span 标签内的占位符句子作为触发器，也可以选择页面中具有唯一 ID 的任何元素。

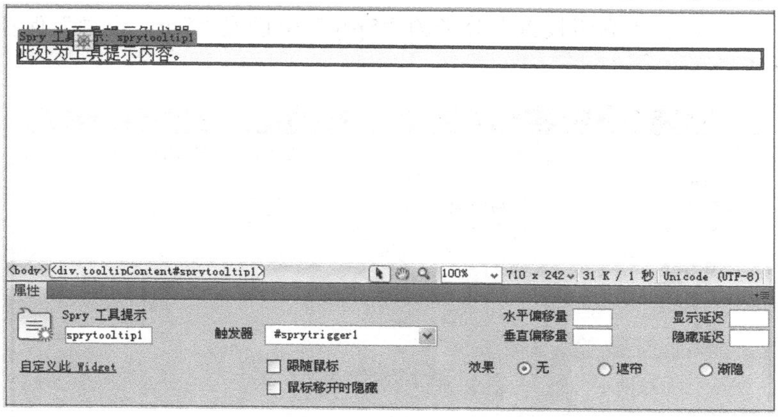

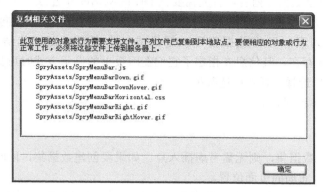

图 13-38　编辑 "Spry 工具提示"

跟随鼠标——选择该选项后，当鼠标指针悬停在触发器元素上时，工具提示会跟随鼠标。

鼠标移开时隐藏——选择该选项后，只要鼠标悬停在工具提示上（使鼠标已离开触发器元素），工具提示会一直打开。如果未选择该选项，则当鼠标离开触发器区域时，工具提示元素会关闭。

水平偏移量垂直偏移量——计算工具提示与鼠标的水平（垂直）相对位置。偏移量值以像素为单位，默认偏移量为 20 像素。

显示延迟——工具提示进入触发器元素后在显示前的延迟（以毫秒为单位），默认值为 0。

隐藏延迟——工具提示离开触发器元素后在消失前的延迟（以毫秒为单位），默认值为 0。

效果——在工具提示出现时使用的效果类型。遮帘就像百叶窗一样，可向上移动或向下移动以显示和隐藏工具提示。渐隐可淡入和淡出工具提示，默认值为 none。

13.2.6　保存含有 Spry 构件的页面

在保存含有 Spry 构件的页面文件时，会弹出"复制相关文件"对话框，如图 13-39 所示，表示软件将自动复制 Spry 构件所需要到的 CSS 文件、JavaScript 文件和相关图像文件到站点目录的 SpryAssets 文件夹内。单击"确定"按钮进行复制，否则将不能保证 Spry 构件的正确运行。

图 13-39　复制与 Spry 菜单栏相关的文件到站点的特定文件夹

在首次保存网页文档时，弹出的"复制相关文件"对话框提及的"SpryAssets"文件夹由软件自动生成，该目录名称和位置可在站点定义时进行指定。

定义本地站点时，在"高级设置"分类的"Spry"中设置"Spry 资源"保存在网站中的位置，如图 13-40 所示。

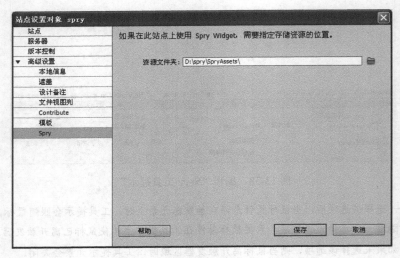

图 13-40　指定 Spry 资源的存放位置

13.3　使用 Spry 显示数据

13.3.1　Spry 数据集

Spry 数据集是用于容纳所指定数据集合的 JavaScript 对象。利用 Dreamweaver，可以快速创建此对象，然后将数据源（如 XML 文件或 HTML 文件）中的数据加载到该对象中。数据集将以由行和列组成的标准表格形式生成数组。利用 Dreamweaver 创建 Spry 数据集时，还可以指定数据在网页上的显示方式。

1．创建 Spry 数据集

要在 Web 页上显示数据集内容，首先需要在 Dreamweaver 中建立一个 XML 或 HTML 数据集，表示当前网页与 XML 文件或 HTML 文件之间建立了关系，然后才能向 HTML 页面中添加 Spry 区域、表格或列表。可将数据集可以想像成一个虚拟容器，其结构为行和列。它以 JavaScript 对象的形式存在，其信息在指定了它们在网页上的显示方式时可见。可以显示此容器中的所有数据，也可以选择只显示所选数据。

创建数据集的具体步骤如下。

步骤

① 如果仅是创建数据集，则无需考虑插入点。如果要创建数据集，同时还要插入布局，需确保插入点位于需插入布局的页面位置。

② 选择"插入" | "Spry" | "Spry 数据集"命令，或在"插入"栏中的"Spry"类别中单击"Spry 数据集"按钮 ，如图 13-41 所示。弹出"Spry 数据集"创建向导，如图 13-42 所示。

③ 完成其中各选项设置后，单击"下一步"按钮，进行下一个步骤：设置数据集选项。如果希望用户能够按某一列数据进行排序，则设置该选项。

图 13-41　创建 Spry 数据集命令

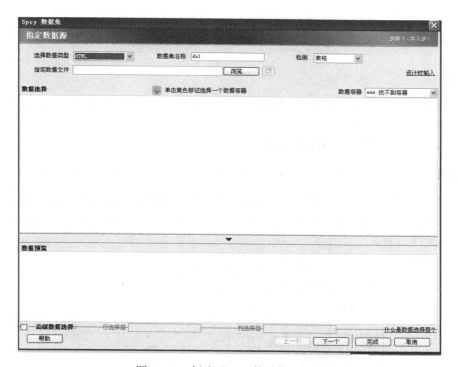

图 13-42　创建"Spry 数据集"向导

④ 完成"设置数据选项"中的操作时，单击"完成"按钮可立即创建数据集，也可以单击"下一步"按钮，转到"选择插入选项"。此步骤为新数据集选择显示选项。

2．指定数据源

在"Spry 数据集"对话框中，按步骤定义数据集。

（1）定义 Spry HTML 数据集

在"Spry 数据集"的"指定数据源"对话框中，在"选择数据类型"下拉菜单中，选择"HTML"选项，可为 HTML 数据创建数据集，各选项设置如图 13-43 所示。

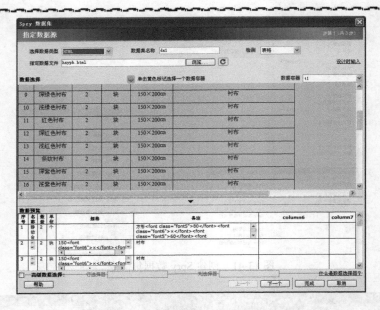

图 13-43　为 HTML 数据集创建数据集

 步骤

① 数据集名称：第一次创建数据集时，默认名称为 ds1。数据集名称可以包含字母、数字和下划线，但不能以数字开头。

② 检测：指定的数据源中 HTML 元素。

提示

数据源文件的数据容器必须已分配有唯一 ID。如果未分配，Dreamweaver 将显示错误消息。例如，将表格文件画室用品表 hsypb.html 在 Dreamweaver 中打开，选中最外层表格，在属性面板中输入表格的 ID 为 t1，如图 13-44 所示。

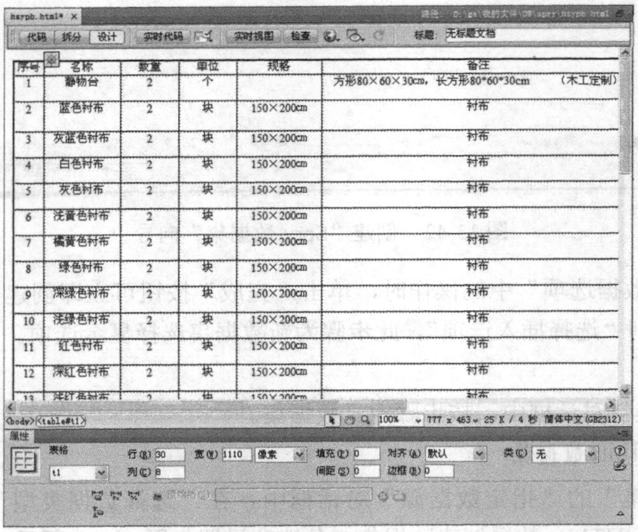

图 13-44　为表格命名 ID

③ 在指定数据文件选项中指定包含 HTML 数据源的文件的路径。此路径可以是指向站点中本地文件的相对路径（例如 data/html_data.html），也可以是指向现用网页的绝对 URL（使用 HTTP 或 HTTPS）。可以单击"浏览"按钮，导航并选择本地文件。

④ Dreamweaver 将在"数据选择"窗口中呈现 HTML 数据源，并显示可用作数据集容器的元素的可视标记，也可以指定"设计时输入"作为数据源。

⑤ 单击"数据选择"窗口中显示的某个黄色箭头，或从"数据容器"弹出菜单中选择一个 ID，以此为数据容器选择元素。为数据集选择容器元素后，Dreamweaver 会在"数据预览"窗口中显示数据集预览。

⑥ 如果希望为数据集指定 CSS 数据选择器，请选择"高级数据选择"选项，分别指定"行选择器"和"列选择器"中的内容。如果要在给定文本框中输入多个选择器，请用逗号分隔。

⑦ 完成"指定数据源"中的操作时，单击"完成"按钮可立即创建数据集，也可以单击"下一步"按钮，转到"设置数据选项"页。如果单击"完成"按钮，数据集将出现在"绑定"面板中，如图 13-45 所示。

图 13-45　数据集出现在"绑定"面板

（2）定义 Spry XML 数据集

在弹出的"Spry 数据集"的"指定数据源"对话框中，在"选择数据类型"弹出菜单中，选择"XML"选项，如图 13-46 所示各选项如下设置。

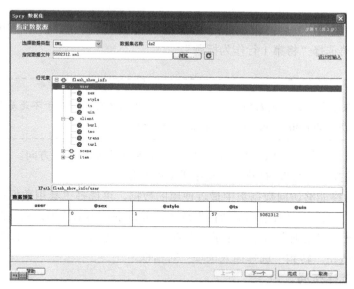

图 13-46　建立 Spry XML 数据集

🐬 **步骤**

① 为新数据集指定名称。第一次创建数据集时，默认名称为 ds1。数据集名称可以包含字母、数字和下划线，但不能以数字开头。

② 在指定数据文件选项中包含 XML 数据源的文件的路径。单击"浏览"按钮，导航并选择本地文件。Dreamweaver 将在"行元素"窗口中呈现 XML 数据源，显示可供选择的 XML 数

据元素树。重复元素以加号（+）标示，子元素缩进显示。

③ 选择包含要显示的数据的元素。为数据集选择容器元素后，Dreamweaver 会在"数据预览"窗口中显示数据集预览。XPath 文本框会显示一个表达式，指明所选节点在 XML 源文件中位置。

④ 完成"指定数据源"对话框中的操作时，单击"完成"按钮可立即创建数据集，也可以单击"下一步"按钮，转到"设置数据选项"对话框。

 提示

> 　当定义 Spry 数据集时，系统会向文件中添加用来标识 Spry 资源（xpath.js 和 SpryData.js 文件）的代码。请不要删除此代码，否则 Spry 数据集函数将无法运行。

3．设置数据选项

在"Spry 数据集"的"设置数据选项"对话框中，设置数据按某列排序，该步骤也可省略。

步骤

① 在列名称中选中一列，然后从"类型"下拉菜单中选择一种列类型（字符串、数字、日期、HTML）。例如，选择列名称为"序号"，在列类型时选择"数字"。

选择数据集列的方式有以下三种：单击列标题，从"列名"弹出菜单中选择该列，使用屏幕左上角的左右箭头导航到该列。

② 在"对列排序"下拉菜单中选择要用作排序依据的列，可以指定是按升序还是按降序排序该列。

③ 如果希望使用通用列名，即 column0、column1、column2 等，而不使用 HTML 数据源中指定的列名，可取消选择"将第 1 行作为标题"。

 提示

> 　如果所选数据集容器元素不是表格，此选项和下一选项均不可用。对于不是基于表格的数据集，Dreamweaver 自动使用 column0、column1、column2 等作为列名。

④ 选择"将列作为行"可以反转数据集中数据的水平方向与垂直方向。

⑤ 选择"筛选掉重复行"，排除数据集中重复的数据行。

⑥ 如果希望始终能够访问数据集中最近使用的数据，可选择"禁用数据缓存"选项。如果希望自动刷新数据，可选择"自动刷新数据"选项，并以毫秒为单位指定刷新时间。

⑦ 完成"设置数据选项"对话框中的操作时，单击"完成"按钮可立即创建数据集，也可以单击"下一步"按钮，转到"选择插入选项"对话框。

4．为数据集选择布局

在"Spry 数据集"的"选择插入选项"对话框中，用来选择各种显示选项，如图 13-47 所示。不同选项对应数据集中的值在页面上的不同显示方式。可以使用动态 Spry 表格、主/详细布局、堆积容器（单列）布局或带有聚光灯区域的堆积容器（两列）布局来显示数据。

（1）动态表格布局

在"选择插入选项"对话框中选中"插入表格"单选项，则在动态 Spry 表格中显示数据。Spry 表格支持动态列排序和其他交互行为。

选择此选项后，单击"设置"按钮，打开"插入表格"对话框，如图 13-48 所示，然后执行以下步骤。

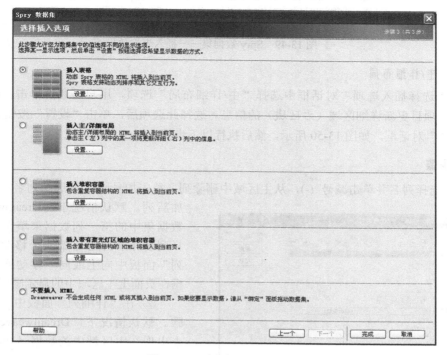

图 13-47　选择插入选项

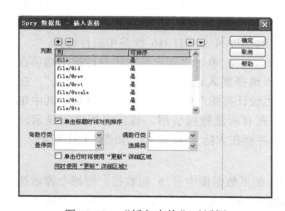

图 13-48　"插入表格"对话框

步骤

① 选择列名并单击减号（-），从表格中删除列。单击加号（+）并选择列名，向表格添加新列。选择列名并单击上/下箭头，移动列。

② 若要使列可排序，可在"列"面板中选择列，然后选择"单击标题时将对列排序"选项。默认情况下，所有列均可排序。若希望使列不可排序，请从"列"面板中选择该列名称，然后取消选择"单击标题时将对列排序"选项。

③ 如果页面有关联 CSS 样式（或者作为附加样式表，或者作为 HTML 页面中的一组单独样式），则可以为以下一个或多个选项应用 CSS 类。

奇数行类——根据所选类样式，更改动态表格中奇数行的外观。

偶数行类——根据所选类样式，更改动态表格中偶数行的外观。

悬停类——根据所选类样式，更改将鼠标悬停在表格行上时，表格行的外观。

选择类——根据所选类样式，更改单击表格行时，表格行的外观。

④ 单击"确定"按钮关闭对话框，然后在"选择插入选项"屏幕中单击"完成"按钮。在"设计视图"中可看到表格，它显示为一个标题行和一个数据引用行。数据引用突出显示，并括在大括号{}中，如图 13-49 所示。

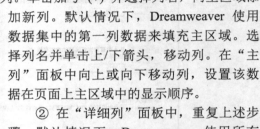

图 13-49　Spry 数据集——插入表格效果

（2）主/详细布局

在"选择插入选项"对话框中选择"主/详细布局"选项，用户可通过单击主区域（左区域）中的项目更新详细区域（右区域）的信息。选择此选项后，单击"设置"按钮，打开"主/详细布局"对话框，如图 13-50 所示，然后执行以下步骤。

步骤

① 选择列名并单击减号 (-)，从主区域中删除列。单击加号 (+) 并选择列名，向主区域添加新列。默认情况下，Dreamweaver 使用数据集中的第一列数据来填充主区域。选择列名并单击上/下箭头，移动列。在"主列"面板中向上或向下移动列，设置该数据在页面上主区域中的显示顺序。

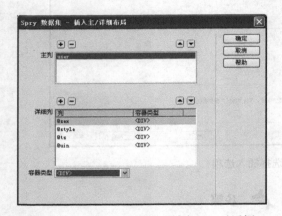

图 13-50　"插入主/详细区域布局"对话框

② 在"详细列"面板中，重复上述步骤。默认情况下，Dreamweaver 使用所有未出现在主区域中的数据（即数据集中除第一列外的所有列）来填充详细区域。

③ 在"容器类型"中为详细区域中的数据设置不同的容器类型。可以从 DIV、P、SPAN 或 H1-H6 标签中进行选择。

④ 单击"确定"关闭对话框，然后在"选择插入选项"屏幕中单击"完成"。在"设计视图"中可看到主/详细区域，其中填充有所选数据引用。数据引用突出显示，并括在大括号 ({}) 中，如图 13-51 所示。

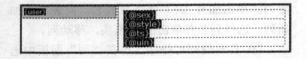

图 13-51　主/详细区域布局效果

（3）堆积容器布局

在页面上使用重复容器结构来显示数据。例如，如果数据集中有 5 列数据，则每个容器都可以包含所有 5 列，且对于数据集的每一行，容器结构都重复一次。选择此选项后，单击"设置"按钮，打开"插入堆积容器"对话框，如图 13-52 所示，然后执行以下步骤。

步骤

① 在"列数"面板中选择列名并单击减号 (-)，从堆积容器中删除列。单击加号 (+) 并选择列名，向容器添加新列。默认情况下，Dreamweaver 使用数据集中的每列数据来填充堆积容器。选择列名并单击上/下箭头移动列。在"列"面板中向上或向下移动列，设置该数据在页面上堆积容器中的显示顺序。

② 在"容器类型"下拉菜单中为堆积容器中的数据设置不同的容器类型。

③ 单击"确定"按钮关闭对话框，然后在"选择插入选项"对话框中单击"完成"按钮。在"设计视图中可看到容器，其中填充有所选数据引用。数据引用突出显示，并括在大括号 {} 中，如图 13-53 所示。

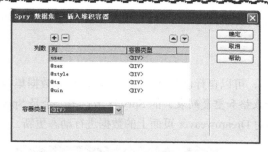

图 13-52　"插入堆积容器"对话框　　　　　　　图 13-53　堆积容器布局效果

（4）带有聚光灯区域的堆积容器布局

在页面上使用其中每个容器都带有聚光灯区域的重复容器结构来显示数据。通常情况下，聚光灯区域包含图片。聚光灯区域布局与堆积容器布局类似。不同之处在于，在聚光灯区域布局中，数据显示分为两个单列（在同一容器中）。选择此选项后，请单击"设置"按钮，打开"插入聚光灯区域布局"对话框，如图 13-54 所示，然后执行以下步骤。

🐋　**步骤**

① 在"聚光灯列"面板中选择列名并单击减号 (-)，从聚光灯区域中删除列。单击加号 (+)并选择列名，向聚光灯区域添加新列。默认情况下，Dreamweaver 使用数据集中的第一列数据来填充聚光灯区域。选择列名并单击上/下箭头，移动列。在"聚光灯列"面板中向上或向下移动列，设置该数据在页面上聚光灯区域中的显示顺序。

② 在"容器类型"下拉列表中为聚光灯区域中的数据设置不同的容器类型。

③ 在"堆积列"面板中，重复上述步骤。默认情况下，Dreamweaver 使用所有未出现在聚光灯区域中的数据（数据集中除第一列外的所有列）来填充堆积列。

④ 单击"确定"按钮关闭对话框，然后在"选择插入选项"对话框中单击"完成"按钮。在"设计视图"中可看到聚光灯区域旁边是堆积容器，其中填充有所选数据引用。数据引用突出显示，并括在大括号 {} 中，如图 13-55 所示。

图 13-54　"插入聚光灯区域布局"对话框

{user}　　{@sex}
　　　　　{@style}
　　　　　{@ts}
　　　　　{@uin}

图 13-55　带有聚光灯区域的堆积容器布局效果

（5）不要插入 HTML

如果在创建数据集时，并不想将数据集插入 HTML 布局，可选择此选项。数据集显示在

"绑定"面板中，可以手动将所需数据从数据集拖动到页面。

13.3.2　创建 Spry 区域

在创建数据集后时，其向导中如果没有选择布局，可以自行创建 Spry 区域，以显示数据集内容。Spry 区域有两种类型：一个是围绕数据对象（如表格和重复列表）的 Spry 区域；另一个是 Spry 详细区域，该区域与主表格对象一起使用时，可允许对 Dreamweaver 页面上的数据进行动态更新。

插入 Spry 区域的具体步骤如下。

步骤

① 选择"插入"|"Spry"|"Spry 区域"命令。或在"插入"栏中"Spry"类别中单击"Spry 区域"按钮。弹出"插入 Spry 区域"对话框，如图 13-56 所示。

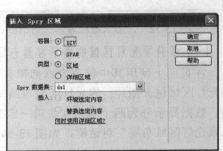

图 13-56 "插入 Spry 区域"对话框

容器——对象容器，有"DIV"和"SPAN"选项。默认值是使用 <div> 容器。

类型——选择下列选项之一。

　　区域——创建 Spry 区域。

　　详细区域——创建 Spry 详细区域。只有希望绑定动态数据时，才应使用详细区域，当另一个
　　　　　　　　　 Spry 区域中的数据发生变化时，动态数据将随之更新。

提示

需要将详细区域插入与主表格区域所在的 < DIV > 不同的 < DIV > 中。可以使用"代码"视图以精确地放置插入点。

Spry 数据集——从下拉菜单中选择已定义的 Spry 数据集，如"ds1"。

插入——如果要创建或更改为某个对象定义的区域，请选择该对象并选项下列选项之一。

　　环绕选定内容——将新区域放在对象周围。

　　替换选定内容——替换对象的现有区域。

② 单击"确定"按钮时，Dreamweaver 会在页面中放置一个区域占位符，并显示文本"此处为 Spry 区域的内容"，如图 13-57 所示。

此处为 Spry 区域的内容

图 13-57 插入的 Spry 区域

13.3.3　创建 Spry 重复项

可以添加重复区域来显示数据。重复区域是一个简单数据结构，用户可以根据需要设置它的格式以显示数据。例如，有一组照片缩略图，将它们顺序地放在页面布局对象（如 AP div 元素）中。

步骤

① 选择"插入"|"Spry"|"Spry 重复项"命令，或在"插入"栏中的"Spry"类别中单击"Spry 重复项"按钮。弹出"插入 Spry 重复项"对话框，如图 13-58 所示。

② 在"容器"选项中根据所需的标签类型选择"DIV"或"SPAN"选项。

③ 在"类型"选项中选择"重复"（默认选项）或"重复子项"选项。

④ 在"Spry 数据集"下拉列表中选择前面定义好的 Spry 数据集"ds1"。

⑤ 如果已经选择了文本或元素，即可环绕或替换它们。

⑥ 单击"确定"按钮，Dreamweaver 会在页面中插入一个区域占位符，并显示文本"此处为 Spry 区域的内容"。

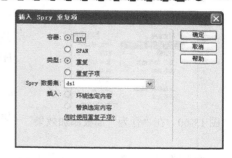

图 13-58 "插入 Spry 重复项"对话框

 提示

如果在尝试插入重复项之前，尚未创建 Spry 区域，Dreamweaver 会提示在插入重复区域之前添加一个区域。所有的 Spry 数据对象都必须位于区域中。

13.3.4 创建 Spry 重复列表

可以添加重复列表，以便将数据显示为经过排序的列表、未经排序的（项目符号）列表、定义列表或下拉列表。

图 13-59 "插入 Spry 重复列表"对话框

步骤

① 选择"插入"|"Spry"|"Spry 重复列表"命令，或在"插入"面板中的"Spry"类别中单击"Spry 重复列表"按钮。弹出"插入 Spry 重复列表"对话框，如图 13-59 所示。

②选择要使用的容器标签：UL（项目符号）、OL（编号）、DL（定义列表）或 SELECT（下拉列表）。在"Spry 数据集"下拉列表中选择前面定义的 Spry 数据集"ds1"。

③ 选择要显示的列。单击"确定"按钮将 Spry 重复列表插入到 Spry 区域内。在"代码"视图中，会看到 HTML UL、OL、DL 或 FORM select 标签已插入到文件中。

13.4 Spry 效果

"Spry 效果"是视觉增强功能，可应用于使用 JavaScript 的 HTML 页面上几乎所有的元素。效果通常用于在一段时间内高亮显示信息，创建动画过渡或者以可视方式修改页面元素。可以方便地将效果直接应用于 HTML 元素，而无需其他自定义标签。

Spry 效果可以修改元素的不透明度、缩放比例、位置和样式属性（如背景颜色）。可以组合两个或多个属性来创建有趣的视觉效果。

 提示

向某个元素应用效果时，该元素必须处于选定状态，或者它必须具有一个 ID。例如，如果要向当前未选定的 div 标签应用高亮显示效果，该 div 必须具有一个有效的 ID 值。如果该元素尚且没有有效的 ID 值，则要向 HTML 代码中添加一个 ID 值。

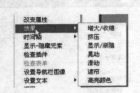

图 13-60　在"行为"面板添加效果

由于这些效果都基于 Spry，因此，当用户单击应用了效果的对象时，只有对象会进行动态更新，不会刷新整个 HTML 页面。

当选定一个 Spry 对象时，在"行为"面板中单击"+"按钮，从弹出菜单的"效果"中可以看到各种 Spry 效果，如图 13-60 所示。

Spry 效果包括：

增大/收缩——使元素变大或变小。

挤压——使元素从页面的左上角消失。

显示/渐隐——使元素显示或渐隐。

晃动——模拟从左向右晃动元素。

滑动——上下移动元素。

遮帘——模拟百叶窗，向上或向下滚动百叶窗来隐藏或显示元素。

高亮颜色——更改元素的背景颜色。

创建 Spry 效果的具体方法如下。

步骤

① 选中某个 Spry 对象，在"行为"面板中单击"+"按钮，

② 从菜单中选择"效果"|各 Spry 效果命令。

③ 在弹出的对话框中进行相应的属性设置。

13.5　实战演练

1．实战效果

实战效果如图 13-61 所示。

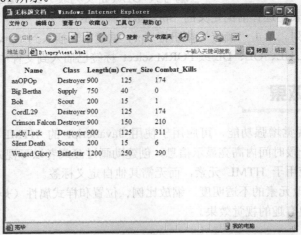

图 13-61　实战效果

2．制作要求

① 在网页上创建 Spry HTML 数据集，用来选择性地显示所需要的内容，而数据来源则是普通的 HTML 表格。

② 用表格进行基本布局

③ 用 CSS 样式表进行格式化。

3．操作提示

① 新建 HTML 网页 test1.html，选择"插入"栏中的"Spry"类别中的"Spry 数据集"命令，调出"Spry 数据集"向导，如图 13-62 所示。

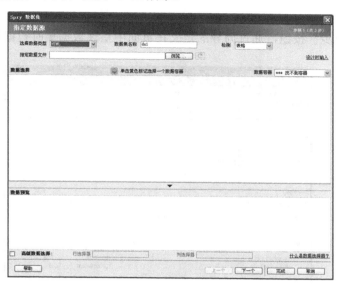

图 13-62　"Spry 数据集"向导

② 将数据类型保持 HTML 不变；"数据集名称"只是用于唯一地标识页面中显示的数据，不必更改它；将"检测"选项也保持默认值"表"不变。单击"浏览"按钮，选择 shipdata.html，Spry 会自动载入该页面并查找表，如图 13-63 所示。

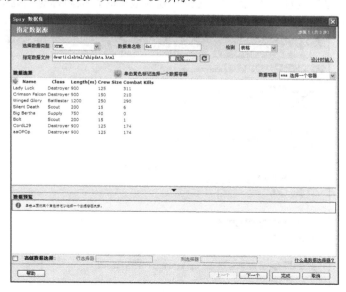

图 13-63　向导自动查找 HTML 文件中的表。

③ Spry 从 HTML 表中找到了数据，并提供各个单元格所包含值的清晰预览。单击表旁黄

色的箭头标志，此时将填充"数据预览"部分，效果如图 13-64 所示。

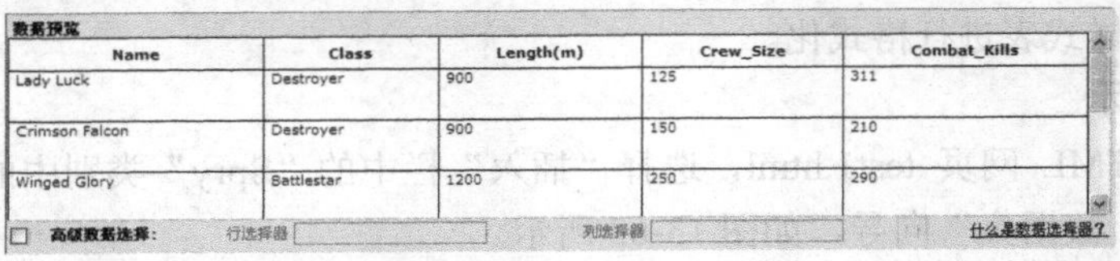

数据预览				
Name	Class	Length(m)	Crew_Size	Combat_Kills
Lady Luck	Destroyer	900	125	311
Crimson Falcon	Destroyer	900	150	210
Winged Glory	Battlestar	1200	250	290

图 13-64　填充后的"数据预览"部分。

④ 单击"下一步"按钮，通过向导的定义在页面中呈现数据集时数据集的行为，效果如图 13-65 所示。

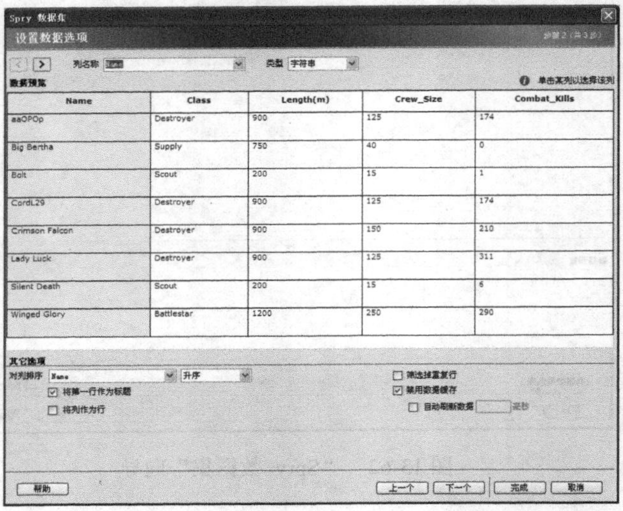

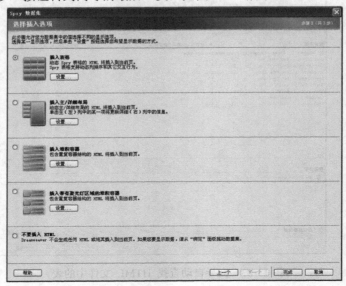

图 13-65　定义在页面中呈现数据集时数据集的行为。

⑤ 单击 Length(m)、Crew_Size 和 Combat_Kills 列，将它们的类型分别从字符串更改为数字，将底部的"列排序"设置为"名称"。这将在载入数据时，按名称对数据集进行排序。

⑥ 单击"下一步"按钮转到向导的最后一页，如图 13-66 所示。

图 13-66　定义数据集在页面中的使用方式

⑦ 可以通过该页面定义数据集在页面中的使用方式，选择"插入表"选项，然后单击"完成"按钮，页面插入表后的效果如图 13-67 所示。

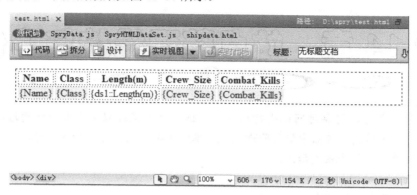

图 13-67 在页面中插入表

⑧ 保存并浏览该文件，单击表头可以根据需要按任何列升序或降序对数据进行排序。

本章小结

本章主要介绍了 Dreamweaver Spry 构件的使用方法。其中包括 Spry 折叠构件、菜单栏构件、验证文本域构件、验证复选框构件与重复区域等多种构件，只需简单地拖放或应用菜单命令就可以在网页中轻松地创建这些构件了。

③ 可以通过为图框设置填充色或阴影增强效果，选择"插入"，选择"插入"命令后，弹出"添加、删除和隐藏人物后的效果如图 13-67 所示。

第14章 站点整理维护与上传

网站制作完成后，需要对网站进行总体的测试，对测试过程中出现的问题进行修改更正后，就可以将其上传到服务器中供访问者浏览。本章主要介绍网站的检查、维护，以及网站空间、域名的申请与上传等相关知识。

本章重点
■　网上主页空间的申请
■　域名的注册
■　站点的发布和管理

14.1　网站整理上传

利用 Dreamweaver CS5 用户可以在本地计算机的磁盘上创建本地站点，由于此时没有与 Internet 连接，因此有充裕的时间完成站点的设计、测试。当站点设计、测试完毕，可以利用各种上传工具，例如 FTP 程序，将本地站点上传到 Internet 服务器上，形成远端站点。

14.1.1　案例综述

本例以一个网站的上传及相关操作为例，介绍网站管理的一些基本方法。通过这个案例，读者对网站管理全过程将有一个系统的认识，并能进一步掌握"文件"面板的使用，学会检查站点、设置/上传站点和存回/取出站点等网站管理方法。

14.1.2　案例分析

当网站中各网页制作完成后，要进行测试和检查，这样才能保证用户在 Internet 上浏览网站时尽可能少地出现错误，因此，要做好如下工作。
✧　申请网站空间。
✧　检查站点。
✧　上传网站。

14.1.3　实现步骤

1. 申请空间

若要将设计好的站点发布到因特网上，就必须有运行 Web 服务器的空间。一般大型公司的站点，都从电信部门申请专线，购置网络软、硬件，构建自己的 Web 服务系统，并且申请国际和国内域名，但其运行和维护的费用较高。也有一些网站提供免费的空间和域名服务，对于广大网络爱好者来说，利用免费空间和域名服务创建自己的网站是非常合适的方式。通过在线申请，就可以得到免费的服务。通常提供免费域名的网站都提供免费空间，用户只需要填写申请表单，就可以得到免费的主页空间。

步骤

① 在百度搜索引擎中输入"免费空间申请"，在浏览器中可看到搜索结果，如图 14-1 所示。

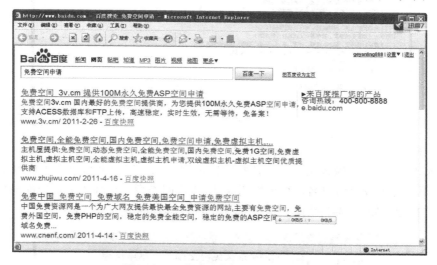

图 14-1　"免费空间申请"搜索结果

② 单击搜索结果中的"免费空间 3v.cm 提供 100M 永久免费 ASP 空间申请"链接，可进入 3V 空间主页，如图 14-2 所示。

图 14-2　3V 空间主页

③ 单击注册按钮，进入到注册页面，阅读服务条款，单击"我同意"按钮，如图 14-3 所示。

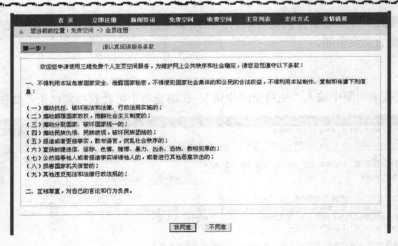

图 14-3　服务条款

④ 进入"第二步"，输入用户名，选择空间类型，输入用户名后单击"检测用户名"按钮，如检测不成功则改换用户名，直至检测成功，"空间类型"选择"免费空间—100M"，单击"下一步"按钮，如图 14-4 所示。

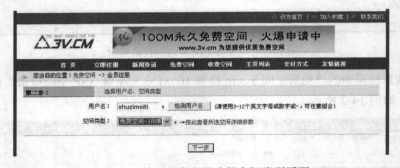

图 14-4　输入用户名及选择空间类型页面

⑤ 进入"第三步"，填写注册信息，如图 14-5 所示。

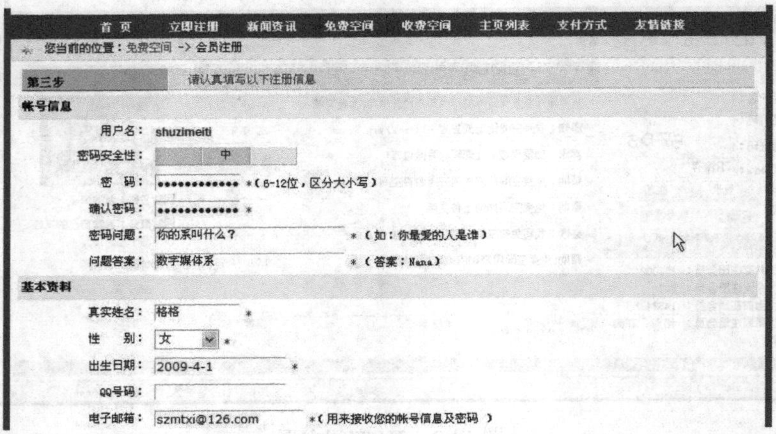

图 14-5　填写注册信息

⑥ 填写完成后，单击"递交"按钮，完成注册，打开注册成功页面，稍候进入到新申请空间的控制面板页面，如图 14-6 所示。

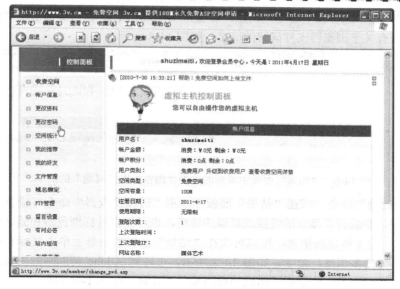

图 14-6　进入新申请空间的控制面板页面

⑦ 单击帮助"免费空间如何上传文件"链接，可看到上传说明。

2. 检查站点

在网站上传之前，应先在"本地"检查网站是否有错误。

步骤

① 启动 Dreamweaver CS5 程序，选择"窗口"|"文件"命令，出现"文件"面板。

② 在"文件"面板中，单击标题栏下左边的▣按钮，在出现的下拉式菜单中选择已制作好的本地站点，Dreamweaver 将自动搜索必要的信息，并将其显示在"文件"面板中。

③ 在"文件"面板中，双击任意网页，打开页面。

④ 选择"文件"菜单 |"检查页"命令，出现"检查页"命令子菜单，如图 14-7 所示。

图 14-7　"检查页"命令子菜单

⑤ 选择"浏览器兼容性"命令，稍候，即会在 Dreamweaver 窗口底部出现"结果"面板，面板中罗列了所有关于浏览器支持问题的清单，如图 14-8 所示。

图 14-8　　"结果"面板中罗列的关于"浏览器支持问题"的清单

⑥ 选择"链接"命令，或在"结果"面板中单击"链接检查器"命令可检查一个文档或整个站点中的链接，看是否有孤立的链接或错误的链接，也可检查目标浏览器和验证标记等。

⑦ 若想进一步了解这些错误，可以再次在"结果"面板的信息上单击鼠标右键，从弹出的快捷菜单中选择"更多信息"命令，如图 14-9 所示，可转到 Adobe 帮助网站去查询相关内容，也在"参考"选项卡中进一步说明了错误的原因和修改建议，如图 14-10 所示。

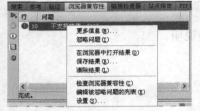　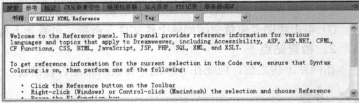

图 14-9　选择"更多信息"命令　　　　图 14-10　　"参考"选项卡中的信息

3．设置/上传站点

上传站点的方法很多，可以利用 FTP 软件上传，也可以利用 Dreamweaver 自带的上传功能。这里使用 Dreamweaver 自带的上传功能。

（1）为欲上传站点设置远程信息

 步骤

① 选择"站点"|"管理站点"命令，出现"管理站点"对话框，如图 14-11 所示。

② 选择需要上传设置的网站 mb，单击"编辑"按钮，出现"站点设置对象 mb"对话框，在其中的"服务器"分类中，定义远程服务器信息，如图 14-12 所示。

③ 在"连接方法"中选择 FTP 选项，在"FTP 地址"文本框中输入主机域名 221.1.217.92，在"用户名"和"密码"文本框中输入申请空间时用户名和密码，可单击"测试"按钮，看是否能连接成功。

 提示

> FTP 主机、主机目录、登录、密码等信息是虚拟空间供应商提供的，申请时应及时记录下来。

④ 输入完成后，单击"测试"按钮，出现"状态"进度显示框，如图 14-13 所示。

⑤ 若输入的远程信息无误，稍后则会出现如图 14-14 所示的提示框，提示"Dreamweaver 已成功连接到 Web 服务器"。

提示

> 若没有出现如图 14-14 所示的提示框，应首先确认计算机与 Internet 连接是否正常及远程信息是否有误。

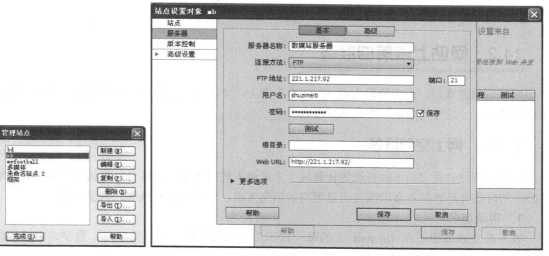

图 14-11　"管理站点"对话框

图 14-12　定义服务器信息

（图 14-13　连接远端站点测试）

图 14-13　连接远端站点测试　　　　　图 14-14　提示成功连接到服务器

⑥ 确保其他本地设置均正确，单击"保存"按钮，返回"管理站点"对话框，单击"完成"按钮，完成站点设置。

（2）连接上传

步骤

① 单击"文件"面板中的连接到远端主机按钮，出现"状态"进度显示框，稍后连接到远端主机按钮变成状，如图 14-15 所示。

② 切换到"本地视图"，选中站点根目录，单击"文件"面板中的上传文件按钮，出现"您确定要上传整个站点吗?"提示信息，如图 14-16 所示。

③ 单击"确定"按钮。出现"状态"进度显示框。在"状态"进度显示框中显示"正在上传文件 page2.htm-已经写入 0 / 21722 的字节"时，表示开始上传文件了，如图 14-17 所示。

图 14-15　远程视图　　　　图 14-16　上传提示信息　　　　图 14-17　正在上传文件

③ 上传完毕，就可以在浏览器地址栏中输入网址，浏览网页了。

14.2　网站上传前的准备

网站制作完成后，最后要发布到 Web 服务器上，才能够让众多的浏览者观看。这之前还需做以下准备：一是空间准备；二是站点检查。

14.2.1　网上空间准备

做好的网站放在 24 小时开机的计算机上才能供人随时浏览，而这台计算机的性能还要足够的好，同时还有足够的带宽以满足大量用户的浏览需求，这样的计算机称之为服务器。

1. 申请域名

域名是企业或组织在 Internet 上的唯一标识，是网络商标。由英文字母、数字、中横线组成，由小数点 "." 分隔成几部分，如 http://www.phei.com.cn 是一个国际域名。只要在浏览器中输入网址，全世界接入 Internet 的人就可以准确无误地访问到该网站。域名一旦注册，其他个人或团体不能再重复注册此域名。

注册域名可以在网上直接申请，如图 14-18 所示为域名申请页面。首先可以将自己想要注册的域名输入查询，当确认没被注册过后，便可以填写申请表格，提交表格，经检验被认可后，用户可收到一份确认域名的电子邮件。但是，此时网站仅为用户暂时保留域名注册权，用户必须支付所需费用才能真正取得该域名的所有权。

图 14-18　申请域名

2. 申请空间

有了自己的域名后，就需要一个存放网站文件的空间，而这个空间在 Internet 上就是服务器。在通常情况下，有以下几种方式可供企业或个人选择。

独立的服务器

对于经济实力雄厚且业务量较大的企业，可以购置自己独立的服务器，但这需要很高的费用及大量的人力、物力投入。

虚拟主机方式

　　所谓虚拟主机是使用特殊的软硬件技术，将服务器分成若干个空间的方式，一般虚拟主机提供商都能向用户提供 100MB、300MB、500MB，直到一台服务器容量的虚拟主机空间。可根据网站的内容设置及其发展前景来选择。对于个人和一些小型企业来说，拥有自己的主机是不太可能的事，但可以采用租用主机空间的办法，为自己创建网上家园。有些网站出于宣传站点的目的，提供免费主页空间服务。用户只需填写申请表单，就可以得到免费的主页空间。如图 14-19 所示就是中国免费空间网的空间申请页面。

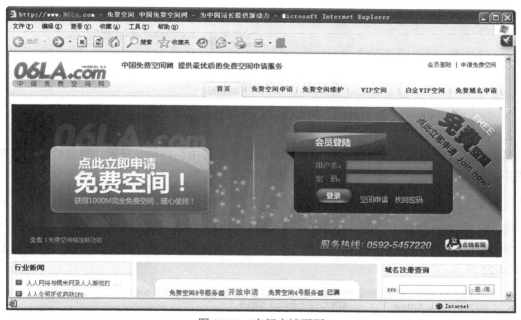

图 14-19　空间申请页面

14.2.2　检查站点

在准备上传网站之前，为了保证上传之后的站点能正常工作，就需要在本地对站点进行全面检查。检查的对象主要是浏览器兼容性、拼写、链接等。

图 14-20　"检查页"子菜单

在 Dreamweaver 的"文件"|"检查页"菜单下提供了检查功能，如图 14-20 所示。

这三项检查功能的含义为：

浏览器兼容性——此选项用于检查站点对各种不同浏览器的兼容性。

拼写——对英文单词进行拼写检查。

链接——此选项用于检查站点中网页文档中的链接错误和空白链接。

1．检查浏览器兼容性

通过 Dreamweaver 可以对当前文档或整个站点进行浏览器测试，以确保文档中没有任何浏览器不支持的标签或属性。

步骤

① 保存文档。如果没有保存，Dreamweaver 会提示保存文档。

② 在文档窗口中，选择"文件"|"检查页"|"浏览器兼容性"命令，在"结果"面板的"浏览器兼容性检查"选项卡中，如图 14-21 所示，可查看浏览器兼容情况。或单击面板左侧工具栏上的按钮，在其下拉菜单中选择"检查浏览器兼容性"命令，检查浏览器兼容性。

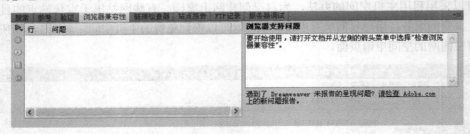

图 14-21   查看浏览器兼容情况

③ 完成后，可单击左侧工具栏上的按钮，保存检查结果。

2. 检查链接

链接是站点的命脉，管理链接在站点管理的诸多项目中显得举足轻重。通过检查链接及时发现并更新错误的链接，确保站点能够正常地运行。

步骤

① 在"文件"面板中，选择打开待检查的网页文件。

② 选择"文件"|"检查页"|"链接"命令，检查完成后，切换到"链接检查器"选项卡，如图 14-22 所示。

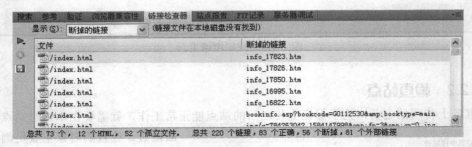

图 14-22   "链接检查器"选项卡

③ 在"链接检查器"选项卡的"显示"下拉列表中选择链接报告类型。

断掉的链接——显示错误的链接。

外部链接——显示外部链接。

孤立文件——显示没有任何链接关系的文件。

④ 单击面板左侧工具栏上的按钮，在下拉列表中选择检查链接的对象。

检查当前文档中的链接——以当前文档作为检查对象。

检查整个当前本地站点中的链接——以当前站点作为检查对象。

检查站点中的所选文件的链接——以选定的文件或文件夹作为检查对象。

⑤ 单击左侧工具栏上的保存报告按钮，保存检查报告。

14.3　上传网站

在拥有了自己的主页空间后，就可以上传精心设计的网站了。目前，网上免费空间的上传方式有两种，一是 Web 上传方式，二是 FTP 上传方式。前者相对后者容易掌握，但各网站也不尽相同，上传效率也不高。FTP 上传是常用的一种上传方式，包括很多收费空间的上传方式也是 FTP 上传，它效率较高，还能支持断点续传，这对上传一些较大的文件是非常有用的，避免了因为网速不稳定而造成时间和网费的浪费。

14.3.1　Web 方式上传

此方式主要通过浏览器来上传文件。在要上传内容的网站页面中，单击上传的相关链接或

图 14-23　Web 方式上传文件

按钮，打开选择文件对话框，从中选择准备上传的文件，单击上传按钮后，完成上传，如图 14-23 所示。

这种方法容易掌握，但由于是一个文件一个文件地上传，因此速度缓慢，操作麻烦，且不支持断点续传。如果所申请的空间不支持 FTP 方式的话，也只能采用此方式。

14.3.2　FTP 上传

FTP 是一种网络上的文件传输服务，上传和下载都是 FTP 的功能。既然能够将文件从网络上"抓"下来，那么当然也可以把文件从自己的计算机传送到服务器上去。在 FTP 上传的过程中，首先要弄清楚 3 个问题，主机地址、用户名和密码，只要知道这 3 项，上传就会变得非常简单。

1．使用上传工具（CuteFTP）上传

Web 上传方式有其弱点，一是速度慢，二是不支持断点续传。因此，通常使用专门的 FTP 软件上传网站，目前常用的 FTP 软件有 CuteFTP，FlashFTP，WS-FTP 等，到各大搜索引擎中可以搜索并下载这些软件。这里以 CuteFTP 为例，介绍上传网页的方法。

软件安装完成后，系统在桌面上会自动创建一个快捷图标，单击图标进入欢迎窗口。打开 CuteFTP 窗口后，可以看到如图 14-24 所示的 CuteFTP 界面，主界面分为以下 4 个工作区。

本地目录窗口

默认显示的是整个磁盘目录，可以通过下拉菜单选择已经完成的网站的本地目录，以准备开始上传。

服务器目录窗口

用于显示 FTP 服务器上的目录信息，在列表中可以看到文件名称、大小、类型、最后更改日期等信息。窗口上显示的是当前所在位置路径。

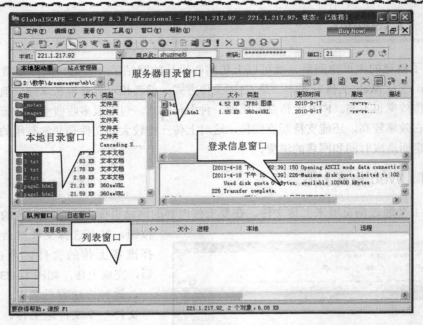

图 14-24　CuteFTP 界面

列表窗口

显示"队列"的处理状态，可以查看准备上传的目录或文件放到队列列表中的情况，配合"Schedule"（时间表）的使用还能达到自动上传的目的。

登录信息窗口

FTP 命令行状态显示区，通过登录信息能够了解目前的操作进度、执行情况等，例如登录、切换目录、文件传输大小、上传是否成功等重要信息，以便确定下一步的具体操作。

（1）FTP 站点的连接

在打开的 CuteFTP 窗口中可进行如下设置。

主机——这是 FTP 服务器的主机地址，在这里只要填写用户的域名就可以了。

用户名——填写注册网站空间时填写的用户名。

密码——填写在注册网站空间时填写的密码。

端口——CuteFTP 软件会根据用户的选择自动更改相应的端口地址，一般包括 FTP（21）和 HTTP（80）两种。

当所有设置完成后，单击"连接"按钮建立站点连接。与服务器连接成功后，就可以开始上传文件了。

（2）上传文件

🐬 **步骤**

连接后即可以将做好的网页上传到服务器上，具体操作如下。

① 选中要上传的文件，单击上传按钮，或将光标放在要上传的文件上单击鼠标右键，在弹出的快捷菜单中选择"上传"命令。

② 将光标放在要上传的文件上，直接拖动文件到远端站点用于存放 Web 页的目录下即可。文件上传后，CuteFTP 窗口显示如图 14-25 所示

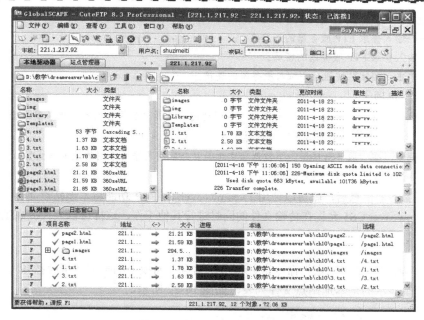

图 14-25　上传文件后的界面

2．使用 Dreamweaver 的上传和下载功能

Dreamweaver CS5 提供了强大的上传和下载功能，能够满足网站上传和平时的维护等工作。用 Dreamweaver CS5 上传网站，需要先定义站点的服务器信息，然后再利用"文件"面板中的按钮 ⬆ 上传。

（1）设置服务器

首先定义站点信息。由于已经创建了站点，所以只需编辑站点的远程信息。在打开的"站点设置对象 mb"对话框中，选择"服务器"分类，在右边的"基本"和"高级"选项卡中设置远程服务器及测试服务器的相关信息，如图 14-26 所示。

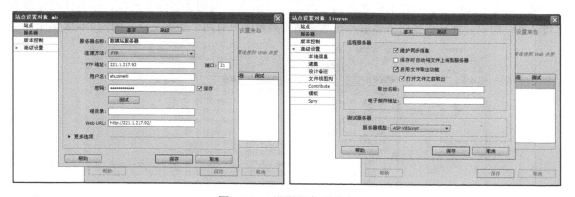

图 14-26　设置服务器信息

在"站点设置对象 mb"对话框中可以进行如下设置。

① "基本"选项卡

服务器名称——为定义的服务器命名。

连接方法——在该下拉列表中选择 FTP。

FTP 地址——输入远程站点 FTP 服务器的 URL。

用户名——输入登录 FTP 服务器的用户名。

密码——输入登录 FTP 服务器的密码。

测试——单击"测试"按钮，测试与服务器的连接。

② "高级"选项卡

远程服务器——如果需要激活文件的取出和存回功能，选择"启用存回和取出"复选框。根据需要，选择"保存时自动将文件上传到服务器"复选框。

远程服务器——在"服务器模型"下拉选项中选择动态应用程序所采用的服务器模型。

（2）上传站点

在定义了服务器信息后，就可以使用 Dreamweaver 的 FTP 功能将本地站点文件上传到远程服务器中。Dreamweaver CS5 允许在传输文件的同时进行其他工作，这样可以大大提高工作效率。

步骤

① 选择"窗口"｜"站点"命令，并单击"站点"面板上的扩展 / 折叠按钮，展开站点窗口，右侧窗口显示的是本地站点文件列表，如图 14-27 所示。

图 14-27 展开站点窗口

② 单击站点窗口工具栏上的连接到远端站点按钮，与服务器建立连接。因为此时还没有上传文件，所以，连接远程服务器后，在远端站点列表中只有两个初始文件，如图 14-28 所示。

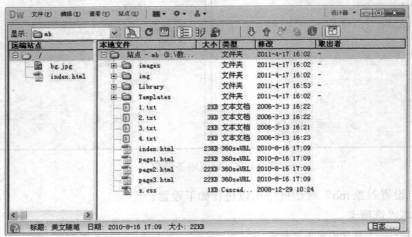

图 14-28 已连接到远端站点

③ 在右侧窗口内选择要上传的文件，选择"站点"|"上传"命令，或单击站点窗口工具栏上的上传文件按钮，也可以将要上传的文件直接拖到左侧窗口内。上传文件状态显示如图 14-29 所示。

图 14-29　上传文件状态

 提示

使用快捷键可以选择多个文件。按住 Ctrl 键的同时选择多个不连续的文件或按住 Shift 键的同时选择多个连续的文件，按住 Ctrl+A 组合键选择整个站点文件。

④ 上传后，在左侧窗口中显示远端站点的文件列表，如图 14-30 所示。

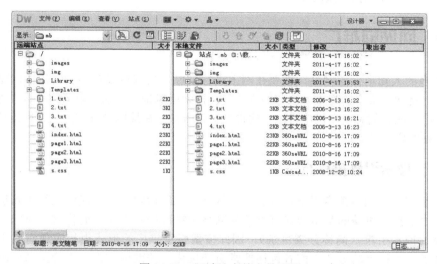

图 14-30　远端站点的文件列表

 提示

如果在传输过程中出现错误，可选择"视图" | "站点 FTP 记录"命令，打开站点 FTP 记录来查找问题。

14.4　网站的维护与更新

网站维护是整个项目的最后一环，网站成功上传后，进入维护阶段。注意网站应经常维护并更新内容，保持内容的新鲜，只有不断地给它补充新的内容，才能够吸引浏览者。

网站维护包括网页内容的更新，通过软件进行网页内容的上传、目录的管理、计数器文件的管理、网站的定期推广服务等。更新是指在不改变网站结构和页面形式的情况下，为网站的固定栏目增加或修改内容。

网站维护通常包括以下几个方面的内容。

1. 网站内容的维护和更新

网站的信息内容应该适时更新，如果现在用户访问的网站看到的是三个月前的新闻，那么他们对网站的印象肯定大打折扣。因此注意适时更新内容是相当重要的。在网站栏目设置上，最好将一些可以定期更新的栏目，如新闻等，放在首页上，使首页的更新频率更高。

2．网站服务与回馈工作要跟上

应该设专人专门从事网站的服务和回馈处理。用户向网站提交的各种回馈表单、购买的商品、发到邮箱中的电子邮件、在留言板中的留言等，如果没有及时处理和跟进，不但丧失了机会，还会造成很坏的影响，以至于客户不会再相信你的网站。

3．不断完善网站系统，提供更好的服务

初始建网站一般投入较小，功能也不是很强。随着业务的发展，网站的功能也应该不断完善以满足顾客的需要，此时使用集成度高的电子商务应用系统可以更好地实现网上业务的管理和开展，从而将电子商务带向更高的阶段，也将取得更大的收获。

4．网上推广与营销不可缺少。

14.5　网站的推广

要让更多的人知道你的网站，就要在网上进行推广。根据可以利用的常用的网站推广工具和资源，可以将网站推广的基本方法归纳为八种：搜索引擎推广方法、电子邮件推广方法、交换友情链接推广方法、信息发布推广方法、病毒性营销方法、快捷网址推广方法、网络广告推广方法、综合网站推广方法。

14.5.1　搜索引擎推广方法

搜索引擎推广指利用搜索引擎、分类目录等具有在线检索信息功能的网络工具进行网站推广的方法。由于搜索引擎的基本形式可以分为网络蜘蛛形搜索引擎（简称搜索引擎）和基于人工分类目录的搜索引擎（简称分类目录），因此搜索引擎推广的形式也相应地有基于搜索引擎的方法和基于分类目录的方法，前者包括搜索引擎优化、关键词广告、竞价排名、固定排名、基于内容定位的广告等多种形式，而后者则主要是在分类目录合适的类别中进行网站登录。随着搜索引擎形式的进一步发展变化，也出现了其他一些形式的搜索引擎，不过大都是以这两种形式为基础。

搜索引擎推广的方法又可以分为多种不同的形式，常见的有：登录免费分类目录、登录付费分类目录、搜索引擎优化、关键词广告、关键词竞价排名、网页内容定位广告等。

从目前的发展趋势来看，搜索引擎在网络营销中的地位依然重要，并且受到越来越多企业的认可。同时搜索引擎营销的方式也在不断发展演变，因此应根据环境的变化选择搜索引擎营销的合适方式。

14.5.2　电子邮件推广方法

电子邮件推广主要以发送电子邮件为网站推广手段，常用的方法包括电子刊物、会员通信、专业服务商的电子邮件广告等。

基于用户许可的 E-mail 营销与滥发邮件（Spam）不同，许可营销比传统的推广方式或未经许可的 E-mail 营销具有明显的优势，例如可以减少广告对用户的滋扰、增加潜在客户定位的准确度、增强与客户的关系、提高品牌忠诚度等。根据许可 E-mail 营销所应用的用户电子邮件地址资源的所有形式，可以分为内部列表 E-mail 营销和外部列表 E-mail 营销，或简称内部列表和外部列表。内部列表也就是通常所说的邮件列表，是利用网站的注册用户资料开展 E-mail 营销的方式，常见的形式如新闻邮件、会员通信、电子刊物等。外部列表 E-mail 营销则是利用专业服务商的用户电子邮件地址来开展 E-mail 营销，也就是电子邮件以广告的形式向服务商的用户发送信息。许可 E-mail 营销是网络营销方法体系中相对独立的一种，既可以与其他网络营销方法相结合，也可以独立应用。

14.5.3　交换友情链接推广方法

交换链接或称互换链接，是两个网站之间一种简单的合作方式，具有一定的互补优势，即分别在自己的网站首页或者内页放上对方网站的 Logo 或关键词，并设置对方网站的超级链接，使得用户可以从合作的网站中看到自己的网站，达到互相推广的目的。交换链接主要有以下几个作用：可以获得访问量、增加用户浏览时的印象、在搜索引擎排名中增加优势、通过合作网站的推荐增加访问者的可信度等。更值得一提的是，交换链接的意义已经超出了简单地增加访问量，更重要的在于得到业内的认知和认可。

14.5.4　信息发布推广方法

这种方法将有关的网站推广信息发布在其他潜在用户可能访问的网站上，利用用户在这些网站获取信息的机会实现网站推广的目的，适用于这些信息发布的网站包括在线黄页、分类广告、论坛、博客网站、供求信息平台、行业网站等。信息发布是免费网站推广的常用方法之一，在因特网发展早期经常为人们所采用，不过随着网上信息量爆炸式的增长，这种依靠免费信息发布的方式所能发挥的作用日益降低，同时由于更多更加有效的网站推广方法的出现，信息发布在网站推广的常用方法中的重要程度也有明显的下降，仅仅依靠大量发送免费信息的方式作用也越来越不明显，因此免费信息发布需要更有针对性，更具专业性，而不是一味强调多发。

14.5.5　病毒性营销方法

病毒性营销方法并非传播病毒，而是利用用户之间的主动传播，让信息像病毒那样扩散，从而达到推广的目的。病毒性营销方法实质上是在为用户提供有价值的免费服务的同时，附加上一定的推广信息。常用的工具包括免费电子书、免费软件、免费 Flash 作品、免费贺卡、免费邮箱、免费即时聊天工具等可以为用户获取信息、使用网络服务、娱乐等带来方便的工具。如果应用得当，这种病毒性营销手段往往可以以极低的代价取得非常显著的效果。

14.5.6　快捷网址推广方法

快捷网址推广是合理利用网络实名、通用网址，以及其他类似的关键词网站快捷访问方式来实现网站推广的方法。快捷网址使用自然语言和网站 URL 建立其对应关系，这对于习惯于使用中文的用户来说，提供了极大的方便，用户只需输入比英文网址要更加容易记忆的快捷网址就可以访问网站，用自己的母语或者其他简单的词汇为网站"更换"一个更好记忆，更容易体现品牌形象的网址。例如选择企业名称或者商标、主要产品名称等作为中文网址，这样可以大大弥补英文网址不便于宣传的缺陷，因为在网址推广方面有一定的价值。随着企业注册快捷网址数量的增加，这些快捷网址用户数据可也相当于一个搜索引擎，这样，当用户利用某个关键词检索时，即使与某网站注册的中文网址并不一致，同样存在被用户发现的机会。

14.5.7　网络广告推广方法

几乎所有的网络推广活动都与品牌形象有关，在所有与品牌推广有关的网络推广手段中，网络广告的作用最为直接。在网络品牌、产品促销、网站推广等方面均有明显作用。网络广告的常见形式包括：Banner 广告、关键词广告、分类广告、赞助式广告、E-mail 广告等。Banner 广告所依托的媒体是网页，关键词广告属于搜索引擎营销的一种形式，E-mail 广告则是许可 E-mail 营销的一种。可见网络广告本身并不能独立存在，需要与各种网络工具相结合才能实现信息传递的功能，因此也可以认为，网络广告存在于各种网络营销工具中，只是具体的表现形式不同。

14.5.8　综合网站推广方法

除了前面介绍的常用网站推广方法之外，还有许多专用性、临时性的网站推广方法，如有奖竞猜、在线优惠券、有奖调查、针对在线购物网站推广的比较购物和购物搜索引擎等，有些甚至采用建立一个辅助网站进行推广。有些网站推广方法别出心裁，有些网站则采用有一定强迫性的方式来达到推广的目的，例如修改用户浏览器默认首页设置、自动加入收藏夹，甚至在用户电脑上安装病毒程序等。真正值得推广的是合理的、文明的网站推广方法，应拒绝和反对带有强制性、破坏性的网站推广手段。

14.6　Dreamweaver 站点维护

Dreamweaver 作为专业的网站设计工具，除了出色的设计功能之外，站点管理功能也相当强大。站点发布之后，充分运用设计备注、文件存回／取出等功能，可以同时对本地站点和远程站点文件进行管理。使用 Dreamweaver 的站点管理功能，将为站点的后期管理工作提供诸多方便。

14.6.1　文件扩展面板

利用"文件"面板可以对网站的各类文件进行有效的管理。单击站点"文件"面板右边的扩展/折叠按钮，可以展开站点"文件"管理面板，如图 14-31 所示，其中的站点文件、测试服务器和站点地图视图按钮只有在"文件"面板展开时才出现。下面介绍其主要功能。

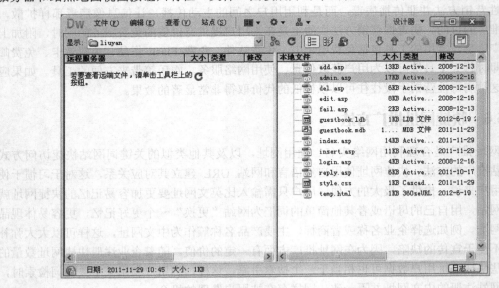

图 14-31　展开后的"文件"管理面板

连接/断开按钮 ——连接/断开按钮用于连接到远程站点或断开与远程站点的连接。默认情况下，如果 Dreamweaver 已空闲 30 分钟以上，则将断开与远程站点的连接。

刷新按钮 ——用于刷新本地和远程目录列表。如果已取消选择"站点定义"对话框中的"自动刷新本地文件列表"或"自动刷新远程文件列表",则需要使用此按钮手动刷新目录列表。

站点文件视图按钮 ——可以在"文件"面板的空格中显示远程和本地站点的文件结构。

测试服务器视图按钮 ——可以显示测试服务器和本地站点的目录结构。

存储库视图 ——显示 Subversion(SVN)存储库。

获取文件按钮 ——用于将选定文件从远程站点复制到本地站点。

上传文件按钮 ——用于将选定的文件从本地站点复制到远程站点。单击连接/断开按钮 ,可以连接到远程主机,选取"本地文件"中的文件,单击上传文件图标,即可上传文件到远程站点。

取出文件按钮 ——用于将文件的副本从远程服务器传输到本地站点,并且在服务器上将该文件标记为取出。如果对当前站点关闭了"站点定义"对话框中的"远程信息"或"测试服务器"分类中的"启用文件存回和取出",则此选项不可用。

存回文件按钮 ——用于将将本地文件的副本传输到远程服务器,并且使该文件可供他人编辑。本地文件变为只读。如果对当前站点关闭了"站点定义"对话框中的"远程信息"或"测试服务器"分类中的"启用文件存回和取出",则此选项不可用。

与服务器同步按钮 ——保持两地站点文件的同步更新。

扩展/折叠按钮 ——可以展开或折叠"文件"面板,以显示一个或两个窗口。"文件"面板是 Dreamweaver 站点管理的核心工具。

14.6.2 站点文件同步

将本地站点文件上传到远端站点后,如何保持两地站点文件的同步,对网站管理员来说,是一件很烦琐的事。幸运的是,Dreamweaver 的同步功能可以很容易地解决这个的问题。

步骤

① 在"文件"扩展面板中,选择"站点"|"同步"命令,如图 14-32 所示。打开"同步文件"对话框。

图 14-32 选择"同步"命令

② 在"同步文件"对话框中设置下列选项，如图 14-33
所示。

同步——在该下拉列表中选择下列选项之一。

　　仅选中的本地文件——选择该项，只同步选定的文件。

　　整个站点——选择该项，同步整个站点文件。

方向——在该下拉列表中选择复制文件的复制方向。

图 14-33　　"同步文件"对话框

　　放置较新的文件到远程——将较新的文件上传到远程站点。

　　从远程获取较新文件——从远程站点下载较新的文件。

　　获取和放置较新文件——将较新的文件同时放置在本地站点和远程站点。

删除本地驱动器上没有的远端文件——选择此复选框，将删除远程站点中不存在于本地站点中的文件。

③ 设置完成后，单击"预览"按钮，Dreamweaver 将扫描站点文件并显示将被更新的文件，若在列表中取消选择文件前面的复选框，则该文件不会被更新。

④ 单击"确定"按钮，更新文件，保持两地站点的同步。

14.6.3　存回和取出

如果在协作工作环境中，则可以在本地和远程服务器中存回和取出文件。取出文件等同于声明"我正在处理这个文件，请不要动它！"，文件被取出后，"文件"面板中将显示取出这个文件的人的姓名，并在文件图标的旁边显示一个红色选中标记（取出者为小组成员）或一个绿色选中标记（取出者为本人）。存回文件使文件可供其他小组成员取出和编辑。当在编辑文件后将其存回时，本地文件将变为只读，并且在"文件"面板中该文件的旁边将出现一个锁形符号，以防止更改该文件。

1．在 Dreamweaver 中设置存回、取出

必须先将本地站点与远程服务器相关联，然后才能使用存回/取出功能。

🐬　**步骤**

① 选择"站点"|"管理站点"命令。

② 选择一个站点，然后单击"编辑"按钮。

③ 在"站点设置"对话框中，选择"服务器"类别，单击"添加新服务器"按钮，或选择一个现有的服务器，然后单击"编辑现有服务器"按钮。

④ 根据需要指定"基本"选项卡中的参数，然后单击"高级"按钮切换到高级选项卡，如图 14-34 所示。

启用文件取出功能——选择则启用文件取出功能。如果希望对网站禁用文件存回和取出，请不要选择此选项。

打开文件之前取出——如果要在"文件"面板中双击打开文件时自动取出这些文件，则选择此选项。

取出名称　取出名称显示在"文件"面板中已取出文件的旁边，这使小组成员在其需要的文件已被取出时可以和相关的人员联系。

电子邮件地址——如果取出文件时输入电子邮件地址，您的姓名会以链接（蓝色并且带下划线）形式出现在"文件"面板中的该文件旁边。如果某个小组成员单击该链接，则其默认电子邮件程序将打开一个新邮件，该邮件使用该用户的电子邮件地址及与该文件和站点名称对应的主题。

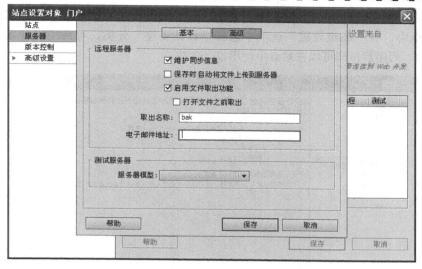

图 14-34　"高级"选项卡

2. 从远程文件夹中取出文件

步骤

① 在"文件"面板中，选择要从远程服务器取出的文件。（可以在"本地"或"远程"视图中选择文件，但不能在"测试服务器"视图中选择。）

② 红色选中标记指示该文件已由其他小组成员取出，锁形符号指示该文件为只读。

③ 单击"文件"面板工具栏中的"取出"按钮，或单击鼠标右键，然后从弹出的快捷菜单中选择"取出"命令。

④ 在"相关文件"对话框中，单击"是"按钮将相关文件随选定文件一起下载，或者单击"否"按钮不下载相关文件。默认情况下，不会下载相关文件。可通过"编辑"|"首选参数"|"站点"设置此选项。

⑤ 出现在本地文件图标旁边的一个绿色选中标记表示已将文件取出。

3. 将文件存回远程文件夹

步骤

① 在"文件"面板中，选择存回的文件。

② 单击"文件"面板工具栏中的"存回"按钮，或单击鼠标右键，在弹出的快捷菜单中选择"存回"命令。

③ 在"相关文件"对话框中，单击"是"按钮将相关文件随选定文件一起上传，或者单击"否"按钮不上传相关文件。默认情况下，不会上传相关文件。可通过"编辑"|"首选参数"|"站点"设置此选项。

④ 一个锁形符号出现在本地文件图标的旁边，表示该文件现在为只读状态。

14.6.4　使用设计备注

设计备注指在设计过程中给文档添加一些相关联的信息，例如图像的源文件名称、文档的设计状态、修改日期等。当设计者再次打开该文档的时候，可以通过设计备注中的信息了解文档的设计情况，以帮助设计者或工作组中其他的设计人员进行以后的设计工作。在"站点设置对象"对话框中，在"高级设置"选项中选择"设计备注"分类，可启用设计备注功能，如图 14-35 所示。启用后，即可以在站点中使用设计备注。

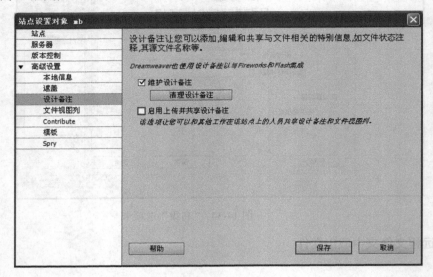

图 14-35 启用"设计备注"功能

步骤

① 在站点文件列表中选择要添加设计备注的文件，然后选择"文件"｜"设计备注"命令，或单击鼠标右键，在弹出的快捷菜单中选择"设计备注"命令。

② 打开"设计备注"对话框，如图 14-36 所示。

③ 在"设计备注"对话框的"基本信息"选项卡中设置如下选项。

状态——在该下拉列表中选择文档的状态。

备注——输入文档的备注信息。

文件打开时显示——选择此复选框，当打开文档时显示其设计备注。

④ 单击"所有信息"标签，切换到"所有信息"选项卡，如图 14-37 所示。

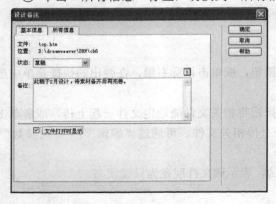

图 14-36 "设计备注"对话框

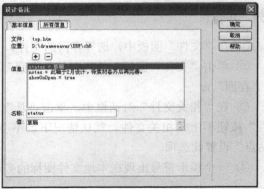

图 14-37 "所有信息"选项卡

⑤ 在"所有信息"选项卡中设置如下选项。

➕——新增一个信息项。

■——删除列表中选择的信息项。

信息——显示备注信息。

名称——输入信息项的名称。

值——输入信息项的值，与上面文本框中的名称相匹配。

⑥ 设置完成后，单击对话框中的"确定"按钮，完成文档设计备注的添加。如果在"设计备注"对话框中选择了"文件打开时显示"复选框，则打开文档时，显示其设计备注。

14.7　实战演练

1．实战要求

将在前面章节中制作完成的网站上传到因特网。

2．步骤提示

① 制作一个完整的网站，以备上传之用。

② 将计算机接入 Internet，即能上网。

③ 申请一个存放网站的虚拟空间。

④ 检查站点。

⑤ 上传站点。

本章小结

本章介绍了网站空间的申请，站点的发布和管理，站点的上传和测试，以及网站的推广等内容。在完成了本地站点中所有网页的设计之后，就可以将网站上传到 Internet 服务器上，以供浏览者访问。

第 15 章　动态网站开发环境设置

动态网站是相对于静态网站而言的，静态网站只能让访问者默默的浏览，而不能实现交互式访问的网站，而动态网站则可以实现交互式访问。很多网站上出现的论坛、留言板、聊天室、数据查询等系统都是动态网站的实现形式。

动态网站的设计离不开数据库的支持，它是网页设计的一种高级方式，也称为 Web 应用程序。Dreamweaver CS5 融合了动态页面的开发功能，即使用户不懂网络编程语言，使用 Dreamweaver 的可视化编程环境，照样能够开发出经典实用的动态网站。

本章重点：
- IIS 的设置
- 创建 DSN 数据源
- 站点的重定义及建立数据库连接

15.1　动态网站开发准备——留言板制作（1）

15.1.1　案例综述

在很多网站上都能看到各式各样的留言板，它是网站与访客之间进行交流的主要手段之一。当访问者在留言板上输入留言信息时，通过表单将信息传到服务器，并存入数据库，经过处理之后再将反馈信息传回客户端。另外，管理员还可通过管理界面对留言板进行管理，这是一个典型的动态网站的例子。本实例将介绍制作留言板的前期准备工作，使读者从中体会动态网站的运行环境设置及数据库的连接等方法的实现。

15.1.2　案例分析

本例要介绍的留言板是一个基于 Windows XP/2000 操作系统运行的 Web 应用程序，数据库采用 Microsoft Access 2003 作为管理平台。

对于动态网站（例如我们的留言板站点）的创建，除了静态页面元素的设计之外，在服务器端要创建和部署两方面的内容：一是动态脚本程序（本留言板站点采用的是 ASP 技术），二是数据库。其中的动态技术部分需要服务器的支持，所以必须安装 Web 服务器，营造 Web 应用程序的开发环境。

动态网站开发的前期准备工作主要有以下内容：

◇　配置 IIS 服务器，建立虚拟目录；

◇　建立数据库；

◇　设置站点（采用服务器技术）；

◇　链接数据库。

15.1.3　实现步骤

一、配置 IIS 服务器，建立虚拟目录

设置 IIS 站点管理的目的是为了在本地计算机上模拟 Internet 环境，测试 Web 应用程序系统，操作如下。

步骤

① 在 D 盘新建一个文件夹，取名为 guestbook。

② 选择"开始"|"程序"|"管理工具"|"Internet 服务管理器"命令，或在"控制面板"中双击"管理工具"图标，再在"管理工具"窗口中双击"Internet 信息服务快捷方式"，打开"Internet 信息服务"对话框，如图 15-1 所示。

③ 在"Internet 信息服务"对话框中选中"默认网站"，单击鼠标右键，在弹出的快捷菜单中选择"属性"选项，打开"默认网站属性"对话框。

④ 在"主目录"选项卡中，将"本地路径"改为留言板系统所在路径，即 D:\guestbook，单击"确定"按钮，如图 15-2 所示。

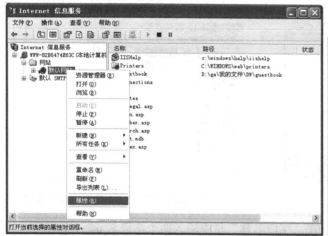

图 15-1　"Internet 信息服务"对话框

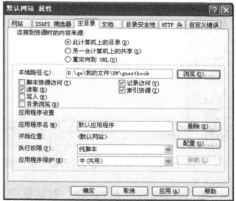

图 15-2　设置默认网站主目录

提示

也可将 D:\guestbook 目录设置为虚拟目录，其方法是在此目录上单击鼠标右键，在弹出的快捷菜单中选择"属性"选项，设置其Web 共享。如将此目录设置为虚拟目录，则在访问该站点时在地址栏中应输入 http://localhost/guestbook/文件名，以访问该站点网页文件。

二、建立数据库

一个留言板应该有哪些内容呢？通常应该有姓名（Name）、主页（Homepage）、QQ 号码（QQ）、电子邮件地址（Email）、头像（ICON）、留言内容（Content）、留言日期（Date）、来自哪里（fromwhere）——这是访客的有关信息。板主回复（Reply）和回复时间（RDate），板主的管理账号：用户名（User）、密码（Pass）。要保存这些信息必须使用数据库，数据库应该怎么设计呢？访客的留言是不断增加的，而板主的管理账号固定不变，所以应该分开两个表，一个保存所有访客的留言和访客的资料信息，另一个则保存板主的管理账号。下面将用 Access 软件来创建一个数据库文件，并保存在 D:\guestbook 文件夹里。

步骤

① 打开 Access，选择"文件"|"新建"命令，在出现的"新建"对话框中单击"数据库"图标，单击"确定"按钮，如图 15-3 所示。

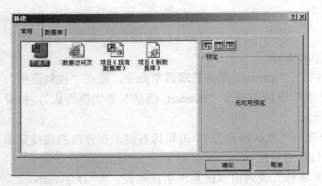

② 在出现的"文件新建数据库"对话框中，将数据库文件取名为 guestbook.mdb，并保存在 D:\guestbook 文件夹里，如图 15-4 所示。

③ 在"guestbook：数据库"对话框中，选择"使用设计器创建表"选项或单击"设计"按钮，会弹出一个表设计器设计视图，在其中要完成表结构（域）的设计，如图 15-5 所示。

图 15-3　在"新建"对话框中单击"数据库"图标

图 15-4　"文件新建数据库"对话框

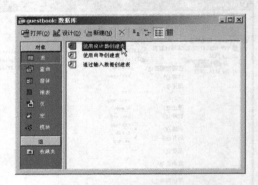

图 15-5　选择"使用设计器创建表"选项

④ 在出现的"表 1：表"对话框中，在"字段名称"栏中输入两个字段名 user、pass，其数据类型均采用默认值"文本"，如图 15-6 所示。分别用于保存"留言板"的管理员账号和密码。

⑤ 关闭"表 1：表"对话框，会出现一个"是否保存对表'admin'的设计的更改"的提示框，如图 15-7 所示。单击"是"按钮，将表名存为 admin。

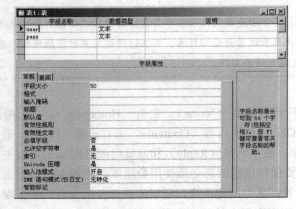

图 15-6　输入字段名称

图 15-7　保存表

⑥ 出现"尚未定义主键"提示框，单击"否"按钮，如图 15-8 所示。

 提示

对一个大型关系数据库来说，定义一个表的主键是很有必要的，因为只有定义了一个表的主键，才能定义该表与其他表之间的关系。表中的任一字段都可以定义为主键，如果没有定义，单击"尚未定义主键"提示框中的"是"按钮，则系统会自动创建一个"ID"字段，作为表中内容的编号，并将其设为主键。此处选择"否"，是因为"留言板"的数据库结构比较简单，"admin"表与其他表之间没有关系。

⑦ 新创建的表 admin 出现在"guestbook：数据库"对话框中，双击表 admin，可以打开表 admin，输入数据，如图 15-9 所示。关闭"admin：表"对话框。

⑧ 再次选择"使用设计器创建表"选项，创建一个表，在表设计器中进行各字段设置，如图 15-10 所示。

图 15-8 　提示定义主键

图 15-9 　输入数据

图 15-10 　"guest：表"结构

⑨ 选择字段 Name，在"字段属性"的"常规"选项卡中，选择"必填字段"，将"否"改为"是"。同样，选择字段 Content，将其属性设置为"必填字段"。

⑩ 选择字段 Homepage，在"字段属性"的"常规"选项卡中，选择"默认值"，在其右侧文本框中输入文字"这人没有留下主页地址"。同样，选择字段 QQ、Email，fromwhere，Reply，将其"默认值"分别设置为"这人没有留下 QQ 号码"、"这人没有留下电子邮件地址"、"未知世界"、"尚无回复"。

⑪ 选择字段 Date，在"字段属性"的"常规"选项卡中，选择"默认值"文本框右侧的 按钮，在出现的"表达式生成器"对话框的左侧列表框中，单击"函数"｜"内置函数"选项，选择"日期/时间"和"Now"选项，如图 15-11 所示，单击"确定"按钮。

 提示

设置字段"Date"的默认值为内置"日期/时间"函数 now()，可以自动记录留言者的留言日期和时间。

⑫ 设置完各字段的属性后，关闭"guest：表"对话框，当出现"是否保存对表'guest'的设计的更改"提示框时，单击"是"按钮，如图 15-12 所示，将表名存为 guest。

⑬ 出现"尚未定义主键"提示框，单击"是"按钮，如图 15-13 所示。

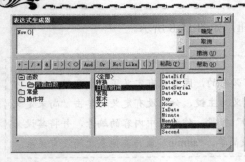

图 15-12　保存表

图 15-11　使用"表达式生成器"设置日期　　　　图 15-13　提示定义主键

　　⑭ 保存后，打开该表，可以看到系统自动创建了一个功能为自动编号的主键字段，其他字段设置的默认值也出现在相应的字段下，如图 15-14 所示。

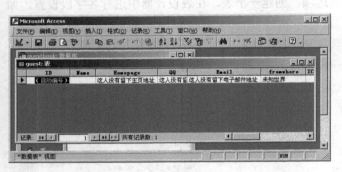

图 15-14　创建的 guest 表

三、设置站点

　　创建一个普通的本地站点，通常只需要在"站点定义"对话框中设置"本地信息"即可。而创建一个动态站点还必须设置"测试服务器"信息，以测试动态网页效果，如果要上传到远程服务器，还需设置"远程信息"。

步骤

　　① 启动 Dreamweaver，选择"站点"|"管理站点"命令，在打开的"管理站点"对话框中，选择要编辑的站点，如图 15-15 所示，单击"新建"|"站点"命令。
　　② 打开"站点设置对象"对话框，在"站点"分类中，为站点选择本地文件夹和名称，如图 15-16 所示。

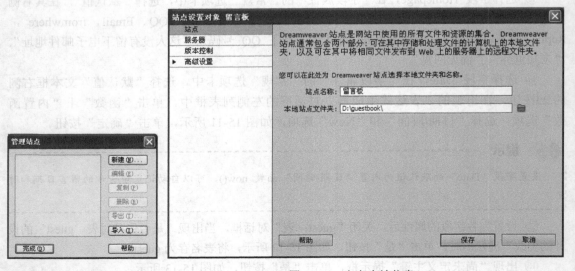

图 15-15　编辑站点　　　　　　　　　　图 15-16　定义本地信息

③ 选择"服务器"分类，在此位置选择承载 Web 上页面的服务器。如图 15-17 所示。单击在其列表框的下方的"添加服务器"按钮 ，新建一个用于调试开发的测试服务器。

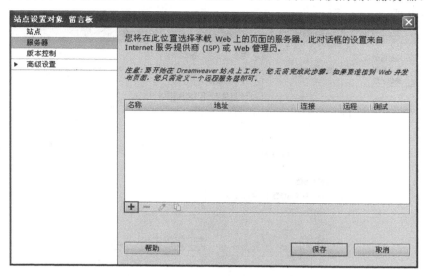

图 15-17　选择承载 Web 上页面的服务器

④ 在打开的"服务器"对话框中，有"基本"和"高级"两个选项卡，在"基本"选项卡中，可设置远程服务器的连接方式、用户名、密码等，在"连接方式"列表框中选择"本地/网络"，"服务器文件夹"为"D:\guestbook"，"Web URL"为用浏览器访问时地址栏地址，如 http://localhost，如图 15-18 所示。

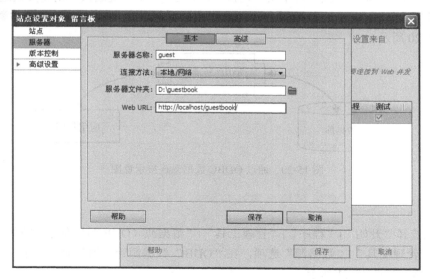

图 15-18　定义服务器信息（基本）

 提示

> 若站点根目录 D:\guestbook 已设置为虚拟目录，则上图中 Web URL 前缀应用 http://localhost/guestbook/。本地信息中的 HTTP 地址应与测试服务器中的 URL 前缀相一致。

⑤ 在"高级"选项卡中，设置远程服务器的同步、取出，以及上传等设置，并设置测试服务器的"服务器模型"，在其下拉列表框中选择 ASP VBScript 选项，单击"确定"按钮，完成设置，如图 15-19 所示。

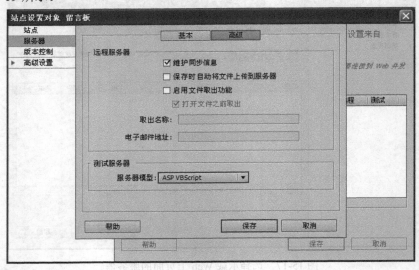

图 15-19　定义服务器信息（高级）

四、创建数据源

在 Dreamweaver CS5 中有 2 种实现数据库连接的方法：一是通过 DSN（数据源名称）实现连接，二是通过自定义连接字符串实现连接。而通过 DSN 实现连接，则先要通过 ODBC 数据源管理器创建 DSN，实现数据源名称到数据库的关联，进而实现应用程序与数据库的连接，如图 15-20 所示。

图 15-20　通过 ODBC 数据源连接示意图

步骤

① 依次选择"开始"|"程序"|"管理工具"|"数据源（ODBC）"命令，或依次打开"控制面板"|"管理工具"|"数据源"选项，在"ODBC 数据源管理器"对话框中，选择"系统 DSN"选项卡，如图 15-21 所示。

② 单击"添加"按钮后，打开"创建新数据源"对话框如图 15-22 所示，选择数据源为 Microsoft Access Driver (*.mdb)，并单击"完成"按钮。

③ 在打开的"ODBC Microsoft Access 安装"对话框中，如图 15-23 所示，设置下列选项。

数据源名——输入数据源的名称。

说明——输入数据库相关的说明性文字。

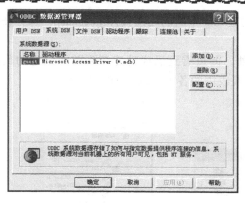

图 15-21　"ODBC 数据源管理器"对话框

图 15-22　选择数据源驱动程序

④　单击"选择"按钮，选择数据库，如图 15-24 所示。

图 15-23　"ODBC Microsoft Access 安装"对话框　　　图 15-24　选择数据库

⑤　在"ODBC 数据源管理器"对话框中，已看到系统数据源 guestInfo 设置成功，单击"确定"按钮，完成数据源的设定。

五、连接数据库

在创建了 DSN 数据源之后，接下来建立 Dreamweaver CS5 与数据库的连接。

①　单击"应用程序"面板组上的 ▶ 图标，展开"应用程序"面板组，单击"数据库"标签的 ➕ 图标，选择"数据源名称（DSN）"选项，如图 15-25 所示。

②　在出现的"数据源名称（DSN）"对话框的"连接名称"文本框中输入 guest，在"数据源名称（DSN）"下拉列表中选择"guestInfo"，如图 15-26 所示。单击"测试"按钮，进行数据库连接测试。

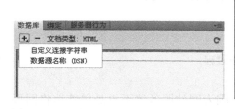

图 15-25　选择"数据源名称（DSN）"选项　　　图 15-26　"数据源名称（DSN）"对话框

③　出现"成功创建连接脚本"提示框，如图 15-27 所示，表明数据库连接测试成功。单击

"确定"按钮，再次单击"确定"按钮，系统自动建立一个新的连接文件 guest.asp，保存在网站根目录下的 connections 文件夹里。

④ 回到网页设计界面，在"数据库"面板处，即可看到已成功连接到前面创建的数据库 guestbook.mdb，可以在这里看到表 admin 和 guest 及表中的各个字段，如图 15-28 所示。

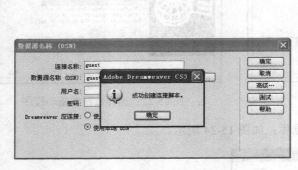

图 15-27　测试成功

图 15-28　已连接到数据库

至此，制作动态网站的准备工作已经完成，在下一章中将继续在此基础上制作动态页面。

15.2　动态网站概述

15.2.1　动态网页技术

1．静态网页

静态网页对访问者来说，网站的网页内容固定不变，与访问者不会产生互动，当用户在浏览器上通过 HTTP 协议向 Web 服务器请求网页内容时，服务器仅能回应"静态"的 HTML 网页，其工作流程如图 15-29 所示。

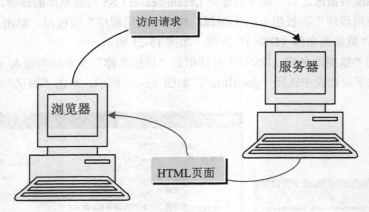

图 15-29　"静态网页"请求过程

2．动态网页

动态网页，就其工作原理而言，远比静态网页复杂，因为网站服务器不再是单纯地将网页传给客户端，而且还兼顾执行各种程序的能力，同时它还与数据库进行数据的传递与存取。这时的服务器，完全可以看成是一个"应用程序服务器"，其工作流程如图 15-30 所示。

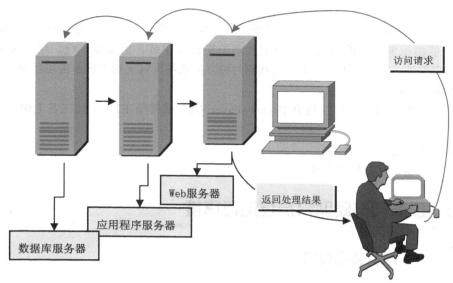

图 15-30　动态网页请求过程

15.2.2　构建动态网站的基本流程

构建动态网站的基本流程如下。

1．安装设置 Web 服务器

Web 服务器是根据 Web 浏览器的请求提供文件服务的软件。Web 服务器有时也称为 HTTP 服务器。常见的 Web 服务器包括 IIS，Netscape Enterprise Server 等。

2．安装设置 Web 应用程序服务器

应用程序服务器是一种软件，有时也称"脚本解释器"，它用来帮助 Web 服务器处理特别标记的 Web 页。当请求这样一页时，Web 服务器先将该页发送到应用程序服务器进行处理，然后再将该页发送到浏览器。

3．安装动态网站所需数据库程序

通过用数据库存储数据可以使 Web 站点的设计与要显示给站点用户的内容分开。不必为每个页面都编写单独的 HTML 文件，只需为要表示的不同类型的信息编写一个页面或模板即可。通过使用数据库，只需将数据上传到数据库中，然后动态地检索该数据以响应用户的请求，即可向 Web 站点提供新的内容。将内容信息存储在数据库中的主要优势是，能够在单个数据源中更新信息，然后将此更改传播到整个 Web 站点，而不必搜索可能包含该信息的所有页面并手工编辑每个页面。

4．安装数据库软件所需驱动程序

数据库驱动程序是应用程序与数据库连接的"桥梁"，应用驱动程序能正确识别不同的数据库文件格式。使用不同的数据库需要安装不同的驱动程序，如使用 Access 数据库，就需要使用 ODBC 中的 Access 驱动程序。一般来说，多数 Windows 平台上使用的数据库都已随 Office 或 Windows 系统的安装而安装，如果所使用的数据库驱动程序没有安装，可以到相关网站下载安装。在 Windows 中要查找安装了哪些驱动程序，可以通过单击"控制面板"中的"ODBC 数据源"图标，打开"ODBC 数据管理器"对话框，单击"驱动程序"选项，就可以看到了。

5．编写动态网站

利用 Dreamweaver CS5 等动态网站开发工具，编写由多个动态网页组成的动态网站。一个动态网站可能由很多动态网页程序系统组成，如聊天室系统、留言板系统、学生成绩管理系统、人事管理系统、产品供求系统等，这些相对独立的系统有时又称"Web 应用程序"。

6．上传服务器

动态网站编写完成后，可以利用 Dreamweaver CS5 或其他 FTP 上传工具上传至相应的服务器。

7．客户端浏览

在客户端浏览，测试最终完成的效果。

15.3　设置动态网站开发及运行环境

15.3.1　IIS 的安装和设置

IIS（Internet Information Server，因特网信息服务）是一种 Web 服务组件，其中包括 Web 服务器、FTP 服务器、NNTP 服务器、SMTP 服务器，分别用于网页浏览、文件传输、新闻服务和邮件发送等方面，它使得在网络（包括因特网和局域网）上发布信息成了一件很容易的事。

1．IIS 的安装

IIS 是微软公司出品的架构 WEB，FTP，SMTP 服务器的一套整合软件，捆绑在 Windows 2000/XP 中。它作为 Windows 2000/XP 的一个可选组件，可以在 Windows XP 安装完成之后再进行补充安装。

步骤

① 单击"开始"｜"设置"｜"控制面板"命令。

② 启动"添加/删除程序"。打开"添加或删除程序"对话框，如图 15-31 所示。

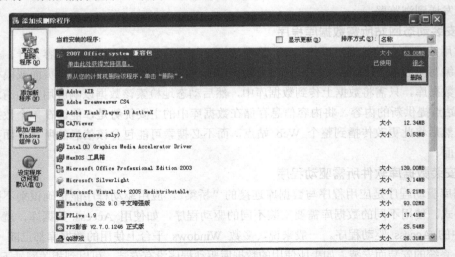

图 15-31　"添加或删除程序"对话框

③ 单击"添加/删除 Windows 组件"按钮，出现如图 15-32 所示"Windows 组件向导"对话框。其中有多个复选框供选择，如果某个复选框背景是灰色的，说明其中还有没有被选择的内

容。选择"Internet 信息服务",单击"详细信息"按钮,出现如图 15-33 所示"Internet 信息服务(IIS)"对话框。

图 15-32　"Windows 组件向导"对话框

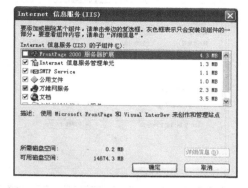

图 15-33　"Internet 信息服务(IIS)"对话框

④ 在需要安装的组件前的方框内打钩表示选中。其中"Internet 服务管理器"、"World Wide Web 服务器"、"公共文件"是必须选中的。为了便于站点文件管理,也可以选择"文件传输协议(FTP)服务器"。

⑤ 单击"确定"按钮,退出 IIS 组件选择,单击"下一步"按钮,开始 IIS 安装。

⑥ 安装完成后,在依次打开"控制面板"|"管理工具"|"Internet 信息服务快捷方式"图标,可打开如图 15-34 所示"Internet 信息服务"对话框。对话框的左窗格显示整个 IIS 的管理层次,右窗格则显示当前在左窗格内选中的管理层次的相应内容。初始状态下,只显示本服务器的机器名,双击机器名可以看到配置在该计算机上的各项 Internet 信息服务。

图 15-34　"Internet 信息服务"对话框

2. 启动、停止 Web 站点

在创建完成新的 Web 站点后,要确保其正常工作。在"Internet 信息服务"控制面板中相应的 Web 站点上单击鼠标右键,在弹出的快捷菜单中启动或停止 Web 站点,也可以选中相应的 Web 站点,单击工具栏中的按钮 ▶ ■ ‖ 启动或停止该 Web 站点。

3. 设置 Web 站点

在"Internet 信息服务"控制面板中相应的 Web 站点上单击鼠标右键,在弹出的快捷菜单中选择"属性"选项,在 Web 站点属性中可以设置该 Web 站点。

🐬 步骤

① 在"Web 站点"选项卡中设置 Web 站点参数。如果在本地计算机上调试,其"IP 地址"设为"全部未分配",否则输入其 IP 地址即可,如图 15-35 所示。

② 在"主目录"选项卡中设置 Web 站点的主目录。在"本地路径"栏选择网页文件的存放

位置，如图 15-36 所示。每个 Web 站点都必须有一个主目录，主目录是存放网站文件的主要场所。在该选项卡中可以指定主目录的物理位置，设置访问该网站的权限和应用程序。

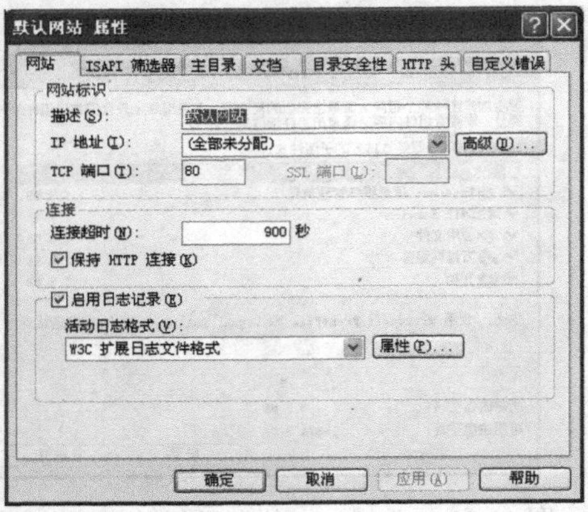

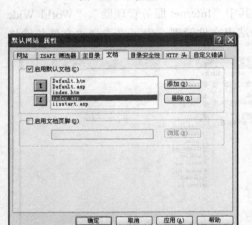

图 15-35　设置 Web 站点参数

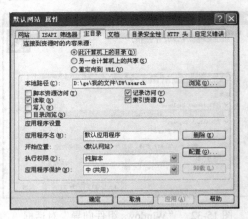

图 15-36　选择网页文件的存放位置

③在"文档"选项卡中设置 Web 站点的默认 Web 页。在"启用默认文档"栏预设 Web 站点的默认主页名称，如图 15-37 所示。

4. 创建和设置虚拟目录

IIS 安装后将自动在 IIS 服务器上建立一个"默认 Web 站点"。用户可以将自己的主页文件放在系统所在分区的 Inetpub\wwwroot 文件夹下，在浏览器的地址栏中输入 http://localhost 或 http://127.0.0.1，即可访问站点的主页。也可以将用户自己的 Web 站点放在任意文件夹下，而将此文件夹设为虚拟目录，则同样可在 IIS 的支持下访问站点的网页，即在浏览器的地址栏中输入 http://localhost/虚拟目录名，或 http://127.0.0.1/虚拟目录名。

图 15-37　预设 Web 站点的默认主页名称

虚拟目录并不是真实存在的 Web 目录，但虚拟目录与实际存储在物理介质上包含 Web 站点的目录之间存在一种映射关系。用户通过浏览器访问的虚拟目录的名称称为别名。从用户的角度看不出虚拟目录与实际子目录的区别，但是虚拟目录的实际存储位置可能在本地计算机的其他目录之中，也可能是在其他计算机上，或是网络上的 URL 地址。利用虚拟目录，可以将数据分散保存在多个目录或计算机上，方便站点的管理和维护。此外，因为用户不知道文件在服务器中的实际位置，不能用此信息修改文件，也在一定程度上保证了 Web 站点的安全。

创建 Web 虚拟目录的操作方法如下。

（1）在"Internet 信息服务"控制面板中创建虚拟目录

步骤

① 在"Internet 信息服务"控制面板中，在欲添加虚拟目录的 Web 站点上单击鼠标右键，在弹出的快捷菜单中选择"新建"|"虚拟目录"命令，如图 15-38 所示。

② 按照"虚拟目录创建向导"提示，设置虚拟目录的别名、Web 站点所在的实际路径等，

如图 15-39 所示。

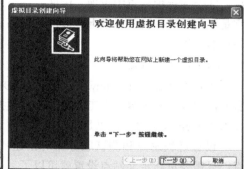

图 15-38　在"Internet 信息服务"管理器中新建虚拟目录　　图 15-39　"虚拟目录创建向导"窗口

③ 依次单击"下一步"按钮，直至完成。

（2）直接使用快捷菜单创建

如果存放网站文件的磁盘分区采用 NTFS 文件格式，可以在 Windows 资源管理器中要创建虚拟目录的文件夹上单击鼠标右键，在弹出的快捷菜单中选择"属性"｜"Web 共享"命令来创建虚拟目录，如图 15-40 所示。

图 15-40　通过快捷菜单创建虚拟目录

15.3.2　重新定义 Dreamweaver CS5 站点

在安装、设置好 Web 站点后，如何建立支持 Web 站点应用开发的 Dreamweaver CS5 站点呢？Dreamweaver CS5 的站点管理模型由本地站点、远程站点、测试服务器 3 个部分组成。了解这 3 个部分，是理解 Dreamweaver CS5 站点管理的关键。

（1）本地站点

本地站点是 Dreamweaver CS5 的工作目录，可以将其看成实体站点上的目录结构和文件在

Dreamweaver CS5 所在的开发工作站上的一份副本。从开发流程上说，开发者先用 Dreamweaver CS5 在本地站点编辑、修改和存储文件，测试满意后，然后上传到实体站点。

（2）远程站点

Dreamweaver CS5 用它来表示实体站点的位置和具体内容。新建的文件只有从本地站点上传后，才会在远程站点中出现。因此，一个开发中的网站，其本地站点和远程站点的内容和结构经常是不同步的。远程站点上存放的是定稿后发布给用户看的内容，是实际对外的开放服务的真实站点的位置。

（3）测试服务器

测试服务器是 Dreamweaver CS5 用来测试站点的位置和内容的，Dreamweaver CS5 使用此服务器生成动态内容并在工作时连接到数据库。测试服务器是一个支持开发者选用的应用服务器技术的 Web 服务器，可以是本地计算机、测试用的服务器或远程服务器。

设置远程站点和测试服务器对创建 Web 应用程序来说非常重要，如果已经创建了本地站点，只需要重新定义站点设置就可以了。

1．建立面向 Web 应用开发站点

步骤

① 选择"站点" | "管理站点"命令，在打开的"管理站点"对话框中，如图 15-41 所示，选择要编辑的站点，然后单击"编辑"按钮。

② 打开"站点设置对象"对话框的"基本"选项卡，如果在本地计算机上安装了 Web 服务器，欲将本地机器设为 Web 站点服务器，则可在"连接方法"下拉列表中选择"本地/网络"，如图 15-42 所示。如果使用远程服务器，则选择"FTP"，如图 15-43 所示。

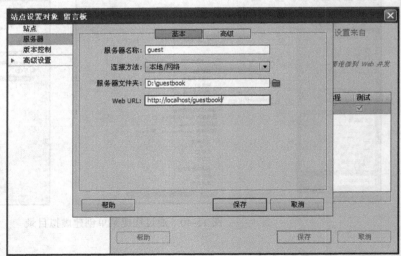

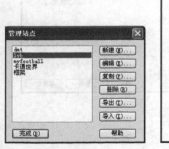

图 15-41　"管理站点"对话框　　　　　　图 15-42　设置 Web 站点信息（本地/网络）

　　　　服务器名称——为所创建服务器命名。

　　　　连接方法——其选项分别为 FTP、SFTP、本地/网络、WebDAV、RDS。

　　　　○　当连接方法为"FTP"时，各选项的含义如下。

　　　　FTP 地址——在此文本域中输入远程服务器的 IP 地址，如果有主机名，最好输入主机名。

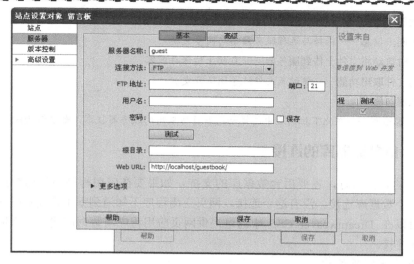

图 15-43　设置 Web 站点信息（FTP）

用户名——输入 FTP 用户名。

密码——输入 FTP 密码。

测试——单击此按钮可测试 FTP 服务器是否配置正确，用户名和密码是否输错等。

根目录——用来输入远程服务器中存放文件的文件夹名称，不输入此项内容，表示使用 FTP 用户主目录作为存储文件夹。

Web URL——输入站点的 URL 地址。

○　当连接方法为"本地/网络"时，各选项的含义如下。

服务器文件夹——承载 Web 上的页面的文件夹。在这里选择 Web 站点的主目录所指定的文件夹，例如，采用 IIS 中的默认站点时，其服务器文件夹应为 D:\guestbook，应与"Web 站点属性"对话框中的主目录一致。

Web URL——输入站点的 URL 地址。

④ 选择"高级"选项卡，设置"远程服务器"和"测试服务器"的相关信息，如图 15-44 所示。

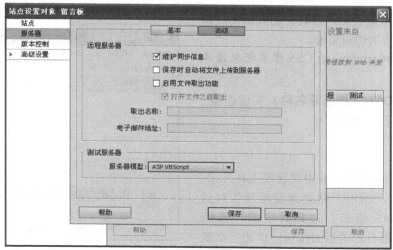

图 15-44　定义本地信息

○ 远程服务器

维护同步信息——保持与远程服务器信息同步更新。

保存时自动将文件上传到服务器——自动上传保存内容。

启用文件取出功能——使站点文件适于团队开发。

○ 测试服务器

服务器模型——在此下拉列表中选择动态网页所采用的服务器技术，如 ASP VBScript。

15.3.3　后台数据库的连接

动态页面的正常运行，需要后台数据库的支持。如果要在应用程序中使用数据库，用户需要创建至少一个数据库连接。没有这个连接，网页应用程序不知道到哪里查找数据库或者如何连接它。用户可以在 Dreamweaver CS5 中通过提供网页应用程序与数据库建立联系所需要的信息来创建数据库连接。

一、数据库系统的选择

目前，用于网页应用程序的数据库系统常用的有 Oracle，MySQL，SQL Server，Microsoft Access 等。

Oracle 系统是当前市场上功能最强大、性能最全面的产品之一，但是，它是以高昂的经济和管理代价为支持的。

MySQL 是最流行的开放源数据库系统，虽然它可能不像某些其他的数据库那样性能全面，它不包含传统的存储程序，但是它足以应付大部分网页应用程序的要求，是快速、灵活、性价比良好的数据库软件。

SQL Server 是市场上最全面的数据库产品，SQL Server 是基于 SQL 客户/服务器（C/S）模式的数据库系统，提供强大的企业数据库管理功能，对数据库中的数据提供有效的管理，并采用有效的措施实现数据的完整性及数据的安全性。

Microsoft Access 是市场上最流行的桌面数据库。对于数据库方面的新手，Access 提供了一种易于使用的界面以便对数据库表进行操作。虽然可以将 Access 用于多数 Web 站点应用程序的数据源，但要注意 Access 的文件大小被限制在 2GB 以内，而且开发用户数限制为 255 个。因此，可以选择 Access 用于 Web 站点开发。但如果预计有较大的用户群会访问该站点，则需要规划使用专为支持这种站点而设计的数据库，以满足预期用户数的访问要求。

二、在 Dreamweaver CS5 中实现数据库连接的方法

1. 通过 DSN（数据源名称）实现连接

（1）定义系统 DSN

🐬 **步骤**

① 打开控制面板，双击"管理工具"，然后打开其中的"ODBC 数据源管理器"对话框，如图 15-45 所示。选择其中的"系统 DSN"标签，然后单击添加按钮，添加一个新的系统 DSN 名称。

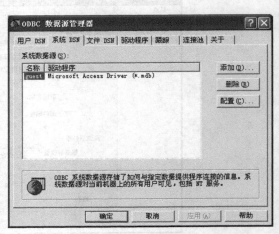

图 15-45　"ODBC 数据源管理器"对话框

② 单击"添加"按钮以后会弹出一个"创建新数据源"对话框，如图 15-45 所示。在这里选择所用数据库的驱动程序，这里选择"Microsoft Access Driver(*.mdb)"。

③ 单击"完成"按钮以后，会弹出"ODBC Microsoft Access 安装"对话框。在其中定义数据源名称并选取数据库文件，如图 15-47 所示。

图 15-46　"创建新数据源"对话框

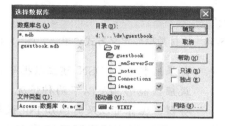

图 15-47　选择要连接的数据库文件

④ 通过上面步骤的操作以后，在"ODBC 数据源管理器"窗口的"系统 DSN"选项卡中就会显示一个新定义的数据源名称。将来在 Dreamweaver 中就用这个数据源名称建立链接。单击"确定"按钮，完成数据源的创建。

（2）实现连接

 步骤

① 在 Dreamweaver CS5 中打开留言板站点的主页面文档（index.asp）。

② 在 Dreamweaver CS5 的"应用程序"面板中选择"数据库"选项卡，单击 ![] 按钮弹出连接定义方式菜单，如图 15-48 所示。

 提示

> 在 Dreamweaver CS5 中对数据库操作前应确保 3 项设置完成：①定义站点，②选择了动态网页类型，③设置了该站点的服务器端测试环境。只有当这 3 项设置完成，![] 按钮才可用。

③ 单击 ![] 按钮下的"数据源名称（DSN）"命令，打开"数据源名称（DSN）"对话框。

④在"连接名称"文本框处输入一个字符串作为连接名，在"数据源名称（DSN）"下拉列表中选择所需的 DSN。在"用户名"和"密码"对话框中分别输入创建数据源时的用户名和密码。如果没有设置用户名和密码，可以为空。单击"定义"按钮，即可打开创建 ODBC 数据源对话框。

⑤ 单击"测试"按钮，弹出"成功创建连接脚本"提示信息，表示连接已创建成功，如图 15-49 所示。

⑥ 完成操作后，数据库面板就会出现新定义的连接名称，单击它前面的+展开，可以看到留言板数据库中的两个表，如图 15-50 所示。这时已经完成了数据库和留言板站点的链接了，连接名是 guest。

通过 DSN 建立的数据库连接的特征是：

◇ 十分方便对数据库的管理。例如，数据库的物理路径发生了改变，只需重新定义 DSN，不需涉及脚本程序的更改。

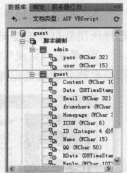

图 15-48　连接数据库定义方式菜单　　图 15-49　创建 DSN 数据源连接　　图 15-50　连接后的数据库

◇　如果采取通过 DSN 建立数据库连接，必须能控制站点服务器的 DSN 的定义。也就是说应该能够满足以下两种情况：或者站点服务器就是你自己管理；或者是你租用的服务器，但你可以及时通知 ISP 服务商帮你定义需要的 DSN。

2. 通过自定义连接字符串实现连接

使用 DSN 方式连接到数据库，在本机上测试非常方便，但若上传到远程服务器，除非也进行了同样设置，否则不可能访问到数据库。为了更好地解决这个问题，可以使用"自定义连接字符串"方式连接到数据库。

在 Dreamweaver CS5 中，使用"自定义连接字符串"方式连接到数据库的具体实现步骤如下。

步骤

① 单击"数据库"面板上的■按钮，选择"自定义连接字符串"选项，如图 15-51 所示。

② 在"自定义连接字符串"对话框中，输入连接名，在"连接字符串"处输入相应的字符串"Driver={Microsoft Access Driver (*.mdb)};DBQ=D:\guestbook\guestbook.mdb"，（注意：其中的标点一定用西文标点），如图 15-52 所示。选中"使用此计算机上的驱动程序"单选按钮。

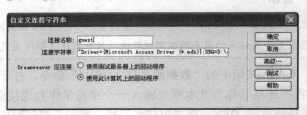

图 15-51　选择"自定义连接字符串"　　　　　　　图 15-52　输入连接字符串

③ 单击"测试"按钮进行测试，测试成功，如图 15-53 所示。表明连接到数据库的操作成功。

④ 单击"确定"按钮，在站点的根文件夹中会自动产生一个名字叫 Connections 的文件夹，在这个文件夹中有一个以所定义的连接名称为名的 ASP 文件，如图 15-54 所示。

这里连接到数据文件使用的是绝对路径，这在本机上测试还可以，一旦上传到远程服务器上，由于服务器空间多使用的是虚拟路径，所以容易出现访问不到数据库的情况。解决这一问题的方法是先使用虚拟路径，再利用 Server 对象的 MapPath 方法，将虚拟路径转换为绝对路径。这样一来，数据库连接字符串书写格式重新书写如下：

"Driver={Microsoft Access Driver (*.mdb)};DBQ="&Server.MapPath("/guestbook.mdb")

图 15-53　测试成功提示　　　　　图 15-54　在"文件"面板中查看连接文件

15.4　实战演练

1．实战效果

在网上经常会看到很多信息查询系统，如考试成绩查询系统，只要输入考生的考号，即可查询出成绩状况。本实战演练主要完成成绩查询系统的前期准备工作，使读者从中体会动态网站的运行环境设置及数据库的连接等方法的实现。

2．实战要求

① 设置 IIS 站点管理。

② 创建数据库 test.mdb。

③ 设置 DSN。

④ 设置站点。

⑤ 连接数据库。

3．操作提示

（1）设置 IIS 站点管理

① 选择"开始"|"程序"|"管理工具"|"Internet 服务管理器"命令，打开"Internet 信息服务"控制面板。

② 将本地路径改为成绩查询系统所在路径，即 D:\search。

（2）创建数据库

① 打开 Access，选择"文件"|"新建"命令，建立数据库，文件名为 test.mdb，并保存在 D:\search 文件夹里。

② 单击"test：数据库"对话框中的"设计"按钮，创建一张表，结构如图 15-55 所示。

③ 将考号设为主键，并保存表，取名为 cj。双击表 cj 打开后，按各字段输入考生的基本数据，如图 15-56 所示。

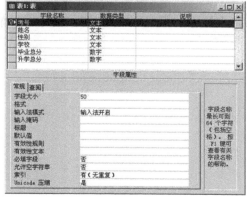

图 15-55　"表 1：表"结构

（3）设置 DSN

① 依次选择"开始"|"程序"|"管理工具"|"数据源（ODBC）"命令，在"ODBC 数据源管理器"对话框中选择"系统 DSN"选项。

② 添加 Microsoft Access Driver (*.mdb)数据源 test，选择目录 D:\search\下的数据库文件 test.mdb，如图 15-57 所示。

图 15-56　输入考生的基本数据　　　　　　　图 15-57　选择数据库

（4）设置站点

① 选择"站点"|"管理站点"命令，单击"新建"|"站点"命令，打开"站点定义"对话框的"高级"选项卡，选择"本地信息"分类，站点名称为"考试成绩查询"，本地根文件夹为 D:\search\，默认的图像文件夹为 D:\search\img。

② 选择"测试服务器"分类，在"服务器模型"下拉列表框中选择 ASP VBScript 选项，在"访问"列表框中选择"本地/网络"选项，单击"确定"按钮，完成设置。

（5）连接数据库

① 在"应用程序"面板组的"数据库"面板单击图标 ，选择"数据源名称（DSN）"。

② 在出现的"数据源名称（DSN）"对话框的"连接名称"文本框中输入 test，在"数据源名称（DSN）"中选择前面创建的数据源名称 test。

本章小结

本章首先介绍了如何安装 IIS，如何在安装完成后建立新的 Web 站点，如何启动和停止已有的站点以及建立数据库和连接数据库。

第16章 动态网站的开发

在设置了 Web 服务器并创建了数据库和本地站点的链接后，就有了进一步创建动态页面的基础。但现在数据库中的数据还不能直接应用到页面中，因为要将数据库用于动态网页的内容源时，必须首先创建一个要在其中存储检索数据的记录集。本章通过讲解记录集的创建方法，如何将记录集中数据绑定到动态页面，以及通过添加服务器行为来创建留言板的各个页面的动态效果。

本章重点
- 记录集的定义
- 绑定记录集
- 添加服务器行为

16.1 制作动态网页——留言板制作（2）

16.1.1 案例综述

在前一章里已经做好了"留言板"系统动态网页开发的准备工作，包括 IIS 的设置、数据库的建立与连接、Dreamweaver CS5 中站点的定义等。本章将继续在此基础上进行动态页面开发，完成留言板系统各个页面的制作，使读者从中体会在动态网页的开发过程中绑定记录集和添加服务器行为的制作方法。

16.1.2 案例分析

不管用户选择什么样的脚本语言，在 Dreamweaver CS5 中用户可通过下面 3 个步骤快速地创建连接数据库的动态页面。

① 建立数据库连接。

② 绑定记录集，使用 SQL 语句或者存储过程创建记录集。

③ 添加服务器行为，输出记录集结果。

一个简单的留言本应该具备：显示留言、发布留言和管理留言三大功能模块，按功能分为前台页面和后台管理程序，留言板系统构成如图 16-1 所示。

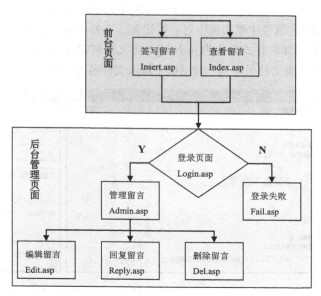

图 16-1 留言板系统构成

16.1.3 实现步骤

一、制作查看留言页面

1. 编辑首页文件的基本布局

查看留言页面效果如图 16-2 所示。页面应用表格布局，其结构如图 16-3 所示。

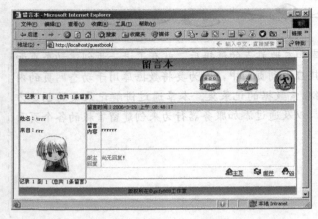

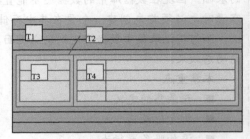

图 16-2 留言板页面效果   图 16-3 留言板表格布局示意图

（1）制作整体结构表格

> **步骤**

① 在"文件"面板上，打开"留言板"站点，在留言板的根文件夹下新建一个文件 index.asp，双击该文件，打开后在 Dreamweaver 的"设计"视图中进行编辑，将文档的标题改为"留言本"。

② 将光标定位于页面空白处，插入 6×1 表格 T1，宽度为 640px，边框为 1px。通过"属性"面板设置"对齐"为居中对齐。

③ 制作第 1 行。在第 1 行的单元格中输入文字"留言本"，并选中该文字，在"属性"面板 **CSS** 属性中单击居中对齐按钮 。在弹出的"新建 CSS 规则"对话框中，将选择器类型设置为类，CSS 样式名称为juzhong，定义规则的位置为新建样式表，单击"确定"按钮。在弹出的"新样式表文件另存为"对话框中输入文件名为 style.css，如图 16-4 所示，将文字设置为居中对齐。

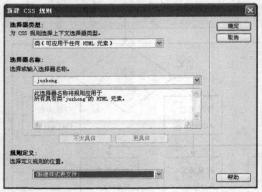

图 16-4 创建新样式并保存在样式表文件中

提示

　　因后面的页面也要用到此样式，故将此样式存于样式表文件中，以便将来使用。

　　④ 制作第 2 行。在第 2 行的单元格中插入图像 view.jpg，add.jpg，admin.jpg，将图像设置为右对齐。

　　⑤ 在第 6 行的单元格内输入文字"版权所有©gxfy888 工作室"，居中对齐，如图 16-5 所示。

图 16-5　单元格的设置

（2）　制作嵌套表格

　　在表格 T1 的第 4 行的单元格中插入表格 T2，再在 T2 中分别插入表格 T3 和 T4，从而使用内容相对独立，为后面重复区域制作奠定基础。

步骤

　　① T2：在第 4 行的单元格中嵌套一个 1×2 的表格 T2，宽度为 100%，边框为 0。调整单元格宽度，使其左边单元格宽度为 160px。

　　② T3：在左边单元格中再嵌套一个 3×1 的表格 T3，宽度为 100%，边框为 1px。在 T3 的第 1 行的单元格中输入"姓名："，第 2 行的单元格中输入"来自："，第 3 行的单元格内插入素材中 img 文件夹下的图像文件 01.jpg，如图 16-6 所示。

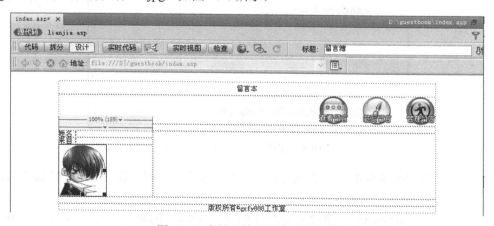

图 16-6　在第 4 单元格中嵌套表格

　　③ T4：在表格 T2 右边单元格中嵌套一个 4×2 的表格 T4，宽度为 100%，边框为 1px。

　　④ 分别将表格 T4 的第 1 行的两个单元格和第 4 行的两个单元格合并。

　　⑤ 在表格 T4 的第 1 行至第 4 行，分别输入文字"留言时间："，"留言内容："、"版主回复："。

⑥ 适当调整第 2 行与第 3 行的第 1 个单元格的宽度，第 1~4 行的高度调为 30px，使之充满其外层表格。

⑦ 在第 4 行中插入 page.gif，email.gif，qq.gif 三个图像，使之右对齐，并在三个图像旁分别输入文字"主页"、"邮件"、"QQ"，如图 16-7 所示。

图 16-7　插入图像和文字

2．用 CSS 样式格式化页面

步骤

① 打开 CSS 样式面板，单击新建 CSS 样式按钮，在打开的"新建 CSS 规则"对话框中，将选择器类型设置为类，定义规则的位置为前面已创建的 style.css 样式表文件，输入新建 CSS 样式的名称，单击"确定"按钮。如图 16-8 所示。

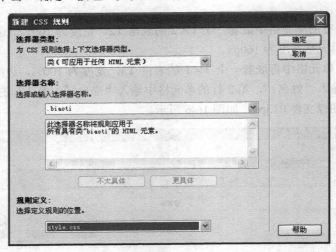

图 16-8　在样式表文件中新建样式

② 在"***的 CSS 规则定义（在 style.css 中）"中定义 CSS 规则各属性，如图 16-9 所示。

❖　标题样式.biaoti，设置其字号 24，加粗。

❖　边框样式.biankuang，设置边框分类的 Style 为 solid，Width 为 thin，Color 为#09F。

❖　背景样式.beijing，选择背景分类的背景图像为本章素材 img 文件夹下的 td.jpg。

❖　正文样式.zhengwen，选择类型分类的字号为 12，行距为 24。

❖　版权样式.banquan，选择类型分类的字号大小为 10，行距为 20，文字颜色为白色。

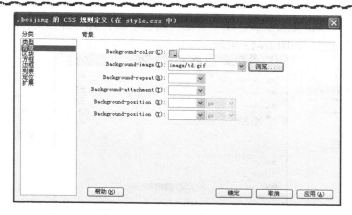

图 16-9　定义 CSS 规则各属性

③ 应用新定义的各样式。

◇　第 1 行: 将光标放在第 1 行的单元格中，在属性面板的类中选择.beijing，为第 1 行应用背景，并设单元格高度为 30px；选中标题文字，在属性面板的目标规则中选择.biaoti，将标题文字设置为 24pt，粗体。

◇　第 3~5 行: 选中第 3、4、5 行，在属性面板的目标规则中选择.zhengwen，将正文文本设置为 12pt，行距 24px。

◇　第 6 行: 将光标放在第 6 行的单元格中，在属性面板的类中选择.beijing，为第 6 行应用背景，并设单元格高度为 20px；选中版权文字，在属性面板的目标规则中选择.banquan，将版权文字设置为 10 号。

◇　为表格加边框线选中表格 T3 和 T4，为其应用类样式.biankuang，完成后效果如图 16-10 所示。

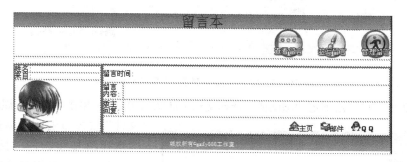

图 16-10　留言板布局效果

3. 在绑定面板中定义记录集

🐬　**步骤**

① 在 Dreamweaver CS5 中打开留言板站点主页面（index.asp）。

② 打开"绑定"面板，单击 按钮，在弹出的下拉菜单中选择"记录集（查询）"命令，如图 16-11 所示。

③ 在弹出的"记录集"定义对话框中，"名称"采用默认设置 Recordset1，在"连接"下拉列表框中选择"guest"；在"列"处采用默认选项"全部"；在"筛选"处采用默认设置"无"；在"排序"下拉列表框中选择字段"Date"，排序方式选择"降序"，如图 16-12 所示。

④ 按照以上步骤操作完成以后，在"绑定"面板中就会出现新定义的记录集，单击它前面的+号，可以展开记录集，如图 16-13 所示。

 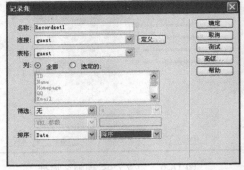 

　　图 16-11　选择"记录集"命令　　　　　图 16-12　定义记录集　　　　　图 16-13　新定义的记录集

4．在页面中显示动态文本和图像

步骤

① 打开"绑定"面板，展开记录集。用鼠标将记录集中的 Name，fromwhere，Date，Content 依次拖到 index.asp 网页中的"姓名"、"来自"、"留言时间"、"留言内容"右边；将字段 Reply，RDate 依次拖到"版主回复"右边单元格中的相应位置上，如图 16-14 所示。

图 16-14　将记录集中的数据绑定到单元格

② 给"头像"单元格绑定动态图像。选择文档中的图像 01.gif，单击"图像"属性面板上"源文件"文本框右侧的浏览按钮，在"选择图像源文件"对话框中的"选取文件名自"处选择"数据源"单选按钮，在出现的"域"列表框中选择记录集中的"ICON"字段，选中"URL"文本框中的内容，按 Ctrl+C 组合键复制。单击"取消"按钮，回到文档编辑窗口，如图 16-15 所示。

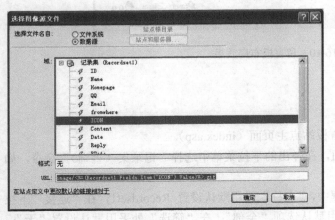

图 16-15　选中"URL"文本框内容

③ 在如图 16-16 所示的"图像"属性面板上，在"源文件"文本框中选择 image/01.gif 中的主文件名 01.gif，按 Ctrl+V 组合键粘贴。这样，

"源文件"中的内容即为 image/<%=(Recordset1.Fields.Item ("ICON").Value)%>gif，从而使该单元格中的图像随记录的不同而变化。

图 16-16　在源文件文本域中粘贴动态图像 URL

5．设置动态链接

步骤

① 设置"主页"文本的动态链接。选择文档中的文字"主页"，单击"文本"属性面板上"链接"文本框右侧的"浏览"按钮，在"选择文件"对话框的"选取文件名自"处选择"数据源"单选按钮，在"域"列表框中选择记录集中的"Homepage"字段，如图 16-17 所示。

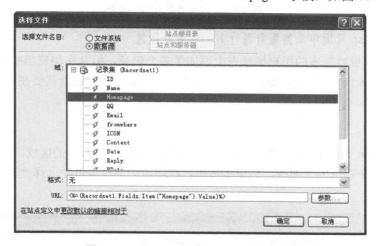

图 16-17　设置"主页"文本的动态链接

② 单击"确定"按钮，回到文档编辑窗口，可以看到在"文本"属性面板上的"链接"文本框中已绑定动态链接代码<%=(Recordset1.Fields.Item ("Homepage").Value) %>，如图 16-18 所示。

图 16-18　"链接"文本框中的动态 URL

③ 选中"主页"文本的动态链接代码，按 Ctrl+C 组合键复制，再选中"主页"文字前的图像，将这些代码粘贴到其属性面板上的"替换"文本框中，使得当光标指到此图像上时，显示主页地址作为提示文字，如图 16-19 所示。

图 16-19　"替换"文本框中的 Homepage 动态字段值

④ 用同样的方法为文档中的"邮件"及邮件图像 E-mail.gif 添加动态链接和提示文字。需要注意的是，"邮件"链接 URL 地址前要加上"mailto:"，而图像 E-mail.gif 的"替换"文本框中则不需要添加。

6．在页面中添加服务器行为

查看留言页面需添加服务器行为如图 16-20 所示。

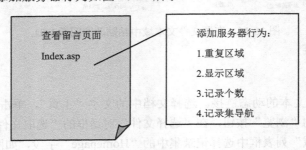

图 16-20　添加服务器行为示意图

（1）在 index.asp 页面中添加服务器行为——重复区域

虽然已在留言板数据库的用户信息表中添加了多个记录，但是在浏览器中打开的 index.asp 页面总是显示一条记录。如何让页面中同时显示多个留言记录呢？这就需要在页面中添加"重复区域"服务器行为。

步骤

① 在 index.asp 页面中选择 T2 表格，将把它创建成可以重复显示的区域。

② 打开"服务器行为"面板，单击■按钮，在弹出的下拉菜单中选择"重复区域"命令，如图 16-21 所示。

图 16-21　选中需要重复显示的表格添加"重复区域"服务器行为

③ 在弹出的"重复区域"对话框中，设置一个页面同时显示 5 条记录，如图 16-22 所示。

④ 设置完成以后，index.asp 页面中所选中的表格的左上角位置出现"重复"两字，如图 16-23 所示。

⑤ 切换到"应用程序"面板，可看到"服务器行为"面板中新增加了此服务器行为的内容，如图 16-24 所示。

图 16-22　重复区域设置

图 16-23　页面中重复区域

图 16-24　"服务器行为"面板

（2）index.asp 再添加一个服务器行为——显示区域

index.asp 页面中的表格 T2 是显示用户留言记录的，当留言板数据库的用户表中没任何记录时（也就是没有一个用户留言时），这个表格不显示出来。可以通过再添加一个服务器行为——显示区域来解决这个问题。

🐬　**步骤**

① 在表格 T1 的最后一行前插入一行，将表格 T1 的行数扩展为 7 行，在新插入的行即第 6 行处输入文字"目前还没有一条留言"，居中对齐，并选中该行，如图 16-25 所示。

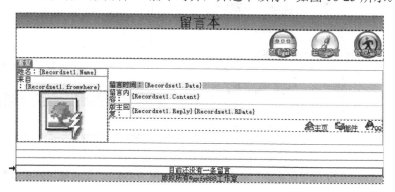

图 16-25　在新插入的行中输入文字

② 在"服务器行为"面板中单击 ⊞ 按钮，在弹出的下拉菜单中选择"显示区域"｜"如果记录集为空则显示区域"命令，如图 16-26 所示。

③ 在弹出的"如果记录集为空则显示区域"对话框中选择绑定的记录集，如图 16-27 所示。单击"确定"按钮，设置了"显示区域"后的行的左上角会出现一个新的服务器行为 如果符合此条件则显示... 标签。

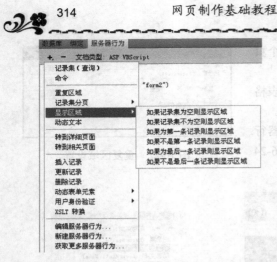

图 16-26　选择"如果记录集为空则显示区域"命令　　　图 16-27　"如果记录集为空则显示区域"对话框

（3）显示记录集中的记录个数

步骤

① 将文本光标定位在表格 T1 的第 3 个单元格内，选择"插入"｜"数据对象"｜"显示记录计数"｜"记录集导航状态"命令，如图 16-28 所示。

② 在出现的"记录集导航状态"对话框中，如图 16-29 所示，采用默认的设置，单击"确定"按钮，即可在编辑区域看到"记录集导航状态"的标签文字，如图 16-30 所示。

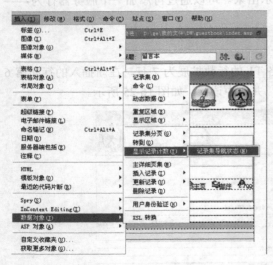

图 16-29　"记录集导航状态"对话框

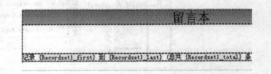

图 16-28　选择"记录集导航状态"命令　　　图 16-30　"记录集导航状态"标签文字

（4）创建记录集导航链接

记录集导航链接可以使用户从一个记录移到下一个记录，或者从一组记录移到下一组记录。例如，在设计了每次显示 5 条记录的页面后，用户可能想要添加如"下一页"或"上一页"这类可以显示后 5 条或前 5 条记录的链接。

步骤

① 将文本光标定位在插入的"记录集导航状态"标签文字后面，选择 Dreamweaver 主菜单

栏中的"插入"｜"数据对象"｜"记录集分页"｜"记录集导航条"命令，出现"记录集导航条"对话框，如图 16-31 所示，这里采用默认的设置，单击"确定"按钮。

② 插入的"记录集导航条"在文档中显示的效果如图 16-32 所示，在文档中显示为"第一页"、"前一页"、"下一页"、"最后一页"。

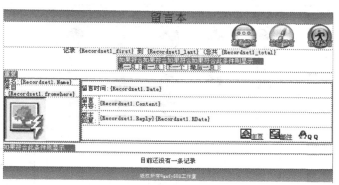

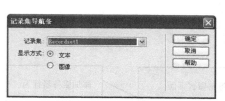

图 16-31　"记录集导航条"对话框　　　图 16-32　"记录集导航条"显示效果

以上的操作也可用 Dreamweaver CS5 提供的"记录集分页"和"显示区域"这两个服务器行为来实现。单击这些链接后，用户可以遍历所选记录集。当显示记录集中的第一条记录时，会隐藏"第一页"和"前一页"链接；当显示记录中的最后一条记录时，会隐藏"下一页"和"最后一页"链接。

③ 将插入在表格 T1 的第 3 个单元格内的全部内容复制到表格 T1 的第 5 个单元格，以实现当记录页较长时在页首或页尾都可使用记录集导航条。复制后的文档效果如图 16-33 所示。

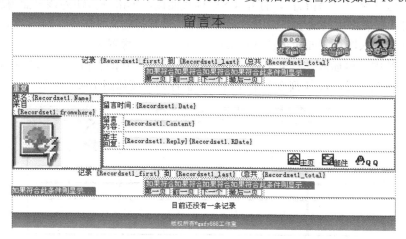

图 16-33　复制第 3 单元格内容到第 5 单元格

④ 留言板的首页制作完成，按 F12 键预览。

二、制作签写留言页面

签写留言页面要通过表单向服务器程序提交用户信息，因此，此页面的设计使用表单来输入留言信息，并通过设置各表单域的属性与数据库中 guest 表中相关字段相对应，最后再为其添加"插入记录"服务器行为。页面布局使用表格布局，效果如图 16-34 所示，该页面添加的服务器行为如图 16-35 所示。

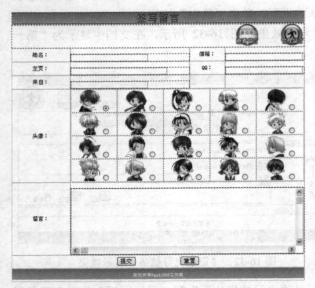

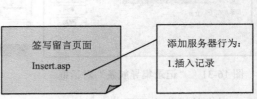

图 16-34　签写留言页面页面布局　　　　图 16-35　签写留言页面所添加服务器行为

🐬　步骤

① 新建 insert.asp 页面，插入表单，再在其中插入 5 行 1 列表格 T1，宽 640px，边框为 0，表格属性面板中设置"对齐"为水平居中。

② 输入标题文字"签写留言"，打开 CSS 样式面板，单击█按钮为该页面附加样式表文件 style.css，以格式化表格中的文字。应用前面定义样式设置标题文字居中、24px 字，以及背景。

③ 在第 2 行插入图片"view.jpg"和"admin.jpg"，将图像置右。

④ 在第 3 行中，再插入 5 行 4 列，宽为 100%，边框为 0 的表格 T2，分别将其中第 4 行的 2、3、4 列，第 5 行的 2、3、4 列合并单元格。调整各列宽度如图 16-36 所示。

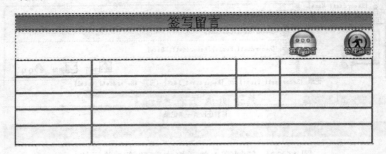

图 16-36　插入 T2 表格

⑤ 在 T2 第 4 行的第 2 列单元格中，插入 4 行 5 列，宽 100%，边框为 0 的表格 T3，在其各单元格中插入头像图片，并将图片都改为 32×32 大小，如图 16-37 所示。

⑥ 在签写留言这个页面中，应与用于保存用户信息的 guest 表中的字段相对应，具有姓名、来自、主页、信箱、QQ、ICON、留言和留言时间等信息，在相应单元格输入提示文字，并在其后的单元格中插入与其内容相匹配的表单域。

图 16-37　插入 T3 表格

提示

在这些项目中，"姓名"应是必填的，而"邮箱"应为电子邮件格式，"主页"应为 IP 地址格式，"QQ"应为数字格式，故使用 Spry 验证文本域，而"头像"（ICON）采用了单选按钮（也可使用菜单/列表），"留言"应是必填的，故采用了 Spry 验证文本区域，"来自"采用了普通文本域，如图 16-38 所示。

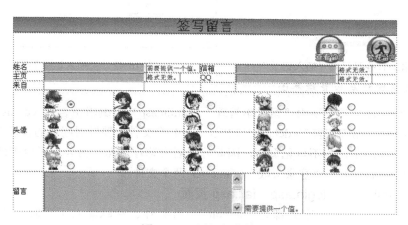

图 16-38　插入各表单域

⑦ 在属性面板设置各表单域名称与 guest 表中相应字段名称一致，如"姓名"为 name，"信箱"为 email，主页为 HomePage，QQ 为 qq，来自为 fromwhere，头像为 icon，留言为 content。

提示

由于头像采用了单选按钮的方式，在制作时需在每一个头像后面加一个单选按钮，并将这些单选按钮设置为同一个名称"ICON"，并设置各按钮的值分别为 01.gif、02.gif、03.gif……20.gif，如图 16-39 所示。

图 16-39　设置表单域的名称和值

⑧ 在 T1 第 4 行中插入提交按钮和重置按钮，将其标签改为"提交留言"和"重写留言"。再插入一个隐藏域，将其名称设为 Date，值为<%=Date%>，意为取用户的当前日期时间一并提交。

⑨ 在 T1 第 5 行中输入版权信息，并设置其格式，如图 16-40 所示。

图 16-40　输入版权信息

⑩ 在"服务器行为"面板中单击 按钮，在弹出的下拉菜单中选择"插入记录"命令，如图 16-41 所示。在弹出的"插入记录"设置对话框，设置连接及数据库表等如图 16-42 所示。单击"确定"按钮，签写留言页面制作完成，保存后按 F12 键预览。

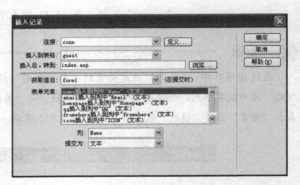

图 16-41　添加服务器行为"插入记录"　　　图 16-42　"插入记录"对话框

三、设计留言板后台管理界面

留言板后台管理文件主要由"留言本管理"（admin.asp）、"编辑留言"（edit.asp）、"回复留言"（reply.asp）和"删除留言"（del.asp）构成，这 4 个文件主要针对网页的管理者而言，对其他访问者具有访问限制，为不可见页面，因此称为后台管理页面。另外，后台管理文件还包括"登录页面"（login.asp）与"登录失败"（fail.asp）两个文件。

1. 设计 admin.asp、login.asp、fail.asp 页面

数据库中的默认账号、密码都是"admin"。当账号、密码输入正确时，登录后会转到admin.asp 页面，而当账号、密码输入不正确的时候，系统会转到登录失败页面 fail.asp，提示"账号或密码错误"，停留数秒后又自动返回"用户登录"页面，等待再次登录。

（1）登录页面 login.asp 的制作

登录页面需添加的服务器的行为，如图 16-43 所示。

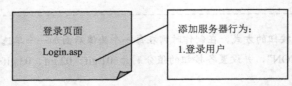

图 16-43　登录页面所添加服务器行为示意图

步骤

① 将 Insert.asp 文件另存为 login.asp 文件，将表格 T1 第 1 行的"签写留言"改为"留言管理登录"，为图像 add.jpg 加链接，链接文件为 Insert.asp。

② 删除所有服务器行为及第 3 单元格中的所有内容。

③ 在表格 T1 第 3 单元格中插入表单，再插入 3×2 表格 T2，并在表格 T2 中插入账号和密码的文本域，将其名称设置为 "name" 与 "password"，将其宽度设为 20 个字符，其中的密码文本域的 "类型" 要设置为 "密码"，在表单中插入 "提交" 和 "重置" 按钮，如图 16-44 所示。

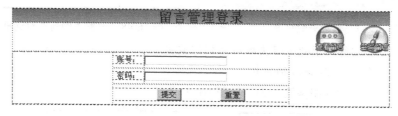

图 16-44　登录页面

④ 打开 "服务器行为" 面板，选择 "用户身份验证" | "登录用户" 命令，如图 16-45 所示。

⑤ 在弹出的 "用户登录" 设置面板中设置各选项，如图 16-46 所示，如果登录成功，转到 admin.asp 页面，如果登录失败，转到 fail.asp 页面。

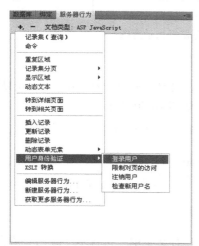

图 16-45　添加 "登录用户" 服务器行为

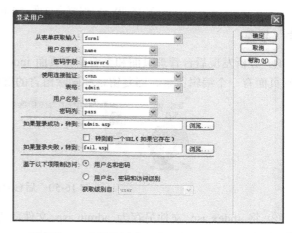

图 16-46　"登录用户" 对话框中的各项设置

⑥ 设置完成后单击 "确定" 按钮，完成管理员登录页面的制作。

（2） 登录失败页面 fail.asp 的制作

🐬 **步骤**

① 将 login.asp 文件另存为 fail.asp 文件，将第 1 行文字由 "留言本管理登录" 改为 "登录失败"。

② 删除 "服务器行为" 面板中的所有行为，删除表格第 3 行中的所有内容。

③ 在第 3 单元格输入 "账号或密码错误，登录失败，请重新登录！"，并新建一 CSS 样式.hongzi，设置字号为 18 号，颜色为红色，居中对齐，设置应用后如图 16-47 所示。

④ 在 Dreamweaver 主菜单栏中选择 "插入" | "HTML" | "文件头标签" | "刷新" 命令，在出现的 "刷新" 对话框中的 "延迟" 文本框中输入 "3" 秒，在 "操作" 的 "转到 URL" 文本框中输入 "login.asp"，如图 16-48 所示。单击 "确定" 按钮。

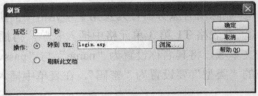

图 16-47　登录失败页面　　　　　　　图 16-48　设置"刷新"对话框参数

⑤ 保存 fail.asp 文件，至此登录失败页面制作完成。

（3）管理留言页面 admin.asp 的制作

管理留言页面需添加的服务器行为，如图 16-49 所示。

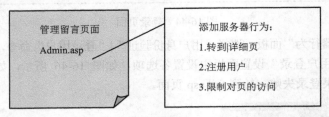

图 16-49　管理留言页面添加的服务器行为示意图

🐬　**步骤**

① 分析发现后台管理页面和查看留言页面 index.asp 文件几乎完全一样。唯一不同的是后台管理页面有一个编辑留言、回复留言和删除留言的链接，如图 16-50 所示

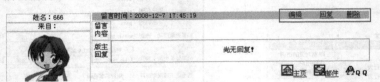

图 16-50　后台管理页面

② 将 index.asp 文件另存为 admin.asp 文件，将第 1 行文字由"留言本"改为"留言本管理"，将图像 view.jpg、add.jpg、admin.jpg 删除。

③ 在表格 T1 第 2 单元格输入"退出管理"，在表格 T4 的第 1 行输入"编辑"、"回复"、"删除"，如图 16-51 所示。

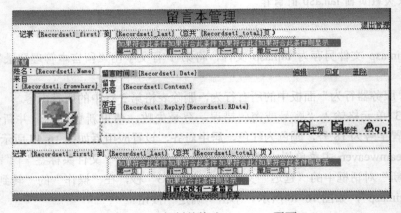

图 16-51　复制并修改 index.asp 页面

④选中"编辑"后，在 Dreamweaver 主菜单栏中选择"插入"|"数据对象"|"转到"|"详细页"命令，在出现的"转到详细页面"对话框中，已自动在"链接"下拉列表框中显示了"所选范围：'编辑'"；在"传递 URL 参数"文本框中显示"ID"。这里只需要在"详细信息页"文本框中输入所要链接的文件名 edit.asp 即可，如图 16-52 所示。单击"确定"按钮。

图 16-52　设置"转到详细页面"对话框参数

 提示

要实现动态链接，就要在链接地址中传递动态的参数值。此处记录集名称"Recordset1"中的列字段 ID 的值便是需要传递的动态参数，而 ID 则是传递参数的变量名。

⑤ 用同样的方法为"回复"、"删除"制作动态链接，其中"回复"链接主页为 reply.asp，"删除"的链接主页为 del.asp。

⑥ 在文档中选择"退出管理"，在 Dreamweaver 主菜单栏中选择"插入"|"数据对象"|"用户身份验证"|"注销用户"命令，出现"注销用户"对话框，在"完成后转到"文本框中输入"index.asp"，如图 16-53 所示。单击"确定"按钮。

图 16-53　添加"注销用户"服务器行为

⑦ 在 Dreamweaver 主主菜单栏中选择"插入"|"数据对象"|"用户身份验证"|"限制对页的访问"命令，出现"限制对页的访问"对话框。在"基于以下内容进行限制"处采用默认选项"用户名和密码"；在"如果访问被拒绝，则转到："文本框输入"login.asp"，如图 16-54 所示。

图 16-54　添加"限制对页的访问"服务器行为

 提示

由于对 admin.asp 页面访问作出了限制，当直接在 IE 浏览器的地址栏中输入 http://localhost/admin.asp 时，该页面被拒绝访问，而跳转到"登录"页面。

⑧ 保存文件 admin.asp。至此，"留言本管理"页面设计完成。

2. 设计 edit.asp、reply.asp、del.asp 页面

（1）设计"编辑留言"（edit.asp）页面

编辑留言页面需添加的服务器行为，如图 16-55 所示。

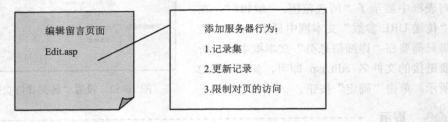

图 16-55　编辑留言页面添加的服务器行为示意图

编辑留言页面，主要用于对提交的留言进行编辑，只有管理员才有权编辑留言。

步骤

① 在 Dreamweaver 中将文件 login.asp 另存为 edit.asp，打开该页，将其标题改为"编辑留言"，删除"服务器行为"面板上的"用户登录"行为，删除表格 T1 第 3 行中的所有内容，并将文本光标放在此单元格中。如图 16-56 所示。

图 16-56　编辑由 login.asp 复制而来的 edit.asp 页面

② 打开"应用程序"面板，选择"绑定"面板，在"绑定"面板中，单击加号(+)按钮并从弹出菜单中选择"记录集（查询）"命令。在出现的"记录集"对话框中的"连接"下拉列表中选择"guest"选项；在"表格"下拉列表中选择"guest"选项；在"筛选"下拉列表中选择"ID"选项，并在其右侧的表达式符号下拉列表中选择"="，在下方的下拉列表中选择"URL参数"选项，在下方的文本框中输入"ID"，其他选项均使用默认设置，如图 16-57 所示，单击"确定"按钮。

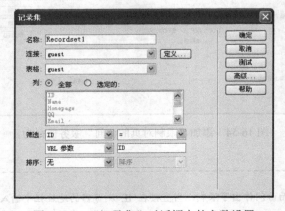

图 16-57　"记录集"对话框中的参数设置

③ 在 Dreamweaver 主菜单中选择"插入"|"数据对象"|"更新记录"|"更新记录表单向导"命令，在出现的"更新记录表单"对话框的"连接"下拉列表中选择"guest"选项；在"要更新的表格"下拉列表中选择"guest"选项；在"选取记录自"下拉列表中选择"Recordset1"选项，在"唯一键列"下拉列表中选择"ID"选项；在"在更新后，转到"文本框中输入"admin.asp"；在"表单字段"列表中删除 ID、Date、ICON、Reply、RDate 字段，调整余下的字段顺序，由上到下依次为 Name、Homepage、QQ、Email、fromwhere、Content；选择字段 Content，在"显示为"下拉列表中选择"文本区域"选项，如图 16-58 所示。

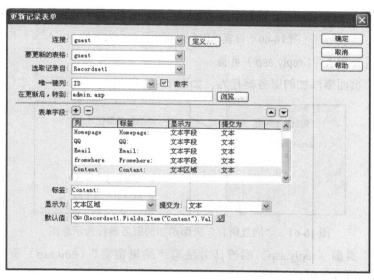

图 16-58 设置"更新记录表单"对话框参数

④ 在"更新记录表单"对话框设置完成后，单击"确定"按钮，则一个新的更新记录表单插入到 edit.asp 页面中。将表单的各个表单对象的标签改成中文，如图 16-59 所示。

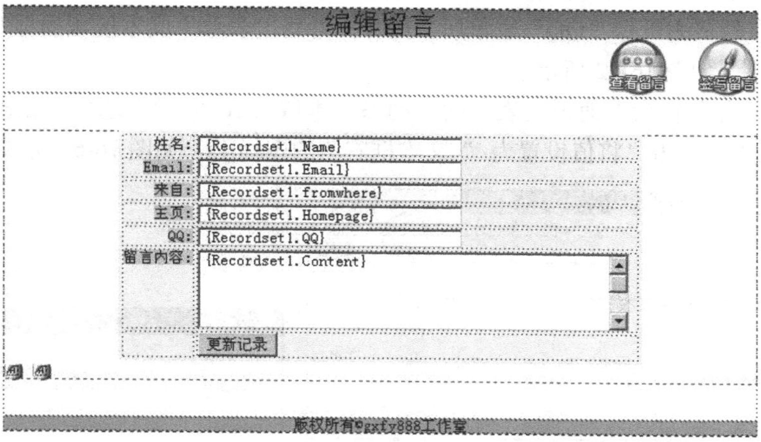

编辑留言

姓名：{Recordset1.Name}
Email：{Recordset1.Email}
来自：{Recordset1.fromwhere}
主页：{Recordset1.Homepage}
QQ：{Recordset1.QQ}
留言内容：{Recordset1.Content}

更新记录

版权所有@gxty888工作室

图 16-59 插入的更新记录表单

⑤ 在 Dreamweaver 主菜单中选择"插入"|"数据对象"|"用户身份验证"|"限制对页的访问"命令，在"限制对页的访问"对话框的"如果访问被拒绝，则转到"文本框中输入"login.asp"，如图 16-60 所示，单击"确定"按钮。

⑥ 保存文件 edit.asp，按 F12 键预览。

图 16-60　设置"限制对页的访问"对话框

（2）设计"回复留言"（reply.asp）页面

"回复留言"页面需添加的服务器行为，如图 16-61 所示。

回复留言页面
Reply.asp

添加服务器行为：
1. 记录集
2. 动态文本字段
3. 更新记录（修改）
4. 限制对页的访问

图 16-61　"回复留言"页面添加的服务器行为示意图

"回复留言"页面（reply.asp）的设计方法与"编辑留言"（edit.asp）页面类似，只需在 edit.asp 页面上稍加修改即可。

步骤

① 将 edit.asp 文件另存为 reply.asp，将其标题改为"回复留言"，并修改 T1 表格第 1 行的"编辑留言"改为"回复留言"；将按钮"更新记录"的标签改为"确定回复"，删除"姓名"、"Email"、"来自"、"主页"、"QQ"表单所在的行，并将"表单"文本区域的标签"留言内容"改为"回复留言"，如图 16-62 所示。

② 双击"服务器行为"面板列表中的"动态文本域（Content）"选项，在出现的"动态文本字段"对话框中，单击"将值设置为："文本框右侧的图标 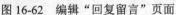，如图 16-63 所示。

图 16-62　编辑"回复留言"页面

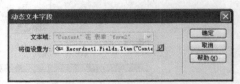

图 16-63　编辑动态文本字段

③ 在随后出现的"动态数据"对话框的"域"列表中选择"Reply"选项，如图 16-64 所示。单击"确定"按钮，返回到 reply.asp 编辑界面，表单"回复内容"处绑定的动态字段已变为"{Recordset1.Reply}"。

④ 将文本光标停留在表单内，在 Dreamweaver 主菜单中选择"插入"|"表单"|"隐藏域"命令，插入一个隐藏域，然后在其属性检查器上将"隐藏区域"名称改为"Rdate"，将其值设置为"<%=date%>"，使回复留言的日期随回复内容一起添加到数据库中，如图 16-65 所示。

⑤ 双击"服务器行为"面板列表中的"更新记录"选项，出现"无法找到表单域"提示框，如图 16-66 所示。

图 16-65　设置隐藏域属性

图 16-64　将文本区域的数据绑定为 Reply 字段

图 16-66　"无法找到表单域"提示框

 提示 ---

"服务器行为"面板列表中有"!"符号表示该行为存在问题。因为前面在将复制过来的 edit.asp 页面中删除了"姓名"等表单域，所以出现问题，需要重新修改。

⑥ 单击"确定"按钮后，在"更新记录"对话框的"表单元素"列表中，选择"Content 更新列 'Content'（文本）"选项，在"列"下拉列表中选择"Reply"选项；在"表单元素"列表中选择"Rdate<忽略>"选项，在"列"下拉列表中选择"RDate"选项。如图 16-67 所示，单击"确定"按钮。

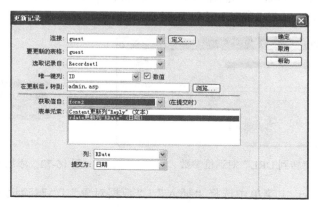

图 16-67　重新修改"更新记录"服务器行为

⑦ 因为 reply.asp 页面是由 edit.asp 复制而来，已经具有了"限制对页的访问"行为，所示这里不再需要添加该行为。

⑧ 回复页面设计完成，将文件 reply.asp 保存，按 F12 键预览。

（3）设计"删除留言"（del.asp）页面

删除留言页面需添加的服务器行为，如图 16-68 所示。

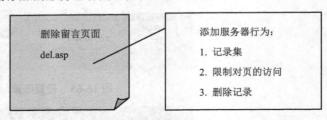

图 16-68　删除留言页面的添加服务器行为示意图

"删除留言"页面，主要作用是将选择的留言记录加以删除。

步骤

① 将 reply.asp 文件另存为 del.asp，将其标题改为"删除留言"，并将 T1 表格第 1 行的"回复留言"改为"删除留言"；将"服务器行为"面板上除"限制对页的访问"和"记录集（Recordset1）"两个行为以外的其他行为删除，如图 16-69 所示。

② 将表格 T1 第 3 行的内容全部删除，输入文字"你确定要删除留言吗？"，并在文字的下方插入一个表单，在表单中插入一个"动作"为"提交表单"的按钮，将按钮的标签改为"确定删除"，再插入一个"动作"为"无"的按钮，将按钮的标签改为"取消删除"，如图 16-70 所示。

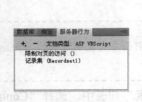

图 16-69　删除其他行为

图 16-70　修改删除留言页面

③ 选中"取消删除"按钮，在"行为"面板中为其添加"转到 URL"动作，在出现的"转到 URL"对话框中，在"URL："文本框中输入"admin.asp"，如图 16-71 所示，单击"确定"按钮，在"行为"面板出现所添加的行为，如图 16-72 所示。

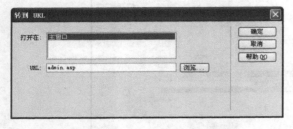

图 16-71　设置"转到 URL"对话框参数

图 16-72　添加的"转到 URL"行为

④ 在 Dreamweaver 主菜单中选择"插入"|"数据对象"|"删除记录"命令，在出现的"删除记录"对话框的"连接"下拉列表中选择"guest"选项；在"从表格中删除"下拉列表

中选择"guest"选项；在"唯一键列"下拉列表中选择"ID"选项；在"删除后，转到"文本框中输入"admin.asp"其余选项均按默认值设置。如图 16-73 所示，单击"确定"按钮。

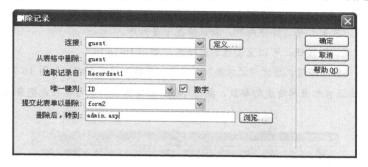

图 16-73　设置"删除留言"对话框参数

⑤ 保存文件 del.asp，按 F12 键预览。

至此留言板系统的各个页面全部制作完成。

16.2　数据绑定

在创建了数据库和 Web 站点的连接之后，数据库中的数据还不能直接应用到页面中。因为要将数据库用于动态网页的内容源时，必须首先创建一个要在其中存储检索数据的记录集。所谓记录集指数据库查询的结果。它提取请求的特定信息，并允许在指定页面内显示该信息。根据包含在数据库中的信息和要显示的内容来定义记录集，有了记录集，就可以把它与静态的网页绑定在一起了。

16.2.1　在绑定面板中定义记录集

在"应用程序"面板组中，单击"绑定"面板中的"记录集（查询）"，如图 16-74 所示，可以打开"记录集"对话框进行记录集设置，如图 16-75 所示，在"连接"下拉列表框中选中已创建的数据库连接，这时便可在"表格"下拉列表框中选择相应的表，并显示出该表的所有字段。

图 16-74　"记录集（查询）"命令

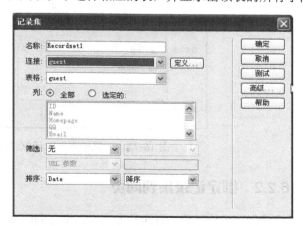

图 16-75　"记录集"对话框

在记录集对话框中可进行如下设置。

列——默认是选取全部字段，也可指定其中一个或多个字段，当需要指定多个字段时，需要按住 Ctrl

中选择"guest"，就可以了，此时，记录的字段将自动列在"ID"选项里，可随意选取，也可按住 Shift 键进行选取。

筛选——连接到数据库后，找出所需数据的条件，默认值是全部选取，也可以根据需要进行筛选，如以"ID=70"为条件的查询。

排序——排序的方式有升序、降序两种，默认情况下是升序。

测试——单击"测试"按钮，可以直接显示出结果，如图 16-76 所示。

高级——单击"高级"按钮，出现"记录集"对话框"高级"设置模式，如图 16-77 所示，可以在此查看更具体的 SQL 查询语言和表单传递的参数，熟悉 SQL 查询语言的人可以在此把查询筛选条件设置得更详细。

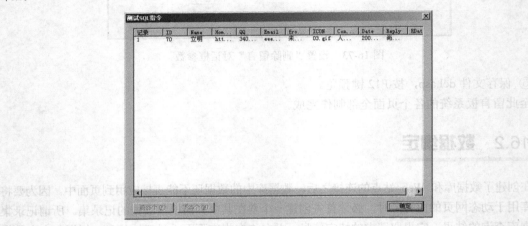

图 16-76　测试结果

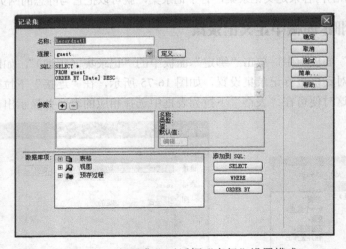

图 16-77　"记录集"对话框"高级"设置模式

16.2.2　绑定记录集到网页

"记录集"设计好后，有两种方式可以绑定到网页。

① 用鼠标直接拖动记录集里的对象到页面上。将"绑定"面板中的字段拖入页面中的相应位置。如图 16-78 所示。

② 确定好页面上记录集对象插入的位置后，选取"绑定"面板上的记录集对象，单击面板

下方的"插入"按钮。

图 16-78 将字段绑定到网页

16.3 设置服务器行为

图 16-79 将字段绑定到网页

服务器行为是在设计时插入到动态网页中的指令组中的，这些指令运行时在服务器上执行。单击"服务器行为"面板，可以看到网页已经绑定的记录集对象，单击这些对象，会在页面醒目地显示出其所在位置。单击"服务器行为"面板上的按钮，会出现一个菜单，如图 16-79 所示。

16.3.1 显示记录

在网页中显示数据库中的记录，需要先设计出显示的格式，然后再利用"重复区域"、"记录集分页"、"显示区域"等服务器行为进行自动分页显示。

1."重复区域"服务器行为

"重复区域"服务器行为必须在选定了需重复的格式后使用。

步骤

① 在网页页面设计一张表，在"绑定"面板中添加相应数据表的记录集，然后绑定各记录集到相应字段上，如图 16-80 所示。

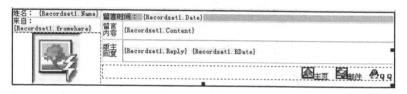

图 16-80 绑定各记录集到相应字段上

② 选取网页绑定数据所在的行，单击"服务器行为"面板菜单中的"重复区域"选项，在弹出的"重复区域"对话框中，选择每页显示记录的条数或所有记录，如图 16-81 所示。单击"确定"按钮，这时，可在"服务器行为"面板上看到新增的"重复区域"行为，如图 16-82 所示。

图 16-81　"重复区域"对话框　　　　　图 16-82　新增"重复区域"行为

2．"记录集分页"服务器行为

在设定了"重复区域"服务器行为后，如果选择的是每页显示 5 条记录，则当数据表中的记录数多于 5 条时，就要添加导航栏完成翻页功能。此功能由"记录集分页"这一服务器行为来完成。

步骤

① 将光标置于要添加导航栏的位置，单击"服务器行为"面板菜单中的"记录集分页"选项，在其下级菜单中有"移至第一条记录"、"移至前一条记录"、"移至下一条记录"、"移至最后一条记录"、"移至特定记录" 5 个选项，用于添加相应的导航按钮，如图 16-83 所示。添加了此服务器行为后，页面上的相应位置会出现"第一页"、"前一页"、"下一页"、"最后一页"导航栏链接，可以修改导航栏文字，如将"第一页"改为"首页"。

② 此时在"服务器行为"面板中显示出新增的若干个记录集分页行为，如图 16-84 所示。

③ 也可单击工具栏"数据"中的记录导航栏按钮 ⊞，如图 16-85 所示。在出现"记录集导航条"对话框之后，单击"确定"按钮，如图 16-86 所示，则在页面相应位置出现"第一页"、"前一页"、"下一页"、"最后一页"导航栏链接。

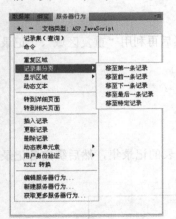

图 16-83　"记录集分页"菜单项　图 16-84　新增的服务器行为　图 16-85　"数据"中的记录导航栏按钮

3．"显示区域"服务器行为

为了使分页导航条更加有效，可以添加"显示区域"服务器行为，从而使导航栏按钮根据当前所显示的页数，动态地显示导航条。

若要使"第一页"链接在用户浏览第一页的记录时不显示，在"设计视图"中选择"第一页"链接。在"数据"面板的"服务器行为"选项卡中，单击 ⊞ 按钮，选择"显示区域" | "如果不是第一条记录则显示区域"命令，可以看到如图 16-87 所示的对话框，设置记录集参数后单

击"确定"按钮。

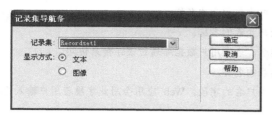 

图 16-86　"记录集导航条"对话框　　　图 16-87　"如果不是第一条记录则显示区域"对话框

同理，可为"前一页"链接添加"显示区域"｜"如果不是第一条记录则显示区域"行为。为"下一页"链接添加"显示区域"｜"如果不是最后一条记录则显示区域"行为。为"最后一页"链接添加"显示区域"｜"如果不是最后一条记录则显示区域"行为。

16.3.2　用户身份验证

用户登录是一个网站应该具备的最基本的功能，其中包括用户名输入、用户密码输入、用户身份验证等。Dreamweaver CS5 提供了"用户身份验证"的服务器行为，利用这个服务器行为能够方便地向"访问者"实现"登录用户"的动态功能。

1．"登录用户"服务器行为

用户登录的实际动作是将用户提交的用户名、密码信息与用户数据库中的用户名、密码信息比较。如果相同，则认为登录成功。如果不相同，则认为登录失败。

添加"用户身份验证"｜"登录用户"服务器行为的操作方法如下。

步骤

① 打开用于用户登录的页面。

② 在"应用程序"面板中，选择"服务器行为"选项卡，单击 按钮，出现如图 16-88 所示的菜单，选择"用户身份验证"｜"登录用户"命令。

③ 在弹出的如图 16-89 所示的"登录用户"对话框中可以进行如下设置。

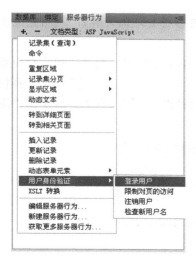 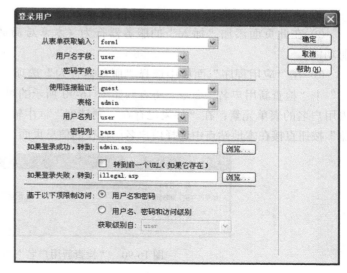

图 16-88　添加"登录用户"服务器行为　　　图 16-89　"登录用户"对话框

从表单获取输入——选择登录页面中表单的名称，表示用户登录信息从该表单内输入的元素中获取。

用户名字段——选择表单中用于提供用户名信息的表单元素的名称。

密码字段——选择表单中用于提供密码信息的表单元素的名称。

使用连接验证——选择前面已创建的数据库连接名，表示用户数据库通过该连接来访问。

表格——选择数据库中用于管理用户账号信息的表的名称。

用户名列——选择数据库用户账号信息表中代表用户名的字段，Web 应用会用此字段与用户输入的用户名信息进行比较。

密码列——选择数据库用户账号信息表中代表密码的字段，Web 应用会用此字段与用户输入的密码信息进行比较。

如果登录成功，转到____
如果登录失败，转到____用于指明用户登录页面得到验证结果后采取的动作，可以指明登录成功后跳转到哪个页面，登录失败后跳转到哪个页面。这两个页面都可以通过单击"浏览"按钮直接在本地站点中查找。当未登录的用户试图访问只有登录后才能访问的页面时，那个页面可能会引导用户到登录页面。在这种情况下，如果选择"转到前一个 URL（如果它存在）"复选框，那么登录成功后会返回用户试图访问的那个页面。

基于以下项限制访问——指明了用户权限控制方式。这里分"用户名和密码"和"用户名、密码和访问级别"两项，当系统分权限进行管理时（分为用户和管理员等），可选择"用户名、密码和访问级别"来限制访问，并且在"获取级别自"下拉列表框中，选择数据库表中设置访问级别的字段，用户的访问级别由该字段决定。

④ 单击"确定"按钮完成对话框的设置，回到 Dreamweaver CS5 主页面后，可以看到"应用程序"面板的"服务器行为"选项卡中多了"登录用户"这一行为。

2．"检查新用户名"服务器行为

在用户注册时，需要把用户输入的用户名、密码等信息插入到相应的数据表中，但用户选择的用户名很可能已经存于表中，或是已被别人注册过了。所以应该先检查输入的用户名是否已经存在，"用户身份验证" | "检查新用户名"的服务器行为就可以解决此问题。

步骤

① 打开注册页面。

② 在此页面添加"插入"的服务器行为（本章后面的内容将会详细讲解），从而完成注册功能。

③ 在"应用程序"面板中选择"服务器行为"选项卡，单击 ⊞ 按钮，选择"用户身份验证" | "检查新用户名"命令，将看到如图 16-90 所示的对话框，在"用户名字段"框中选择代表用户名的表单元素；在"如果已存在，则转到"框中输入出错提示页面文件名，或单击"浏览"按钮直接在本地站点中选择用户名已存在的信息页面。

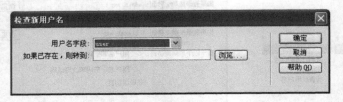

图 16-90　"检查新用户名"对话框

④ 单击"确定"按钮，完成服务器行为定义。

3．"限制对页的访问"服务器行为

在系统中，通常通过正常登录才被允许进入其他管理页面。但如果指定完整的 URL，仍然可以访问到这些页面，这是因为这些页面没有设定用户权限的限制。那么如何对一个动态页面添加用户权限的限制（只有登录后具有一定访问级别的用户才能访问该页面），下面的操作可以解决这一问题。

步骤

① 打开要添加用户权限限制的页面。

② 在"应用程序"面板中选择"服务器行为"选项卡，单击 按钮，选择"用户身份验证"｜"限制对页的访问"命令，将看到如图 16-91 所示的对话框，在"基于以下内容进行限制"单选按钮组有"用户名和密码"和"用户名、密码和访问级别"两项，如果不需要检查访问级别，则选择前者。根据该页面可访问的情况进行选择。在"如果访问被拒绝，则转到"文本框中输入访问拒绝时应转到的页面名。可以单击"浏览"按钮直接在本地站点选取页面，例如登录页面。

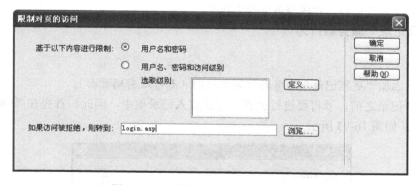

图 16-91 "限制对页的访问"对话框

③ 单击"确定"按钮，完成服务器行为定义。

16.3.3 记录的操作

既然是动态页面与数据库相连，那就免不了要在数据库中进行记录的插入、更新和删除等操作。在"服务器行为"选项卡中提供了"插入记录"、"更新记录"、"删除记录"服务器行为。

1．"插入记录"服务器行为

步骤

① 打开要添加"插入记录"服务器行为的页面（如注册页面）。

② 在"应用程序"面板中选择"服务器行为"选项卡，单击按钮 ，选择"插入记录"命令，将看到如图 16-92 所示的对话框。

③ 在对话框中可以进行如下设置。

连接——选择创建的数据库连接名。

插入到表格——选择要添加记录的表。

插入后，转到——输入更新以后转到的页面名，可以单击"浏览"按钮直接从本地站点中选取页面。

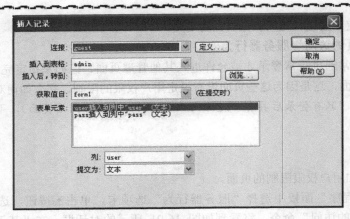

图 16-92　"插入记录"对话框

获取值自——选择字段新值来自于哪个表单。

表单元素——列出了表单的所有元素和每个元素将更新的字段。选中表单元素中的一项后，在下面的"列"中选择数据表所对应的字段，表示数据表的某字段的值来自页面中某个表单元素中的值。

④ 单击"确定"按钮，完成服务器行为定义。

2. "更新记录"服务器行为

➤ **步骤**

① 打开要添加"更新记录"服务器行为的页面（如修改密码页面）。

② 在更新记录之前，须将要进行更新的记录放入记录集中，因此，首先在"绑定"选项卡中添加记录集，如图 16-93 所示。

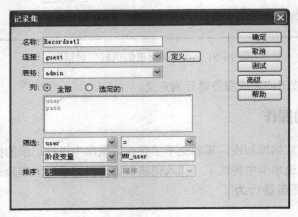

图 16-93　绑定记录集

 提示

在记录集对话框的"筛选"框中的内容即为绑定的条件，例如，要修改密码，则绑定的条件应是用户账号信息表中的用户名字段值等于用户登录时输入的用户名。

③ 在"应用程序"面板中选择"服务器行为"选项卡，单击按钮，选择"更新记录"命令，如图 16-94 所示。

④ 在"更新记录"对话框中可以进行如下设置，如图 16-95 所示。

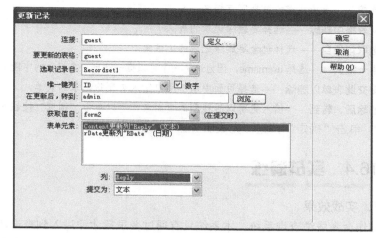

图 16-94　选择"更新记录"命令　　　　　　　　图 16-95　设置"更新记录"对话框

连接——选择创建的数据库连接名。

要更新的表格——选择要更新记录的表。

选取记录自——选择创建的记录集名称。

唯一键列——选择 username，因为这是一个可以唯一确定一条记录的字段（主键）。

更新后，转到——输入更新以后转到的页面名，可以单击"浏览"按钮直接从本地站点中选取页面。

获取值自——选择字段新值来自于哪个表单。

表单元素——列出了表单的所有元素和每个元素将更新哪一个字段。选中表单元素中的一项后，在"列"下拉列表框中选择数据表中所对应的字段，表示数据表的某字段的值来自页面中某个表单元素中的值，确定对应关系。

⑤ 单击"确定"按钮，完成服务器行为定义。

3．"删除记录"服务器行为

🐬　**步骤**

① 打开要添加此服务器行为的页面（如注销页面）。

② 在"应用程序"面板中选择"服务器行为"选项卡，单击 按钮，选择"删除记录"命令，将看到如图 16-96 所示的对话框。

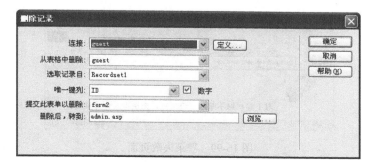

图 16-96　"删除记录"对话框

③ 在"删除记录"对话框中可以进行如下设置。

连接——选择创建的数据库连接名。

从表格中删除——选择要删除记录的表。

选取记录自——选择包含要删除记录的记录集。

唯一键列——选择 username，因为这是一个可以唯一确定一条记录的字段（主键）。

提交此表单以删除——选择页面中用于用户输入要删除记录的表单。

删除后，转到——输入更新以后转到的页面名，可以单击"浏览"按钮直接从本地站点中选取页面。

④ 单击"确定"按钮，完成服务器行为定义。

16.4　实战演练

1．实战效果

制作会考成绩查询系统。本系统只有通过登录后才能进入到查询成绩页面，在浏览器地址栏中输入 http://localhost/cj/便可进入登录页面（index.asp），如图 14-97 所示。

当输入了正确的用户名和密码后，单击"登录"按钮，便可进入成绩查询页面（main.asp），如图 16-98 所示。如果登录失败则转向登录失败页面（illegal.asp），在此页面中显示登录错误信息，如图 16-99 所示。

图 16-97　登录页面效果　　　　　　　　图 16-98　登录成功进入查询页面

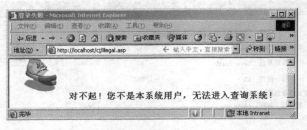

图 16-99　登录失败页面

在查询页面中默认内容是显示所有考生成绩，按降序排列。若想查询某考生的成绩，可单击"按考号查询"的链接，进入按考号查询页面（number.asp），如图 16-100 所示。

图 16-100　按考号查询页面

当输入考号后，单击"查询"按钮，进入考号查询结果页面（search.asp），显示出该考生的成绩等信息，如图 16-101 所示。

图 16-101　按考号查询结果页面

2．实战要求

① 在登录页面（index.asp）中，添加"登录用户"服务器行为。

② 在查询页面（main.asp）中，显示所有考生的成绩，每页显示 10 条记录，有翻页功能。

③ 在按考号查询页面（number.asp）中，在表单的"动作"文本框中重定向到成绩查询结果页面（search.asp）。

④ 在成绩查询结果页面（search.asp）中，显示按所输入的考号所绑定的记录集的结果。

3．操作提示（以下操作应在已完成数据库连接的基础上进行）

1）制作登录页面（index.asp）

按图 16-97 所示进行页面布局和插入表单元素，在"服务器行为"面板中单击 按钮，添加"用户身份验证"|"登录用户"服务器行为。

2）制作登录失败页面（illegal.asp）

页面如图 16-99 所示。

3）制作查询页面（main.asp）

（1）页面布局

步骤

① 插入 1×2 表格 T1，宽 760，调整第 1 单元格宽度为 217，在单元格中分别插入 logo.jpg 和 Flash 动画 banner.swf。

② 插入 1×2 表格 T2，宽 760px，调整第 1 单元格宽度为 217px。在第 1 单元格中设垂直对齐方式为"顶端"对齐，嵌入 2×1 表格 T3，宽为 100%，在两单元格中分别输入"显示全部"和"按考号查询"文字，布局如图 16-102 所示。

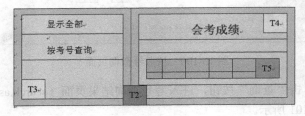

图 16-102　T2 表布局

③ 在 T2 表右侧单元格中嵌入 4×1 表格 T4，宽为 100%。

◇ 第 1 行：输入"会考成绩"文字，字号为 16pt，红色，粗体。

◇ 第 3 行：嵌入 2×6 表格 T5，宽为 100%，在其第 1 行分别输入表头文字"姓名"、"性别"、"学校"、"考号"、"毕业成绩"、"升学成绩"。

（2）用 CSS 样式格式化页面

步骤

① 在 CSS 样式面板中单击 ➕ 按钮，添加标签 body 样式，设字号为 12pt。

② 添加标签 table 样式，设字号为 12pt。

③ 添加类样式.line，在".line 的 CSS 规则定义"对话框中，选择"边框"分类，设置参数如图 16-103 所示。

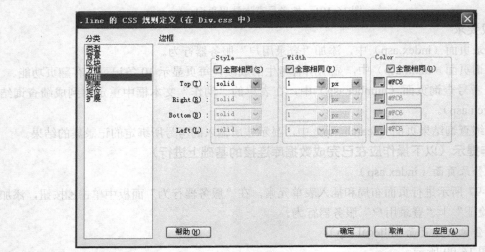

图 16-103　".line 的 CSS 规则定义"对话框

④ 选中 T2 表，在其"属性"面板的"类"下拉列表框中选择.line，将所定义的 CSS 样式应用于页面中（前两个样式由于修改原有标签样式，所以会自动套用）。

（3）绑定记录集

步骤

① 因为页面中要显示所有考生的成绩，所以记录集应为所有 cj 表中的记录。只需将"排序"方式选择为"降序"即可，如图 16-104 所示。

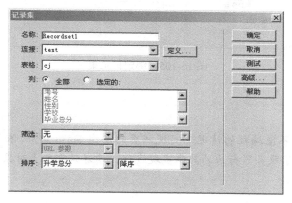

图 16-104　绑定记录集

② 将记录集中各字段拖入表格 T5 第 2 行的相应单元格中。

（4）添加服务器行为

步骤

① 选中表格 T5 第 2 行，在"服务器行为"面板中添加"重复区域"服务器行为。

② 将光标置于表格 T4 的第 2 行中，选择"插入"｜"应用程序对象"｜"显示记录计数"｜"记录集导航状态"命令。接着再次选择"插入"｜"应用程序对象"｜"记录集分页"｜"记录集导航条"命令，为页面添加记录集导航链接。

③ 将第 2 行内容复制到第 4 行中。

4）制作按考号查询页面（number.asp）

此页面用于用户输入学生考号，因此在复制了查询页面（main.asp）后，稍作修改即可完成。

提示

设置表单属性时，在"动作"属性中要填写考号查询结果网页 search.asp，参数传递方式为 POST，表单内的文本框主要提供考号这个参数，这里重新将其更名为 txtkh。它就是通过表单传递的变量名，后面要用到。

5）制作考号查询结果页面（search.asp）

此页面用于显示按考号查询的结果（只有一条记录），因此在复制了查询页面（main.asp）后，删除表格 T5 中的第 2、4 行内容，以及"服务器行为"面板中的已添加所有行为。重新绑定记录集，这里在"筛选"框中设"考号＝表单变量 txtkh"为选择条件，如图 16-105 所示。最后，将新的记录集的各字段拖入 T5 表格的相应单元格中。

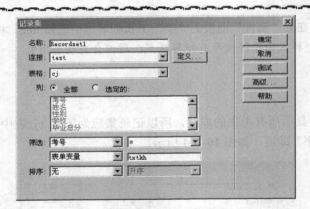

图 16-105　绑定记录集

本章小结

　　本章试图让读者在不懂编程的情况下实现网页的动态编程，它所依靠的就是服务器行为。Dreamweaver CS5 隐藏了服务器行为的具体实现过程，读者只需加上对象和适当的参数就可以完成编程的任务。